POMOLOGIE

DE LA FRANCE.

Lyon. — Imp. Nigon, rue Poulaillerie, 9.

POMOLOGIE DE LA FRANCE

OU

HISTOIRE ET DESCRIPTION

DE TOUS

LES FRUITS CULTIVÉS EN FRANCE

ET ADMIS PAR LE CONGRÈS POMOLOGIQUE

Institué par la Société Impériale d'Horticulture
pratique du Rhône.

Ouvrage publié avec le concours des Sociétés d'Agriculture
et d'Horticulture françaises.

TOME II.

LYON
IMPRIMERIE ET LITHOGRAPHIE DE J. NIGON
Rue de la Poulaillerie, 2

1864.

CONGRÈS POMOLOGIQUE
DE FRANCE

8ᵉ SESSION tenue à Rouen.

SÉANCE DU 30 SEPTEMBRE 1863.

Présidence provisoire de M. Deboutteville, membre du Conseil d'administration du Congrès Pomologique.

La séance est ouverte à neuf heures du matin, par M. Deboutteville, assisté de MM. le comte d'Estaintot, président de la Société Impériale et Centrale d'horticulture de la Seine-Inférieure; Porcher, président de la Société d'horticulture du Loiret; et de MM. Rouillard, secrétaire-adjoint de la Société Impériale et Centrale de la Seine; Louis Reverchon, de Lyon, et C.-F. Willermoz, de Lyon, membres du Conseil d'administration du Congrès.

A l'ouverture de la séance, M. le Président dit qu'il ne rappellera pas les motifs et les causes de la création du Congrès, attendu que les uns et les autres sont suffisamment connus; il se contente d'inviter les membres présents à se faire inscrire, d'abord, à procéder à la nomination du Bureau définitif de la session, et à déposer ensuite le montant de leur cotisation entre les mains du membre qui sera désigné à cet effet. Il prévient que le Bureau définitif sera composé, comme par le passé, d'un président, de quatre vice-présidents, d'un secrétaire et de quatre secrétaires-adjoints.

M. Rouillé-Courbe demande que la séance soit interrompue pendant quelques minutes, afin que les membres puissent s'entendre pour fixer leur choix. Cette proposition est adoptée. M. Porcher propose de nommer, par acclamation, M. le comte d'Estaintot, président; la proposition est adoptée par un vote unanime, et M. le comte d'Estaintot est proclamé président de la session.

Les trente-quatre membres inscrits déposent leur bulletin contenant les noms des quatre vice-présidents. Le dépouillement du scrutin donne le résultat suivant : M. Porcher obtient 32 suffrages, M. Deboutteville également 32, M. Buisson, de Grenoble, 20, M. Dupont, d'Alençon, le même nombre. La majorité de 18 ayant été dépassée, MM. Porcher, Deboutteville, Buisson et Dupont, sont proclamés vice-présidents de la session. M. Willermoz est élu, par acclamation, secrétaire de la session.

Après s'être concertés de nouveau, les membres déposent leur bulletin pour l'élection des quatre secrétaires-adjoints; le résultat du dépouillement du scrutin est celui-ci : sur 33 votants, M. Rouillard obtient 31 voix ; M. Bouillé-Courbe, 30; M. Thouvenel, 29, et M. Thierry, 21. Ces quatre Messieurs, ayant obtenu la majorité des suffrages, sont proclamés secrétaires-adjoints de la session.

M. L. Reverchon est désigné pour remplir provisoirement les fonctions de Trésorier.

Avant de quitter le fauteuil, M. le Président invite tous les membres à déposer leurs cotisations entre les mains du Trésorier provisoire.

Le Bureau définitif constitué, M. Deboutteville quitte le fauteuil de la présidence et prie M. le comte d'Estaintot à le remplacer.

M. le comte d'Estaintot prend place au Bureau et invite tous les membres élus à prendre place à ses côtés ; il prononce ensuite un discours bien senti et vivement applaudi.

M. Porcher remercie l'Assemblée de l'avoir appelé à la vice-présidence. M. Dupont adresse les mêmes remerciments.

M. le Président dit que la Société a soumis la juridiction de son exposition à une partie des membres du Congrès ; il invite M. Deboutteville à faire connaître le nom des membres choisis et les sections sur lesquelles ils auront à se prononcer. Il prévient ces membres qu'ils entreront en fonction à une heure, et qu'ils décerneront les médailles que la Société met à leur disposition.

M. le Président lit ensuite une lettre de M. Jamin (J.-L.), de Bourg-la-Reine, qui s'excuse de ne pouvoir assister à la session, attendu qu'il en est empêché par une maladie. Il lit ensuite une lettre de M. le Sénateur Reveil et une de M. Paul de Mortillet, qui donnent leur démission, le premier, de président du Conseil d'administration du Congrès, et le second, de vice-président du même Conseil.

M. le Président regrette d'être obligé de faire connaître ces deux lettres, et propose de les renvoyer au Bureau qui sera chargé d'examiner les motifs qui ont déterminé ces deux membres à donner leur démission; il propose de composer la Commission de quatre membres auxquels s'adjoindra le Bureau.

M. Porcher propose de mentionner au procès-verbal le dépôt de ces deux lettres; de préparer un projet de modification des articles du Règlement qui sont susceptibles d'être modifiés, de communiquer ce projet à la Commission et au Bureau, avant de le présenter à l'adoption de l'Assemblée générale.

M. le Président parle du programme de la session et propose d'organiser les Commissions; il pense qu'elles devront composer trois sections au lieu de quatre, attendu la petite quantité de raisins et de fruits à noyaux qui sont à étudier. M. Deboutteville parle des raisins de Bourgogne, qui sont exposés en assez grand nombre. Les trois sections proposées sont adoptées.

L'une s'occupera des fruits de pressoir; la seconde, des fruits de table à pépins, et la troisième, des raisins et des fruits à noyaux.

M. le Président fait remarquer que les attributions des membres du jury et des membres des Commissions sont parfaitement distinctes; il dit que les personnes qui ont été désigées pour faire partie du jury se réuniront aujourd'hui, à une heure; il demande que l'Assemblée veuille bien fixer les heures auxquelles doivent se réunir les Commissions et l'Assemblée générale. Après en avoir délibéré, l'Assemblée décide que les Commissions se réuniront dans leurs bureaux de huit heures à onze heures du matin, et que l'Assemblée générale aura lieu à deux heures du soir.

M. le Président prie les membres de donner exactement leur adresse en donnant leur nom qui devront être imprimés.

M. de Caumont, président de l'Association agricole Normande, met, au nom de sa Compagnie, à la disposition du Congrès, une médaille d'argent et deux médailles de bronze, pour être distribuées aux pommes et aux poires à cidre.

M. le Président remercie M. de Caumont de l'offre généreuse de sa Compagnie, mais il fait remarquer que ces médailles doivent être remises entre les mains des membres du Jury, qui en feront l'application ; il dit que la Commission de Pomologie de la Société de la Seine-Inférieure s'est occupée de l'étude sérieuse des fruits de pressoir ; que son travail a été imprimé et qu'il sera distribué.

M. le secrétaire fait cette distribution aux membres appelés.

M. Rouillard propose de former les Commissions qui doivent entrer en fonction demain à huit heures du matin ; la proposition acceptée, chaque membre présent se fait inscrire pour la section qu'il préfère.

M. le Président invite tous les membres à apporter une grande exactitude à assister à toutes les réunions.

La séance est levée à onze heures et demie.

Le Secrétaire du Congrès pomologique,

C.-F^{ois} WILLERMOZ.

Séance du 1er octobre 1863.

PRÉSIDENCE DE M. LE COMTE D'ESTAINTOT.

La séance est ouverte à deux heures ; le procès-verbal est lu et adopté, après une rectification signalée par M. Porcher.

M. le Président lit une lettre de M. Haulard, qui fait hommage au Congrès de cinq exemplaires de son Almanach, intitulé : Le *Pommier* ; des remerciments sont votés à l'auteur de cette intéressante publication pour les pays à cidre.

Suivant l'ordre du jour, M. le Président invite M. le Secrétaire à faire connaître : 1° la suite donnée aux délibérations prises par le Congrès dans la dernière session ; 2° la situation financière de l'Association.

M. le Secrétaire dit que déjà le Comité de rédaction, aidé des renseignements fournis par diverses Sociétés, a publié les descriptions et les figures noires et coloriées de 48 poires.

Relativement aux comptes fournis par M. le Trésorier, absent, lesquels se soldent par un actif de 150 fr. 95 centimes, M. le Secrétaire pense qu'il y a des erreurs dans ces comptes, attendu qu'ils ne sont pas d'accord avec le nombre des souscripteurs qui reçoivent les publications du Congrès ; il demande, en conséquence, que les comptes de M. le Trésorier, ainsi que ceux qu'il fournit, soient renvoyés à une Commission.

M. le Président invite MM. les rapporteurs des Commissions qui ont préparé des travaux pendant la séance du matin, à présenter les propositions des Commissions.

M. Rouillard, chargé d'une partie du rapport de la Commission des fruits à noyaux et des Raisins, donne lecture de ce rapport.

Le maintien à l'étude de l'*Abricot à trochet*, est proposé jusqu'à ce qu'il ait été plus étudié : aucune observation ne s'élevant contre la proposition de la Commission, cette proposition est approuvée.

La Commission propose également le maintien à l'étude de l'*Abricot Angoumois* hâtif, attendu qu'il est dans les mêmes conditions que le précédant. La discussion ouverte sur cette variété n'apportant aucune lumière nouvelle, elle est maintenue à l'étude.

La Commission propose l'adoption définitive de l'*Abricot Angoumois d'Oullins*. D'après les renseignements fournis par MM. Gailliard, Morel et Willermoz, la variété proposée est mise aux voix et adoptée.

Arbre vigoureux et fertile ; le fruit moyen, ferme, sucré, juteux, d'un bon goût, mûrit de la fin mai au commencement de juin il est très propre à l'approvisionnement des marchés et à l'exportation. Cette variété locale mérite d'être plus répandue.

La Commission propose le maintien à l'étude de l'*Abricot Beaugé*, attendu qu'elle manque de renseignements.

Sur la proposition de la Commission, l'*Abricot Comice de Toulon*, est ajourné.

Elle propose également le maintien à l'étude de l'*Abricot hâtif d'Orléans*.

M. Cuigneau demande si la Commission de Pomologie de la Société d'Horticulture du Loiret, n'a pas fait des études sur cette variété. M. Porcher répond qu'une circonstance indépendante de la volonté de la Commission, a empêché celle-ci de se livrer à l'étude de la variété, dont l'ajournement est mis aux voix et adopté.

La Commission demande l'ajournement de l'*Abricot de Versailles*, attendu qu'elle n'a reçu aucun renseignement sur lui ; l'ajournement est maintenu, ainsi que celui de l'*Abricot de Portugal* et de l'*Abricot Jacques*, qui ne soulèvent aucune discussion.

La Commission propose l'adoption définitive de l'*Abricot Mille* sorte d'*Abricot-Pêche*, sur lequel elle a reçu des renseignements favorables de la part de MM. Willermoz, Morel et Gaillard, qui les renouvellent, d'ailleurs, en présence de l'Assemblée. D'après ces renseignements, l'Assemblée adopte ce fruit local.

Arbre très vigoureux et très fertile, fruit moyen, hâtif, rond, juteux, très sucré, parfumé et de très bonne qualité, il mûrit fin-mai.

L'*Abricot hâtif d'Espéren*, dont le maintien à l'étude est proposé, est diversement apprécié par quelques membres : MM. Gaillard et Galopin, le jugent assez sévèrement et lui reprochent plus de défauts que de qualités. M. Dupuy-Jamain dit que l'arbre est vigoureux et le fruit bon. Malgré ce jugement favorable, la variété n'est pas trouvée digne d'être maintenue à l'étude.

La Commission propose le maintien à l'étude de l'*Abricot de Wurtemberg*, sur lequel M. Rouillard fournit des renseignements et dont il offre des greffes, afin de le faire connaître. La proposition est approuvée. C'est, dit ce membre, une variété de l'Abricot-Pêche, mais plus gros et moins bien conformé.

M. Thierry dit que l'Abricotier *Moor Parck*, dont la Commission propose le maintien à l'étude, fleurit beaucoup chez lui, mais qu'il retient rarement. L'assemblée maintien cette variété à l'étude.

Les variétés numéros 1 et 2, obtenues par M. Liabaud, sont maintenues à l'étude.

La Commission propose l'adoption définitive de l'*Abricot de Hollande*. M. le docteur Cuigneau dit qu'on cultive, dans la Gironde, une variété sous le nom d'*Abricot à amande douce* qui semble être l'*Abricot de Hollande*. D'après les études que la Commission de Pomologie de la Société de la Gironde a faites de cette variété, et les observations qui ont été fournies par la Commission de Pomologie de la Société d'Horticulture du Rhône, M. le docteur Cuigneau, croit que la même variété est cultivée dans la vallée d'Ampuis (Rhône), sous le nom d'*Abricot d'Ampuis*.

Il ajoute que cette variété est précieuse sous le point de vue de fertilité, de vigueur et de qualités.

MM. Gaillard et Morel confirment les appréciations de M. Cuigneau. M. Willermoz, qui a étudié la variété d'après les spécimens qui lui ont été adressés par la Société de la Gironde, d'après ceux qu'on récolte sur une grande échelle dans le midi du département du Rhône et d'après le *Traité des Fruits* de Duhamel, appuie la proposition de la Commission, qui est mise aux voix et adoptée.

Abricot de Hollande, synonymes: *Abricot à amande douce* dans la Gironde, *Abricot d'Ampuis* dans le Rhône; arbre très vigoureux et très fertile. Fruit petit, rond, ferme, juteux, sucré et agréable, très recherché pour la confection des conserves.

M. Gaillard fournit de très intéressants renseignements sur les sujets de Prunier les plus propices pour recevoir la greffe de l'Abricotier; il dit que les sujets à écorce grise doivent être préférés à ceux dont les écorces sont brunes, attendu que, sur les sujets de cette sorte, les Abricotiers sont rarement exempts de gomme et de gerçures, tandis que, sur les autres, au contraire, ils sont toujours sains et, par conséquent, plus vigoureux. M. Willermoz confirme d'après ses propres expériences, le dire de M. Gaillard. Deux autres membres confirment également le fait. L'Assemblée remercie M. Gaillard de ces renseignements utiles.

M. Cuigneau présente les propositions que la Commission a préparées sur les Raisins; il dit que la Commission s'est entretenue longtemps sur les variétés dites *Chasselas musqué des pépiniéristes* et *Chasselas à la fleur d'oranger*; il ajoute que ces variétés sont distinctes, mais que la Commission les trouve peu dignes d'être cultivées, vu leur infertilité et le défaut de se fendiller avant et pendant l'époque de maturité. En conséquence, il demande que le Congrès n'ait pas à s'en occuper. Après une longue discussion, à laquelle prennent part MM. Cuigneau, Rose Charmeux, Gaillard, Dupont et Rouillé-Courbe, M. le Président met aux voix la proposition de la Commission. L'Assemblée approuve les propositions de la Commission, et les deux variétés sont éliminées, malgré l'excellente qualité des quelques graines qu'on remarque parfois intactes sur les grappes.

La Commission propose à l'adoption le *Chasselas rose de Falloux*.

M. le Président provoque la discussion sur cette variété, M. Charmeux fournit des renseignements favorables, et elle est adoptée avec la désignation suivante:

Beau fruit, grains fermes et craquants; pulpe fondante, sucrée, cépage productif, supérieur au *Chasselas rose Royal*.

La Commission propose de reporter à l'étude le *Chasselas rose Dupont*, attendu que cette variété n'est pas encore dans le commerce, M. Dupont, l'obtenteur, promet de la répandre selon la vigueur du pied. L'Assemblée approuve la proposition de la Commission et remercie M. Dupont de l'offre généreuse qu'il fait de distribuer des boutures de son gain.

La Commission propose de maintenir à l'étude le *Chasselas rose de Négrepont*, attendu 1° que, pour cette variété, on envoie souvent le *Chasselas violet* ou le *Tokai des jardins*; 2° pour s'assurer si le *Chasselas de Négrepont* n'est pas le véritable *Chasselas rose Royal*. La proposition est mise aux voix et adoptée.

La Commission propose l'adoption définitive du *Muscat bifère du Gard*, synonyme *Muscat de Patras*. M. le rapporteur fait connaître les bonnes qualités de cette variété, qui est adoptée.

M. le Président invite la Commission des Fruits à noyaux et des Raisins, à continuer ses travaux et invite M. le rapporteur de la Commission des Fruits de table à pépins, à présenter les propositions de la Commission.

M. Thouvenel, rapporteur, dit que la Commission propose le maintien à l'étude de la *Poire Alexandre Bivort*.

M. le Président appelle l'attention de l'Assemblée sur la variété.

M. Hacher dit qu'il la connaît bien; qu'il l'apprécie peu et qu'il la regarde comme un fruit de troisième ordre et de médiocre conservation.

MM. Galopin et Louvot disent, au contraire, que le fruit est bon et de conservation parfaite et prolongée.

M. le Président dit que le fruit, trouvé bon sur un point et médiocre sur un autre, peut être confondu.

M. Mechelin demande s'il a du goût.

M. Willermoz, qui le cultive, dit qu'il est moyen, à chair fine, fondante, tout aussi bon que la *Joséphine de Malines*, avec laquelle il a quelque analogie, et qu'il se conserve souvent jusqu'en mars. Les spécimens présentés sur le Bureau, sont reconnus pour être la variété proposée, et que l'Assemblée maintient à l'étude.

La Commission propose le maintien à l'étude d'*Alexandre Lambré*.

M. Gaillard donne des renseignements peu favorables sur cette variété qui fleurit, mais ne retient pas.

M. le Président fait remarquer qu'il vaudrait mieux éliminer le fruit que de le maintenir à l'étude; il craint que les fruits maintenus ne soient trop considérables, toutefois, il met aux voix la proposition de la Commission, et l'Assemblée l'approuve.

La Commission propose le maintien à l'étude de la variété *Alexandrina*.

M. le Président demande si quelques membres connaissent cette variété et les prie de communiquer leurs observations.

MM. Hacher et Willermoz la disent hâtive, belle et bonne.

M. Galopin l'apprécie tout différemment. Cependant l'Assemblée, consultée, la maintient à l'étude.

La Commission propose l'adoption de la *Poire délices d'Hardempont*, connue en France sous le nom d'*Archiduc Charles*.

M. Porcher rappelle, au sujet de cette Poire, ce qui s'est passé le matin au sein de la Commission et les renseignements qui ont été fournis à son égard par M. Willermoz. Plusieurs membres craignent que ce nom *Délices d'Hardenpont* fasse confusion, puisqu'il y a déjà une poire qui porte ce nom,

M. Porcher rappelle le langage tenu, au sein de la Commission, par M. Lesueur, qui a dit que le Congrès était institué pour corriger les erreurs et non pour les perpétuer. Quant à la Poire connue sous le nom de *Délices d'Hardenpont*, ajoute M. Porcher, le Congrès lui restituera le nom que lui avait imposé son obtenteur, l'abbé d'Hardenpont, on l'appellera *Fondante du Pariselle*, comme l'a indiqué M. Willermoz.

Après une assez longue discussion sur ces deux fruits, l'Assemblée approuve la proposition de la Commission.

La *Poire beurré Bennerst* est maintenue à l'étude.

La *Poire beurré Oudinot* est proposée comme maintenue à l'étude par la Commission.

Quelques membres proposent de l'éliminer, attendu qu'ils la trouvent médiocre; d'autres, au contraire et particulièrement MM. Techenay, Audusson, Gaillard et Willermoz disent cette variété hâtive, bonne et belle. M. le Président la met aux voix et elle est maintenue.

M. le Président invite MM. les membres des Commissions à assister aux séances de ces Commissions, afin d'y soumettre leurs observations; il pense que c'est le moyen d'abréger les discussions en assemblée générale.

La *Poire beurré Mondelle*, proposée à l'étude, est maintenue.

La Commission propose l'adoption de la *Poire Casteline*. Une longue discussion s'engage sur cette variété. Il est dit que le fruit déposé sur le bureau, sous le nom de *Casteline*, n'est pas la vraie variété. M. Dupont demande si un rapport favorable d'une Commission d'une Société accompagne le fruit proposé. M. Cuigneau répond que les rapports de

Commissions sont exigés et indispensables lorsqu'il s'agit de fruits nouvellement obtenus de semis, mais non pour ceux qui sont déjà dans le commerce.

M. le Président met aux voix la proposition de la Commission.

M. Gaillard demande que des renseignements soient donnés sur la variété avant de la mettre aux voix. M. le Président lit ce qui a été imprimé l'année dernière sur la *Poire Casteline*. M. Porcher demande que les membres qui la connaissent émettent leur opinion. M. de la Longue-Duteil fait remarquer que le fruit est contestable. MM. Hacher, Audusson et Défossés la reconnaissent pour bonne. Quelques membres demandent son renvoi à l'étude. M. Porcher rappelle la discussion qui a eu lieu au sein de la Commission. M. le Président met aux voix la proposition de la Commission, qui est adoptée.

Les renseignements manquant sur la *Poire Docteur Trousseau*, la variété est maintenue à l'étude.

M. Willermoz provoque une explication sur la *Poire Bergamotte Cadette*, adoptée dans une précédente session. Il dit que la *Bergamotte Cadette de Duhamel* n'est pas le fruit que le Congrès a adopté sous ce nom. Plusieurs membres qui connaissent la *Bergamotte Cadette de Duhamel*, présenteront des éclaircissements sur la variété.

M. Nicolle, qui l'a décrite dans les annales promologiques de la Seine-Inférieure, promet des renseignements précis.

M. Willermoz dépose sur le bureau un projet de classification du genre poirier. Ce projet est renvoyé à l'examen d'une Commission composée de MM. Dupont, Buisson, Cuigneau et Rouillé-Courbe.

M. le Président invite M. Malbranche, rapporteur de la Commission des fruits à cidre, à présenter les propositions de cette Commission. M. le rapporteur dit que la Commission ne sera en mesure que demain; elle a travaillé aujourd'hui, mais son travail n'est pas suffisamment avancé. M. le Président désire que le travail commencé soit présenté afin de ne pas perdre de temps. M. Malbranche dit que déjà les observations de la Commission se trouvent en partie consignées dans la brochure qui a été distribuée hier, brochure qui contient les descriptions sommaires des fruits dont s'est occupée la Commission, qui propose l'adoption de l'*Amourette précoce*. M. le Président provoque la discussion sur cette proposition.

M. Michelin parle des fruits locaux et entre dans de longs détails sur ces sortes de fruits.

Un membre demande la description du fruit proposé ; il est répondu que cette description se trouve dans la brochure précitée. La variété proposée est adoptée.

Plusieurs autres variétés, successivement présentées à l'adoption, sont discutées et adoptées, d'autres sont renvoyées à l'étude, d'autres enfin sont éliminées.

La séance est levée à cinq heures.

Le Secrétaire du Congrès pomologique,
C.-F^{né} WILLERMOZ.

SÉANCE DU 2 OCTOBRE 1863.

Présidence de M. le Comte D'ESTAINTOT.

Le procès-verbal de la séance précédente est lu et approuvé.

M. Michelin donne des renseignements sur l'*Abricot Jacques*, qui a été maintenu à l'étude.

M. Rouillard fait l'appel des membres dont les noms doivent figurer sur la liste qui sera imprimée.

M. Cuigneau demande qu'il soit indiqué sur la liste que tel membre est délégué au Congrès par telle Société. M. Rouillard s'oppose à cette demande, qui est prise en considération et approuvée.

M. le rapporteur des Fruits à noyaux et des Raisins présente les propositions de la Commission chargée de l'étude et de l'appréciation des fruits de cette section.

Les *Raisins muscats durebaie* ou *blanc doux*, *Pépin d'Ischia*, *Muscat blanc de Crimée*, *Muscat de Madère*, *Muscat noir d'Estenstad*, *Muscat Eugenien Primavis* ou *Primavis muscat*, sont proposés comme devant demeurer à l'étude.

M. le Président met aux voix la proposition de la Commission, qui est adoptée sans discussion.

La Commission propose l'admission définitive du *Muscat Caillaba*. Le mérite de cette variété est reconnu par toute l'Assemblée, qui adopte la proposition.

La Commission propose également à l'adoption définitive, mais pour grande culture, les variétés *Corbeau* et *Riesling*; la proposition ne rencontre aucune opposition, et les deux variétés sont adoptées.

La Commission demande la suppression sur la liste des variétés recommandées, du *Raisin muscat précoce de Hongrie*, de *Mermety-Isabelle*, de *Casalis-Allut* et de *Merbelli blanc*, attendu que ces variétés, si peu connues, ne peuvent être étudiées. M. le Président dit qu'il va mettre aux voix la proposition de la Commission, si personne n'a d'observation à faire. La proposition ne soulevant aucune observation, est mise aux voix et adoptée.

La Commission propose le maintien à l'étude des *Prunes Anna Lawson*, *Belle de Louvain* et *Bleue de Perke*. M. Thierry connaît la *Bleue de Perke* et la dit bonne. Ces renseignements n'étant pas suffisants sur les variétés, l'Assemblée approuve la proposition de la Commission qui propose l'adoption définitive, mais comme fruit local, de la *Prune d'Ambre* cultivée sur une très grande échelle dans les environs de Bordeaux, et sur laquelle M. Cuigneau fournit d'intéressants renseignements. L'Assemblée adopte la variété proposée.

Sur la proposition de la Commission, l'Assemblée décide que les Prunes *Goliath* et *Grosse noire hâtive* cesseront de figurer sur la liste des fruits à l'étude. Elle supprime également la variété *Early favourite Rivers*, sur laquelle les renseignements ne sont pas favorables. Elle décide, en outre, qu'on cessera de s'occuper des variétés : *Musquée de Malte*, *Orange*, et *Tardive musquée*, qui ne sont pas ou sont peu cultivées.

La Commission propose de leur adjoindre la *Prune mamelonnée de Sageret*. Mais, une discussion pour et contre la proposition s'établit. M. Lesueur la dit bonne; M. Hacher la dit médiocre : alors, M. le Président met aux voix la proposition, et elle est approuvée.

Sur la proposition de la Commission, l'Assemblée adopte la *Reine-Claude de Brignais*, obtenue par M. Gaillard; elle renvoi à l'étude la prune *Reine Claude violette* du même obtenteur, qui s'engage à donner des greffes de ces deux variétés à qui lui en fera la demande.

La Commission propose l'adoption de la prune *Monsieur jaune*, *de la Gironde*. L'Assemblée approuve la proposition de la Commission et adopte la variété; elle maintient à l'étude la *Prune Coës violette*, variété de la *Coës golden drop*, fixée par la greffe par M. Dupuy-Jamain, qui fournit sur elle des renseignements. Sur la proposition de la Commission, les variétés *Lawrance Gage* et *Violette Américaine* sont maintenues à l'étude.

La prune *Queen Victoria* est proposée à l'adoption ; M. Mauduit dit qu'elle n'est que médiocre ; M. le Président demande si M. Mauduit connaît bien la variété proposée : ce membre le pense; toutefois, comme il n'en est pas certain, il demande à consulter la *Pomologie Belge* pour s'en assurer. MM. Galopin, Morel, Willermoz, Rouillé-Courbe et Teschenay, fournissent de bons renseignements sur la variété. M. Mauduit reconnaît que le dessin du fruit qu'il vient de voir ne représente pas la variété qu'il cultive sous le nom de *Queen Victoria*.

M. le Président met aux voix les propositions de la Commission et l'Assemblée les approuve.

La Commission propose de maintenir à l'étude une Pêche jaune cultivée à Bordeaux. M. Teschenay dit qu'il y a beaucoup de pêches jaunes à Bordeaux, et ne voit pas la nécessité de maintenir à l'étude une pêche de cette nature. On fait remarquer à M. Teschenay que s'il s'agit d'un très beau fruit. M. Teschenay répond qu'il s'agit de la *Pêche Guestier*; elle est renvoyée à l'étude de la Commission de la Gironde, qui n'a pas pu statuer cette année. Cette variété est maintenue à l'étude de la Commission de la Gironde.

Les variétés désignées par MM. Malot et Lepère sous les n°s 6, 7 et 8, sur la proposition de la Commission, cessent de figurer sur la liste des fruits à l'étude. La Commission propose de rayer le nom de *Belle de Ferrière*, attendu que ce nom ne désigne pas une variété nouvelle, puisque la *Belle de Ferrière* n'est pas autre chose que la *Grosse mignonne*. La proposition est adoptée.

La Commission propose l'adoption définitive de la pêche *Belle Cartière*. M. Lesueur demande le maintien à l'étude jusqu'à ce que la variété soit plus répandue.

M. le rapporteur fait remarquer que c'est un fruit local, dont l'adoption est demandée par la Commission de Pomologie de Lyon, qui en a fait une étude spéciale. L'Assemblée, consultée, approuve la proposition de la Commission. Celle-ci demande la radiation de *Belle de St-Genis*; l'Assemblée approuve la demande. *La Chancelière* est maintenue à l'étude. MM. Rouillard et Dupuy-Jamain se chargent de demander l'avis de M. Carrière sur cette variété.

La Commission propose d'éliminer les variétés *Jaune de Galban*, *Jaillot* et *Persique*. L'Assemblée approuve cette suppression. La pêche *Souvenir de Java* est également proposée comme devant être rayée; un membre donne de bons renseignements sur cette variété, mais d'autres en donnent de très peu favorables, et l'Assemblée adopte les propositions de la Commission.

L'Assemblée maintient à l'étude, d'après les propositions de la Commission, les variétés d'*Italie*, *Léopold I*, *Guépin*, *Pavie Royal*, *Pavie*

rouge de Pomponne, *Turenne améliorée* et *Vineuse de Fromentin*. La Commission propose également à l'étude la variété *Ray-Makers*, attendu que M. Morel possède sous ce nom une variété qu'il estime peu, et que M. Willermoz cultive également sous le même nom une pêche qu'il prise beaucoup. M. le rapporteur donne une description sommaire des deux fruits. M. Galopin, qui possède la variété *Ray-Makers*, dit que la description du fruit cultivé par M. Willermoz se rapporte parfaitement au fruit qu'il possède. Le maintien à l'étude de la *Ray-Makers* est prononcé.

M. le rapporteur dit que la Commission de Pomologie de la Société du Rhône propose à l'adoption définitive les Pêches, *Tardive d'Oullins* et *Tessier* ; des renseignements sont fournis sur ces variétés par MM. Gaillard, Morel et Willermoz. M. le rapporteur ajoute qu'un spécimen de la *Tardive d'Oullins* a été soumis à l'appréciation de la Commission. Plusieurs membres qui connaissent ces deux variétés, appuient la demande de la Commission, et l'Assemblée admet l'adoption proposée.

La Commission des Fruits à noyaux et des Raisins ayant épuisé son ordre du jour, M. le Président prie M. le rapporteur de la Commission des Fruits de table à pépins de communiquer les propositions de la Commission. M. Thouvenel, rapporteur, dit que la Commission n'a pu se renseigner sur la *Bergamotte Lafay*, et prie l'Assemblée de se prononcer sur cette variété. Comme les renseignements fournis par M. Thiery, qui la dit médiocre, et par M. Lesueur qui la dit très bonne, n'éclairent pas l'Assemblée, elle prononce le maintien à l'étude.

Sur la proposition de la Commission, l'Assemblée maintient à l'étude les variétés *Bonne Charlotte*, *Brandiwine*, *Colmar Navez*, *Delisses*, *Docteur Lentier*, *Docteur Trousseau*, *Dumont-Dumortier*, *Doyenné*, *Nérard*, *Gendron*, *Heat Col*, *Lawrance*, *Léon-Grégoire*, *Louise Bonne de printemps*, *Monseigneur des Honses*, *Mouille-Bouche de Bordeaux* et *Zéphirin-Louis*.

L'Assemblée adopte la poire *Beurré Delfosse*, reconnue de bonne qualité.

La poire *Nouvelle Fulvie*, proposée à l'adoption par la Commission, soulève quelques observations de la part de plusieurs membres ; c'est un bon fruit selon tous, mais c'est un arbre peu gracieux, difforme, difficile à conduire selon quelques-uns. La variété proposée est mise aux voix et adoptée.

La poire *Passe-Colmar Francois*, proposée à l'adoption, est mise aux voix et adoptée, ainsi que *Madame Elisa* (Bivort). La Commission manquant de renseignements suffisants sur le *Colmar Bonnet*, demande que l'Assemblée décide du sort de cette variété. Plusieurs membres font observer que le *Colmar Bonnet* est pris pour le *Beurré Colomar*, et que le *Beurré Colomia* est pris pour le *Colmar Bonnet*. En effet, depuis plus de quinze ans, la variété *Colmar Bonnet*, qui figure sur le bureau sous ce nom, a été répandue dans plusieurs départements sous le nom de *Beurré Coloma*, et la variété *Beurrée Coloma*, sous celui de *Colmar Bonnet*. M. Willermoz fait remarquer qu'il a reçu les deux variétés de Belgique sous ces deux dénominations. MM. Lesueur, Teinturier et Hacher fournissent des renseignements, mais l'Assemblée décide qu'elle ne se prononcera que demain, attendu qu'un membre promet d'apporter des rameaux pour la comparaison.

Faute de renseignements, la Commission propose le maintien à l'étude de *Beurré Bailly*; la proposition est approuvée. La Commission demande que l'assemblée décide sur les variétés *Omer Pacha*, *Bézy précoce* et *Swans orange*; après plusieurs observations et les renseignements fournis, l'Assemblée décide que les noms de ces trois variétés cesseront de figurer sur la liste.

La Commission propose le maintien à l'étude d'*Emile d'Heyst*; M. Teschenay la dit très bonne; un membre fait remarquer qu'il ne faut pas la confondre avec *Elisa d'Heyst*, qui est un fruit tardif, cassant et pierreux. L'Assemblée maintient l'étude.

La poire *Lawrance*, mûrissant d'octobre en novembre, d'après M. Mauduit, et en février, d'après M. Dupuy-Jamain, est également maintenue à l'étude.

L'Assemblée maintient à l'étude, d'après l'avis de la Commission, la *Poire Ravut*, gagnée par M. Gaillard, qui fait connaître ses qualités; elle a le mérite, dit l'obtenteur, de ne pas blettir et de demeurer bonne, même après sa chute de l'arbre.

La Commission propose le maintien à l'étude de la *Royale d'hiver*. Plusieurs membres demandent son adoption définitive pour le midi de la France. Une longue discussion s'engage par rapport à cette variété, qui est mise aux voix et adoptée à une faible majorité.

La Commission propose le maintien à l'étude de la *Tardive de Toulouse* et de *Frédéric Lelieur*; l'Assemblée approuve la proposition.

La Commission propose le maintien à l'étude de *Léopold I*. M. Hacher et M. Teschenay fournissent de bons renseignements sur cette variété. M. Morel dit qu'il cultive sous ce nom un arbre qui fleurit beaucoup, qui rapporte peu de fruits, mais il les reconnaît bons. L'Assemblée approuve la proposition; elle maintient à l'étude la poire *Onondaga*.

M. le rapporteur dit que M. Perrier a présenté la poire *Madame Favre* pour être mise à l'étude du Congrès. On fait remarquer que cette variété n'est pas dans le commerce. M Porcher répond que le détenteur a promis, après hésitation, de la répandre; il exprime au nom de la Commission, le vœu que les fruits inscrits sur les tableaux avec la désignation de fruits à cidre, de haute tige, d'espalier, etc., soient inscrits par ordre alphabétique, le caractère romain indiquerait les noms définitifs, et le caractère italique, les noms synonymiques. Ces noms et les descriptions sommaires formeraient un petit volume d'un grand intérêt et d'un facile placement. L'Assemblée appuie fortement l'idée et décide que le Congrès lui donnera suite.

Avant de lever la séance, M. le Président Porcher, qui remplace M. d'Estaintot, provisoirement, dit que la séance générale de dimanche aura lieu à huit heures du matin; que l'Assemblée entendra d'abord la suite des propositions des Commissions, et qu'elle s'occupera immédiatement après du Règlement et de la classification des Pêchers; il invite tous les membres à assister avec exactitude à cette séance importante sous tous les rapports.

La séance est levée à cinq heures.

Le Secrétaire du Congrès pomologique,
C.-F^{né} WILLERMOZ.

SÉANCE DU 3 OCTOBRE 1863.

Présidence de M. le Comte d'ESTAINTOT.

Le procès-verbal est lu et adopté.

M. Rouillard dit que c'est par conciliation qu'il demande que les mots *de délégués* ne soient pas ajoutés sur la liste imprimée aux noms des membres qui ont reçu ce titre de leurs Sociétés. M. le comte d'Estaintot et

M. Rouillé-Courbe combattent la proposition et demandent le maintien sur la liste des mots *de délégués* et M. le Président les écrit.

M. le rapporteur de la Commission des Fruits à noyaux et des Raisins présente les propositions de cette Commission, qui demande que les noms des Cerises *Bigarreau belle de Florence, Bigarreau de Tartarie, Bigarreau Merveille de Septembre, Bigarreau noir, Cerise belle Agathe, Cerise Bonnemain, Cerise de Charmeux, Cerise double Marmotte, Cerise nera di Pistoja, Cerise Vigneron, Guignes noire* et *Précoce de Tarascon*, cessent de figurer sur le tableau. L'Assemblée approuve.

La Commission demande le maintien à l'étude de *Bigarreau Papale*, pour qu'il soit comparé avec *Bigarreau Reverchon*. De *Bigarreau Princesse*, et qu'il soit étudié par MM. Defrenes, Dupuy-Jamain, Buisson et Rouillé-Courbe ; de la *Cerise Donna Maria*, qui sera étudiée par MM. Buisson, Dupuy-Jamain, Willermoz et Morel ; de la *Montmorency Bretonneau* ou *de Bourgueil*, introduite par le docteur Bretonneau, qui sera étudiée par MM. Dupuy-Jamain et Gaillard, qui la compareront avec la *Griotte noire du Rhône*; de la *Cerise de la St-Jean*, qui sera recommandée à l'étude de la Société d'Horticulture du Loiret, et du *Bigarreau Rival*, qui sera étudié par la Société d'Horticulture du Rhône. Cette proposition est approuvée.

La Commission demande l'adoption définitive de la *Guigne marbrée hâtive*, décrite par Duhamel, et de la *Griotte d'Allemagne*, décrite par le même auteur. L'Assemblée adopte.

Les variétés *Belle-de-Ribaucourt* et *Bigarreau Grand*, sont renvoyés à l'étude de la Société du Rhône.

La Commission propose l'adoption définitive de la *Fraise Marguerite* (Lebreton); ce fruit est adopté.

La variété *Rifleman* (Ingrham) est proposée à l'étude. MM. Dupuy-Jamain et Gaillard sont priés de l'étudier.

La variété *Léon de St-Laumer*, obtenue par M. Grain, est proposée à l'étude. M. Courtois, de Chartres, et la Société d'Eure-et-Loir seront priés de l'étudier.

L'Assemblée approuve les propositions de la Commission.

La Commission propose à l'adoption les *Framboisiers merveille des quatre Saisons, rouge* et *jaune, Falstoph, Seedling* et *Belle de Fontenay*. L'Assemblée adopte.

La Commission propose l'adoption des *Groseilliers à grappes de Hollande rouge*, de *Gondouin, rouge* et *blanche* et de *Cerise*. L'Assemblée adopte les variétés proposées.

La variété *Versaillaise*, excellente et productive pour le nord, est proposée par M. Thiery, qui fournit sur elle de très bons renseignements. Ces renseignements sont appuyés par MM. Desfossés, Dupont et Mauduit. La proposition est adoptée.

La Commission propose l'adoption du *Cassis commun*, de sa variété à fruit blanc et du *Cassis royal de Naples*.

L'Assemblée adopte la proposition de la Commission, qui propose de demander aux Sociétés l'étude et une liste des meilleures variétés de Groseilliers épineux.

M. Thiery demande la mise à l'étude de la *Groseille à grappe Whos, grapp*.

La Commission demande l'adoption du *Mûrier à gros fruit noir*, dit Mûrier d'Espagne. L'Assemblée adopte; elle adopte également le *Cormier à gros fruit comestible*, le *Néflier à gros fruit*, les *Noix Mayette, Chaberte* et *Mésange* ou *coque tendre*; les *Noisettes Aveline à fruit rouge, Aveline à fruit blanc, Aveline à feuille pourpre et grosse ronde de Piémont*. La variété *grosse longue d'Espagne* est renvoyée à l'étude de MM. Gaillard et Rouillé-Courbe; la variété *Coxford* à celle de M. Dupuy-Jamain.

l'Assemblée adopte les *Amandes Princesse*; *des Dames à coque tendre*, et l'*Amande à gros fruit à coque dure*.

M. Galopin, secrétaire-adjoint de la Commission des Fruits de table à pépins, présent les propositions de cette Commission, qui demande le renvoi à l'étude de la poire *Général Totleben*, fruit gros, fondant, de première qualité. Un membre propose l'adoption définitive, attendu que le fruit, dégusté par la Commission, a été trouvé de première qualité. M. Gaillard fait remarquer que le fruit présenté à la Commission est d'une maturité prématurée; qu'il doit mûrir beaucoup plus tard, et qu'il ne faut pas se presser de l'adopter. Le fruit est recommandé à l'étude.

M. Cuigneau demande que les fruits renvoyés à l'étude soient recommandés à toutes les Sociétés en général, mais d'une manière spéciale aux membres qui les connaissent et aux Sociétés dont ces membres font partie. La Commission des Fruits à noyaux s'est préoccupée de cette question très importante, ajoute M. Cuigneau, et l'Assemblée a dû remarquer que cette Commission a proposée de renvoyer une assez grande quantité de fruits à l'étude spéciale de tels ou tels membres très compétents et très capables de pouvoir fournir des renseignements aux Commissions de Pomologie de leur Société. Après discussion sur cette proposition, qui est adoptée, le fruit précité est renvoyé à l'étude spéciale des Sociétés d'Orléans, de la Gironde, du Rhône, et de M. Dupont, d'Alençon.

MM. Lesueur et Collette ont présenté à la Commission du bois et des rameaux des variétés *Beurré Coloma* et *Colmar Bonnet*, sur lesquelles il y avait contestation. La Commission propose de rectifier les erreurs commises au sujet de ces variétés.

M. Lesueur explique qu'à Lyon, et en Belgique surtout, on cultive sous le nom de *Beurré Coloma*, le *Colmar Bonnet*, et sous le nom de *Colmar Bonnet*, le *Beurré Coloma*. M. Willermoz dit que, depuis bien longtemps, en effet, comme il l'a fait remarquer, cette inversion a lieu, et que, l'année dernière encore, il avait reconnu à Namur, que l'une des variétés portait le nom de l'autre. La rectification est adoptée, et *Colmar Bonnet* est maintenu à l'étude.

La Commission propose de mettre à l'étude la variété *Iris Grégoire*. L'Assemblée adopte la proposition; la variété est spécialement recommandée à l'étude des Sociétés de la Gironde et du Rhône.

La Commission propose de rayer de la liste des pommes, les variétés *Mornish Jully Flower*, *Frankatu-Romain*, *Hurson non Stoh*, *Pomme Gourzon* et *Morgans favourite*, attendu que ces variétés ne sont pas cultivées. La proposition est adoptée.

A ce propos, M. le Président propose d'adresser les procès-verbaux à toutes les Sociétés adhérentes et non adhérentes; il espère que toutes comprendront le but utile que s'est proposé le Congrès et que toutes adhèreront à ses actes. La proposition de M. le Président est vivement appuyée.

M. Gaillard dit qu'il est nécessaire, pour l'étude des Fruits locaux ou nouvellement obtenus, de désigner pour cette étude la Société près de laquelle se trouve la variété cultivée ou obtenue.

M. Rouillé-Courbe rappelle à ce sujet le programme qui avait été arrêté pour la session tenue à Orléans, programme, dit M. Rouillé-Courbe, qu'il ne faut pas perdre de vue, car s'il est bien suivi par les Sociétés pour les fruits de semis, il devient une garantie pour le Congrès et par conséquent pour le public.

La Commission propose de mettre à l'étude la *Pomme président de Fays Dumonceau*; cette variété est recommandée par MM. Galopin et Teschenay; elle est renvoyée à l'étude de ces messieurs et à celle de la Société de la Gironde. M. Galopin en offre des greffes. La Commission dit qu'il est reconnu que la pomme *Duchesse Of Oldembourg* est synonyme de *Barowiski*, et que la pomme *Framboise* est synonyme de la pomme de *Quatre goûts* dite *Violette de quatre goûts*; elle demande que cette observation soit consignée au procès-verbal, afin que ces synonymes soient connus.

La Commission propose l'adoption de la pomme *Newton Pippin*. M. le Président provoque la discussion sur cette proposition. D'après les explications fournies, la variété est renvoyée à l'étude de MM. Galopin, Rouillé-Courbe, et de la Société de la Gironde.

La Commission propose l'adoption des variétés de pommes *Green Ohios Pippin*, de *Reinette grise ancienne*, de *Reinette grise de Dieppedale*, de *Reinette grise de Saint onge*; une longue discussion s'engage sur ces trois dernières variétés, qui sont reconnues bonnes, mais délicates, et qui, pour cette raison, demandent à être greffées sur greffe intermédiaire. L'Assemblée adopte la proposition de la Commission.

Les variétés *Reinette de Vigan*, *Calville des prairies*, Syn. *Quaestress*; *Boston Russet*, Syn. *Roxbury Russet* et *Seedling-Oline*, sont maintenues à l'étude. Les Sociétés de l'Hérault, du Rhône, ainsi que MM. Galopin et A. Royer sont priés de s'occuper de cette étude. Sur la proposition de la Commission la *Reinette rouge* est rayée de la liste des fruits, attendu qu'elle n'est pas répandue et est pour ainsi dire inconnue.

La Commission parle d'une pomme connue sous le nom de *Reinette grise du pays de Caux*, qui lui a été recommandée par M. Collette; elle demande des renseignements sur cette variété et laisse à l'Assemblée le soin de décider.

Un membre fait remarquer d'abord que la dénomination est trop longue et qu'on pourrait l'abréger en disant simplement *Reinette grise de Caux*.

M. Lesueur dit que plusieurs membres peuvent fournir des renseignements sur cette variété.

M. de la Londe du Thil dit comme M. Collette, qu'elle est belle, bonne; que l'arbre est vigoureux et fertile, mais qu'elle n'est pas répandue en dehors du pays de Caux. Il est d'avis de la nommer *Reinette grise de Caux*. Après une longue discussion sur cette variété, elle est recommandée à l'étude de la Société de la Seine-Inférieure.

La Commission des fruits de table à pépins ayant terminé son travail, M. le Président rappelle ce qui a été arrêté dans la séance d'hier, relativement à la séance de dimanche; il ajoute que, si l'Assemblée le désire, on pourra se réunir ce soir à huit heures.

M. de la Londe du Thil demande que la réunion du soir ait lieu, afin que la Commission des Fruits à cidre puisse faire ses propositions.

M. Porcher dit qu'il a été décidé que la réunion générale aurait lieu dimanche à huit heures du matin ; que celle qu'on propose ne peut pas avoir lieu pour plusieurs motifs : que les Commissions sont en fonction depuis huit heures du matin ; que les membres sont fatigués et que tous ont besoin de repos.

M. Deboutteville demande que l'assemblée s'occupe de suite de la classification des pêches.

On fait remarquer qu'il est bien tard pour s'occuper d'une question qui sera longue à vider.

M. Cuigneau lit à l'Assemblée le rapport de la Commission qui a été chargée d'examiner le projet d'une classification des Poires par M. C. F. Willermoz. Sur la proposition de la Commission, l'Assemblée décide que ce projet, revu et corrigé par l'auteur, sera, pour être étudié, inséré *in extenso* à la suite des procès-verbaux de la session.

M. le Rapporteur de la Commission chargée de la vérification des comptes de M. le Trésorier, dit que cette Commission manque de renseignements ; qu'elle s'occupera de nouveau de ces comptes et qu'elle déposera son rapport demain.

M. Porcher demande que le reste de l'ordre du jour soit renvoyé à demain, afin que la Sous-Commission chargée du Règlement puisse travailler immédiatement et être en mesure de le présenter à la séance de demain.

La séance est levée à quatre heures et demie.

Le Secrétaire du Congrès pomologique,
C.-F^{né} WILLERMOZ.

SÉANCE DU 4 OCTOBRE 1863.

Présidence de M. le comte d'ESTAINTOT.

La séance est ouverte à huit heures du matin, le procès-verbal de la dernière est lu et adopté.

M. le Président dit que la Sous-Commission qui a été chargée de préparer le Règlement s'est réunie à plusieurs reprises, et qu'elle est prête à présenter un projet de Règlement.

M. Porcher rend compte de ce qu'a fait la Sous-Commission, qui s'est réunie hier après la séance et qui a travaillé jusqu'à sept heures du soir ; il ajoute que le travail préparé par elle, a été voté à l'unanimité.

M. le Président lit le projet de Règlement, après cette lecture, il dit qu'il va reprendre article par article.

L'article 1er ne soulève aucune discussion et est adopté, ainsi que l'article 2.

M. Porcher explique l'article 3, M. le Président dit qu'il y a une différence entre le membre de la session et le membre titulaire, MM. Cuigneau et Porcher déterminent les droits de chacun. Les titulaires s'engagent en acceptant les conditions du Règlement et jouissent de tous ses priviléges, tandis que le participant, au contraire n'a voix délibérative que sur les questions de détail et non sur celles qui regardent l'administration.

M. Rouillé-Courbe demande qu'on s'explique sur la catégorie des souscripteurs à l'ouvrage de Pomologie. Il est répondu que la personne qui désire souscrire peut demander le titre de titulaire et jouir des droits que donne le Règlement ; mais que les conditions ne peuvent pas être les mêmes pour la personne qui veut souscrire à l'ouvrage seulement, attendu que cette personne est libre de suspendre ou de continuer la souscription ; tandis que le titulaire s'engage à la verser pendant trois années consécutives, à partir de son adhésion.

Après cette longue discussion, l'article 3 est mis aux voix et adopté.

Les articles 4 et 5 sont adoptés sans discussion.

Les articles 6 et 7 sont modifiés et adoptés. La modification consiste à dire que les Sociétés et les titulaires s'engagent pour trois ans au moins, et que l'engagement continue de droit si, dans le mois qui précèdera la tenue de la session de la troisième année, les engagés n'ont pas donné avis contraire.

Les articles 8, 9, 10 et 11, sont adoptés sans discussion.

M. le Président d'Estaintot s'explique sur les frais qui incombent aux Sociétés qui reçoivent le Congrès, il demande que ces frais soient déterminés par le Règlement intérieur du Conseil d'administration.

M. Cuigneau dit que les Sociétés qui demanderont que la session se tienne sous leurs auspices, s'entendront avec le Conseil pour régler les affaires de la session ; que les petits frais de cette session devront être supportés par les Sociétés, et que les cotisations ne doivent être appliquées qu'aux travaux spéciaux du Congrès et à ses publications.

M. Teinturier caractérise les droits des Sociétés et de leurs délégués : ceux-ci peuvent être délégués et titulaires en même temps, comme ils pourront n'être que délégués seulement. Dans le premier cas, le délégué titulaire reçoit, en échange de sa cotisation, toutes les publications du Congrès et a voix délibérative, sur toutes les questions; dans le second cas, il a voix délibérative seulement, puisqu'il représente une Société adhérente, mais c'est la Société qui l'a délégué, qui reçoit les publications et non pas lui ; il est délégué aux frais de sa Société et non pas aux frais du Congrès. Après ces explications, l'article 12 est mis aux voix et adopté.

Les articles 13, 14, 15, 16, 17 et 18, sont adoptés sans discussion.

Le dernier paragraphe de l'article 19 soulève plusieurs observations.

M. Porcher fait remarquer que six membres de la Société du Loiret assistent à la huitième session, mais qu'un seul est délégué par cette Société ; il pense qu'il ne faudrait pas qu'il en fût autrement, attendu qu'une société qui se ferait représenter par plusieurs délégués qui auraient le même droit, pourrait, dans une circonstance donnée, contre-carrer par un vote d'ensemble les délibérations du Congrès.

M. Cuigneau pense qu'une Société peut déléguer plusieurs de ses membres à une session, mais qu'un seul de ces délégués aura voix délibérative sur toutes les questions; il propose de dire que chaque Société adhérente sera représentée aux sessions du Congrès par un ou plusieurs délégués, dont un seul aura voix délibérative en matières administratives. La proposition de M. Cuigneau est appuyée, et l'article 19, modifié, est mis aux voix et adopté.

Les articles 20, 21, 22 et 23 sont adoptés sans discussion.

M. le Président met aux voix l'ensemble du Règlement.

M. Rouillard propose un article transitoire, conçu en ces termes :
« Le présent Règlement sera soumis à l'approbation de toutes les So-
» ciétés. »

M. Cuigneau demande que les Sociétés présentent leurs observations à la session prochaine.

M. Porcher fait remarquer que le Congrès va se trouver pour ainsi dire lié et empêché si cette proposition était adoptée ; il fait remarquer, en outre, que cet article transitoire le prive de toute action et de tous ses droits, puis que le Règlement dont il vient d'admettre les articles peut être détruit ou changé selon le bon plaisir de telle ou telle Société, et qu'enfin les modifications proposées par une Société peuvent être modifiées à leur tour par celles d'une autre Société. Il pense avec juste raison que l'article transitoire est inutile, et demande l'adoption définitive de l'ensemble tel qu'il est présenté. L'Assemblée, approuvant la proposition du préopinant, rejette l'article transitoire, et à l'unanimité, approuve l'ensemble du Règlement.

M. le Président dit que le Bureau de la session va se retirer dans la salle voisine, pour composer la liste des membres du Conseil d'administration.

Après quelques minutes de suspension, le Bureau de la session reprend sa place.

M. le Président fait connaître les noms des candidats proposés, et dit que les membres n'auront à déposer dans l'urne qu'un seul bulletin, et invite les membres à le préparer et à le déposer.

Cinquante-deux membres prennent part à cette élection. M. le Président confie le dépouillement à trois membres du Bureau, pendant que l'Assemblée s'occupera de la tenue de la session prochaine.

Nantes et Strabourg sont désignés comme siége de la neuvième session. Les délégués de Lyon et de Bordeaux demandent cette session. M. Willermoz parle de Dijon, comme ayant fait une demande antérieure. M. Rouillard est opposé à cette demande, M. Deboutteville, au contraire, l'approuve et fait valoir des motifs. Cette région centrale, d'une grande richesse, offre, selon M. Deboutteville, de très grandes ressources au Congrès pour compléter ses travaux. M. Porcher dit que la région de Nantes en offre d'également puissantes, et qu'il est utile de s'adresser à la Société Nantaise, qui entraînera par son adhésion celle de beaucoup d'autres Sociétés. L'Assemblée décide que le Bureau de la session écrira immédiatement à la Société de Nantes, qu'en cas de refus, le Conseil d'administration s'adressera à celle de Strasbourg. Si cette Société ne répond que par la négative, le Congrès tiendra sa neuvième session à Bordeaux.

Les trois membres chargés du dépouillement, font connaître le résultat du vote de l'Assemblée, pour l'élection des membres du Conseil d'administration. M. Reveil réunit cinquante-deux voix pour la présidence du Conseil.

M. Faivre réunit le même nombre de voix pour la vice-présidence.

M. Reverchon (Louis) est nommé Trésorier par 50 voix; M. Willermoz est élu Secrétaire par un nombre égal; MM. Gaillard et Morel réunissent 51 vois; M. Perret, 52; ces trois messieurs sont élus membres du Conseil.

Ainsi, le Conseil d'administration se trouve composé comme il suit :

MM. Le Sénateur REVEIL, *Président.*
FAIVRE, professeur de Botanique à la Faculté des Sciences de Lyon, *Vice-Président.*
WILLERMOZ (C. F^{né}), *Secrétaire.*
REVERCHON (Louis), *Trésorier.*
GAILLARD (F.), *Membre.*
MOREL (F.), id.
PERRET, id.

Après cette élection faite, à l'unanimité, en l'absence de MM. Reveil, Faivre et Perret, M. le Président appelle l'attention de l'Assemblée sur la classification des Pêches; il donne la parole à M. Buisson pour développer sa méthode.

M. Buisson entre dans de longs détails qu'il accompagne de figures tracées sur un tableau et de fleurs étalées sur des feuilles de papier; il parle des noyaux comme caractères distinctifs des variétés.

M. Cuigneau fait connaître les conclusions des Sociétés de la Gironde et du Loiret, ces conclusions sont diamétralement opposées au système de M. Buisson. M. Rouillard lit des documents également opposés à ce même système.

M. Rouillé-Courbe lit à son tour les conclusions de la Société d'Indre-et-Loire; ces conclusions sont en faveur de la méthode Buisson. M. Willermoz, qui avait résolu de rester neutre dans la question, dit qu'il se voit forcé de demander la parole et de faire connaître les conclusions de sa Société, conclusions semblables à celles des Sociétés de la Gironde et du Loiret.

M. Buisson répond que M. Carrière, d'un côté, que les Sociétés citées de l'autre, ont manqué de documents, et que ni l'un ni les autres n'avaient les éléments nécessaires sous les yeux ; il regrette que le temps lui manque pour faire connaître sa pensée.

M. Rouillé-Courbe demande l'ajournement, un membre désire qu'on n'ajourne pas indéfiniment. M. Gaillard voudrait qu'on décidât la question de suite. M. Cuigneau appuie la demande d'ajournement. L'Assemblée, consultée, approuve l'ajournement et décide que la question soit étudiée d'une manière plus générale par toutes les Sociétés.

M. le comte d'Estaintot dit que la huitième session a terminé ses travaux, il prononce un discours qui est vivement applaudi.

M. Cuigneau remercie M. le Président de l'accueil bienveillant que la Société a fait au Congrès, il le remercie tout particulièrement au nom de l'Association, de la manière sage dont il a dirigé les délibérations pendant la session ; il prie MM. du Bureau de cette session d'accepter la part qui revient à chacun pour avoir si bien secondé M. le Président.

La séance est levée à onze heures et demie par M. le Président, qui déclare la huitième session close.

Le Secrétaire du Congrès pomologique,
C.-F^{né} WILLERMOZ.

RAPPORT

de la Commission chargée d'examiner l'essai d'une Classification du genre Poirier.

Le Congrès a renvoyé à l'examen d'une Commission spéciale une brochure extraite des publications de la Société Impériale d'Horticulture pratique du Rhône, ayant pour auteur M. C. F^{né} Willermoz, Secrétaire général du Congrès pomologique. Cette publication, dont l'objet est la classification des Poires d'après la forme typique du fruit, remonte (ce fait est important à signaler) à 1850.

M. Willermoz divise les poires en huit groupes.

A l'époque où ce travail fut présenté, le Congrès n'avait pas encore commencé ses travaux d'élaboration et d'épuration, et les dénominations sous lesquelles les diverses variétés étaient connues, n'avaient pas reçu une sanction véritablement scientifique. Aussi ne nous à-t-il pas paru étonnant d'y trouver des désignations qu'incontestablement l'auteur lui-même rejèterait aujourd'hui tout le premier. Ces réserves posées, la Commission n'a pas pensé pouvoir présenter ce travail qui a toutes ses sympathies à l'adoption officielle et définitive du Congrès ; elle a cru qu'avant d'adopter une classification rigoureuse des poires, dont la liste s'augmente chaque année, le Congrès devait comparer ce travail avec ceux qui ont été publiés depuis, tant en France qu'à l'étranger, et dont on trouve les notices dans les publications du Comice horticole d'Angers, et de M. l'abbé Dupuy en France, de M. Hogg en Angleterre et de M. John Lucas et Oberdick en Allemagne.

Il a donc paru convenable à la Commission de proposer au Congrès que le travail initial de M. Willermoz, modifié et mis au niveau des travaux du Congrès, fût annexé et publié *in extenso*, ainsi que la planche lithographiée, dans les procès-verbaux du Congrès de 1863 ; que chaque membre du Congrès fût invité à l'étudier dans tous ses détails, de manière à ce que la question générale de classification des poires pût être étudiée et élucidée dans la session de 1864.

Rouen, le 3 Octobre 1863.

Le Rapporteur de la Commission,

CUIGNEAU.

Essai d'un Classification de Fruits en groupes

GENRE POIRIER.

PREMIER GROUPE.

Bon-Chrétiens ou Cydoniformes (forme de Coing).

Fruit toujours plus haut que large, généralement très bosselé, obtus aux deux extrémités, étranglé au tiers de sa longueur, à partir du pédicelle ; plus renflé du côté de l'œil. Pédicelle inégal dans ses dimensions, implanté dans l'axe du fruit ou de côté, mais jamais à fleur (rarement quelques exceptions); œil toujours enfoncé, environné, comme le pédicelle, de bosses ou de mamelons : Pepins occupant le milieu de la partie la plus renflée, de forme variable, ainsi que les loges.

Les variétés citées sous chaque groupe, ne sont que des exemples et non toutes celles qui peuvent s'y rapporter.

Bon-Chrétien d'hiver.	Triomphe de Jodoigne.
Bon-Chretien d'Espagne.	Beurré Diel.
Bon-Chrétien de Rancé.	Fondante des Bois.
Bon-Chrétien Napoléon.	Beurré d'Hardenpont.
Bon-Chrétien William.	Beurré Dumortier.
Duchesse d'Angoulême.	Bon-Chrétien d'été, etc.

DEUXIÈME GROUPE.

Colmars ou Turbiniformes (forme de toupie).

Fruit généralement aussi large que haut, formant une pyramide à base large et terminée en pointe obtuse au-dessus de laquelle est placé le PÉDICELLE, qui est variable dans la longueur, mais toujours implanté dans l'axe du fruit, au milieu de plusieurs petites gibbosités, plus ou moins marquées; ŒIL jamais à fleur, mais le plus souvent au contraire, logé très profondément dans le fruit dont la surface est parfois inégale, c'est-à-dire bosselée, mais jamais aussi régulièrement que les bon-chrétien; pépins en général gros, longs et irréguliers, placés plus près de l'œil que des pédicelles, c'est-à-dire dans le centre de la partie la plus renflée.

Colmar ou Manne.
Colmar d'Arenberg.
Beurré Bachelier.

Bouvier Bourgmestre.
Beurré Sterckmans.
Théodore Van-Mons, etc.

TROISIÈME GROUPE.

Doyennés ou Doliformes (forme de tonneau).

FRUIT ovoïde, mais obtus à ses deux extrémités, rarement très irrégulier; PÉDICELLE court, parfois légèrement implanté dans l'axe du fruit, au milieu d'une couronne formée par un petit bourrelet peu saillant; parfois placé dans une cavité assez profonde, irrégularisée par des plis qui se prolongent en bosse, comme dans le doyenné d'hiver; ŒIL ordinairement placé dans une cavité moins profonde que celle des deux premiers groupes: on observe aussi que les bosselures sont moins prononcées; PÉPINS plutôt moyens que petits ou gros, variables dans leur forme, placés au centre du fruit, c'est-à-dire aussi éloignés du pédicelle que de l'œil.

Doyenné blanc.
Doyenné roux.
Doyenné d'hiver.
Doyenné du Comice.
Doyenné Boussoch.

Doyenné de juillet.
Urbaniste.
Nec plus Muris.
Délices d'Hardenpont d'Angers,
  ou mieux Fondante Pariselle, etc.

QUATRIÈME GROUPE.

Bergamottes ou Sphériformes (forme de boule).

FRUIT ventru, plus large ou aussi large que haut; la principale largeur est dans le milieu; PÉDICELLE plutôt long que court, généralement mince, rarement implanté à fleur du fruit, mais plutôt dans une cavité plus ou moins profonde (on rencontre quelques exceptions à ces divers caractères); OEIL large, jamais à fleur; PÉPINS irréguliers dans leur forme, placés dans des loges presque toujours spacieuses et occupant le centre de la partie la plus renflée du fruit.

Les bergamottes sont assez régulières; elles portent rarement des bosses bien saillantes; on en compte même sur lesquelles il n'en existe pas.

Crassanne.
Bergamotte Esperen.
Bergamotte Cadette.
Belle sans pepins.
Broom Parck.

Bergamotte Fortunée.
Bergamotte d'Angleterre.
Bergamotte d'été.
Bergamotte Sylvange, etc.

CINQUIÈME GROUPE.

Calebasses ou Claviformes (forme de massue).

De toutes les poires, les calebasses sont les plus faciles à reconnaître; elles sont toujours plus hautes que larges, toujours renflées ou arrondies du côté de l'œil, qui n'est jamais bien profond, mais parfois, au contraire, saillant; PÉDICELLE courbé, plutôt long que court, placé obliquement ou verticalement, tantôt à fleur, tantôt dans une cavité peu profonde; sa base est très souvent accompagnée d'une substance charnue, qui ressemble assez à un bec d'oiseau. La calebasse se termine par une pointe allongée du côté du pédicelle, ce qui lui donne la forme d'une massue; PÉPINS plutôt longs et étroits que courts et renflés, placés dans des loges étroites, très rapprochées de l'œil.

On remarque sur ces sortes de poires, des bosses et des mamelons;

ces inégalités existent le plus souvent sur la partie la plus renflée du fruit, cependant on en observe parfois sur toute sa surface.

Beurré d'Apremont.	Belle Angevine.
Certeau d'automne.	Van-Morum, etc.
Calebasse Tougard.	

SIXIÈME GROUPE.

Saints-Germains ou pyriformes (forme de poire).

Fruit plus haut que large, allongé, obtus du côté de l'œil, pointu ou conique du côté du pédicelle, et un peu renflé dans son milieu, particulièrement du côté de l'œil ; les autres caractères sont ceux des calebasses et des bésis.

Les saint-germain diffèrent des calebasse par leur volume plus petit ; ils se rapprochent des bésy par leur renflement, qui est plus sensible dans le milieu qu'à la base.

Saint-Germain d'hiver.	Beau-Présent.
Louise-Bonne-d'Avranche.	Beurré Duval.
Figue d'Alençon.	Doyen-Dillen.
Jalousie de Fontenay.	Beurré Giffard, etc.
Beurré Capiaumont.	

SEPTIÈME GROUPE.

Bésys ou Oviformes (forme d'œuf).

Fruit plus haut que large, ovoïde, allongé et obtus des deux bouts, terminé parfois en pointe droite ou courbée. Pédicelle plutôt long que court, arqué, souvent accompagné à sa base d'une substance charnue, changeant de forme, affectant tantôt celle d'une tête d'oiseau, tantôt celle d'un bec seulement. L'implantation a lieu à fleur du fruit, d'une manière oblique, rarement droite ou dans une cavité; si toutefois la cavité existe, elle est peu sensible. Pépins rarement gros, placés dans des loges plutôt moyennes que grandes qui occupent toujours le centre de la partie la plus renflée du fruit. Œil habituellement saillant ou placé dans une cavité très peu profonde.

Bésy Echassery. ‖ Virgouleuse, etc.

HUITIÈME GROUPE.

Rousselets Micropyres (petites poires).

Fruit plutôt petit que moyen, turbiné, arrondi du côté de l'œil, aminci du côté du pédicelle, régulier dans sa forme unie ou très légèrement bosselée.

Les rousselets empruntent leurs caractères des bésy et des bergamotte ; ils tiennent des premiers par leur pédicelle et leur œil, et des seconds, par leur renflement, qui est toujours du côté de l'œil généralement à fleur. Pédicelle long, mince, arqué, implanté à fleur dans l'axe du fruit ; pépins petits ou moyens, placés dans des loges peu spacieuses et assez régulières.

Les fruits qui constituent ce groupe se rapprochent le plus du type sauvage, leur chair est presque toujours musquée, relevée et assez rarement fondante.

Rousselet de Reims. ‖ Blanquet-le-Gros, etc.

Commission des Fruits à noyaux et des Raisins.

MM.
Dupont, *président*.
Cuigneau, *secrétaire*.
Buisson.
Dupuy-Jamain.
Gaillard (Ferdinand).
Labbe.

MM.
Morel (François).
Ocquidant-Nolotte.
Rose-Charmeux.
Rouillard.
Rouillé-Courbe.
Willermoz (C.-Fns).

Commission des Fruits de Table à pépins.

MM.
Porcher, *président*.
Audusson-Hiron, *vice-président*.
Defresne (Honoré), id.
Thouvenel, *secrétaire*.
Galopin, *vice-secrétaire*.
Acher.
Boutard aîné.
Chevilion.
Collette.
Coutard aîné.
Delaire.
Desfossé-Thuillier.
Hemeray-Gauguin.

MM.
Hemeray-Frizon.
Henry.
Lacaille.
Lesueur.
Louvet.
Louvot.
Marie.
Mauduit.
Perrier.
Reverchon (Louis).
Techeney.
Teinturier.
Touchard.

Commission des Fruits à cidre.

MM.
Le comte d'Estintot, *président d'hon.*
Michelin, *président*.
Thierry, *vice-président*.
Malbranche, *secrétaire*.
Beaudouin (A.).
Buchelot.
Damours.

MM.
Deboutteville.
Delalonde du Thil.
Gabert.
Lemoine.
Nicolle.
Réfuveille.

LISTE DES MEMBRES

DU

CONGRÈS POMOLOGIQUE

DE FRANCE

8ᵉ SESSION TENUE A ROUEN,

Du 30 Septembre au 4 Octobre 1863.

Membres du Bureau :

MM. Le Cᵗᵉ d'Estaintot, — *Président.*

Porcher ✯,
Deboutevillle ✯, } *Vice-Présidents.*
Dupont,
Buisson,

Willermoz (C.-Fⁿᵉ), — *Secrétaire général.*

Rouillard,
Rouillé-Courbe, } *Secrétaires.*
A. Thouvenel,
Thierry,

MM.

Acher, à Yvetot (Seine-Inférieure).
Audusson-Hiron, horticulteur, route des Ponts-de-Cé, à Angers (Maine-et-Loire).
Baroche, 22, rue Nationale, à Rouen (Seine-Inférieure).
Bouteiller (J.), docteur, rue Impériale, à Rouen (Seine-Inférieure).

Buisson, à la Tronche, près Grenoble (Isère).
Caumont (de), président de l'Association normande, rue Guillebert, à Caen (Calvados), et délégué de cette Association.
Chatel (Victor), à Valcongrain (Calvados), délégué de la Société d'Agriculture de Caen.
Chevilion (Émile), pépiniériste, à Fontenay-aux-Roses (Seine).
Collette, arboriculteur, 2, rue de Grammont, à Rouen (Seine-Inférieure).
Coutard aîné, pépiniériste, à Doué-la-Fontaine (Maine-et-Loire).
Cuigneau (le docteur), 16, allée d'Amour, à Bordeaux (Gironde), délégué de la Société d'Horticulture de la Gironde.
Damours, pépiniériste, à Roncherolles, près Rouen (Seine-Infér.)
Deboutteville, 10, grande rue St-Gervais, à Rouen (Seine-Infér.)
Defresne (Honoré), pépiniériste, à Vitry (Seine).
Delaire, jardinier-chef du Jardin des Plantes, à Orléans (Loiret), délégué de la Société d'Horticulture d'Orléans.
Desfossé-Thuillier, horticulteur, à Orléans (Loiret).
Dupont père, à Alençon (Orne).
Dupuy-Jamain, horticulteur, 73, route d'Italie, à Maison-Blanche-Paris (Seine).
Estaintot (le comte d'), président de la Société centrale d'Horticulture de la Seine-Inférieure, 8, rue de la Cigogne, à Rouen (Seine-Inférieure).
Gaillard, horticulteur, à Brignais (Rhône), délégué de la Société du Rhône.
Gaillard-Lemaitre, à Monville (Seine-Inférieure).
Galopin, pépiniériste, à Liége (Belgique).
Gobert, à Blosseville-Bonsecours, près Rouen (Seine-Inférieure).
Hemeray-Gauguin, pépiniériste, à Orléans (Loiret).
Hemeray-Frizon, pépiniériste, à Orléans (Loiret).
Henry, arboriculteur, à la Rochette, près Melun (Seine-et-Marne), délégué de la Société d'Horticulture de Melun et Fontainebleau.
Laber, à Valentier, par Herarieux (Isère), délégué du Comice agricole de Saint-Laurent-de-Mure.
Lacaille, horticulteur, aux Aubieux-Raticville, près Clères (Seine-Inférieure).
Lacassaigne, à Rouen (Seine-Inférieure).
Laurent (le docteur), médecin-adjoint de l'asile de Saint-Yvon, rue Saint-Julien, à Rouen (Seine-Inférieure).
Lebarbier, à l'Hospice-Général, à Rouen (Seine-Inférieure).
Lemoine, rue Percière, à Rouen (Seine-Inférieure).
Lesueur (Constant), horticulteur, rue Verte, à Rouen (Seine-Infér.)
Leveau-Vallée, au Petit-Quevilly, près Rouen (Seine-Inférieure).
Louvet, pépiniériste, à Vernon (Eure).
Louvot, pépiniériste, à Chauny (Aisne).
Malbranche, secrétaire-rédacteur de la Société impériale et centrale d'Horticulture, 6, rue Percière, à Rouen (Seine-Inférieure).

Marie, horticulteur, à Moulins (Allier).
Mauduit, horticulteur, vallon du Mont-Fortin, à Boisguillaume, près Rouen (Seine-Inférieure).
Mesnil, au Mont-Saint-Aignan, près Rouen (Seine-Inférieure).
Michelin, 3, rue du 29 Juillet, à Paris (Seine).
Morel (François), horticulteur-pépiniériste, à Lyon, rue des Souvenirs, Vaise (Rhône), délégué par la Société du Rhône.
Nicolle, rue du Vert-Buisson, à Rouen (Seine-Inférieure).
Ocquidant-Nolotte, à Nuits (Côte-d'Or).
Ouin, 1, rue du Nord, à Rouen (Seine-Inférieure).
Perrier, horticulteur, à Sennecey-le-Grand (Saône-et-Loire), délégué de la Société d'Agriculture et d'Horticulture de Châlons.
Porcher ✾, président à la Cour impériale, 15, rue d'Escures, à Orléans (Loiret).
Réfuveille, 5, rue de la Croix-de-Fer, à Rouen (Seine-Inférieure).
Reverchon (Louis), au port de Collonges, près Lyon (Rhône), délégué de la Société du Rhône.
Rose-Charmeux ✾, horticulteur, à Thomery (Seine-et-Marne).
Rouillard, 28, rue de Longchamp, à Chaillot-Paris (Seine).
Rouillé-Courbe, à Saint-Avertin, près Tours (Indre-et-Loire), délégué de la Société d'Agriculture, Sciences et Belles-Lettres d'Indre-et-Loire.
Techeney, horticulteur, à Floirac, près Bordeaux (Gironde), délégué de la Société d'Horticulture de la Gironde.
Teinturier, marchand grainier, 2, rue de la Grosse-Horloge, à Rouen (Seine-Inférieure).
Thierry, conservateur du Jardin botanique, à Caen (Calvados), délégué de la Société d'Horticulture de Caen.
Touchard, arboriculteur, 48, rue de la Côte, au Hâvre (Seine-Inférieure), délégué du Cercle pratique du Hâvre.
Thouvenel, 92, faubourg Bourgogne, à Orléans (Loiret).
Willermoz, directeur de l'Ecole d'Horticulture du Rhône, à Ecully, près Lyon (Rhône), délégué de la Société d'Horticulture du Rhône.

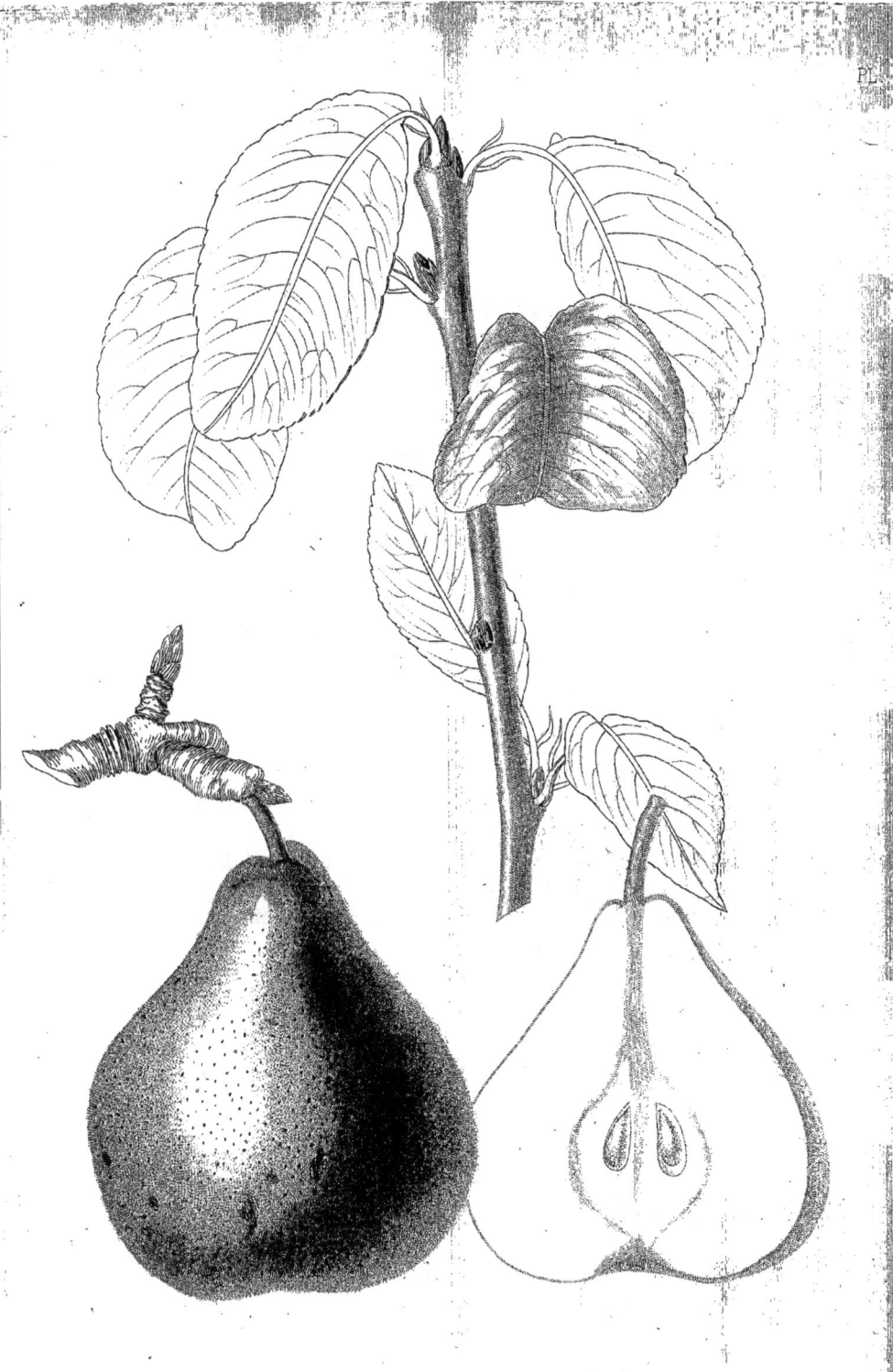

P. DE DUVERGNIES

POIRE DE DUVERGNIES.

(61. COLMAR.)

SYNONYMES. *Duverny.— Duvernay. — Beurré Duverny. —Beurré Duvernis. — Prince de Ligne.*

ORIGINE. Cette variété est inscrite à la page 60 du Catalogue de Van Mons. A. Bivort décrit, dans les *Annales de Pomologie Belge*, tome VI, page 57, sous le nom de *Poire de Duvergnies*, un fruit qui, selon lui, aurait été obtenu en 1817, dans le Hénaut, par M. Duvergnies, et qui est différent. En effet, la Poire inscrite par Van Mons et adoptée par le Congrès Pomologique sous la fausse dénomination de *Beurré Duverny*, mûrit de septembre à octobre ; tandis que celle décrite par Bivort mûrit de novembre à février.

Van Mons aurait-il dédié un de ses nombreux gains à M. Duvergnies, ou M. Duvergnies a-t-il obtenu deux Poires différentes portant le même nom, bien que mûrissant à des époques différentes ? c'est ce qui est présumable.

AUTEURS DESCRIPTEURS :

Van Mons. Catalogue, page 60.

Thuillier Aloux. (Sous le nom de *Duverny*.) *Bulletin Pomologique de la Société d'Horticulture de la Somme*, page 56. Amiens, 1855.

Ch. Baltet. (Sous le nom de *Duverny*.) *Les Bonnes Poires*, page 20. Troyes, 1859.

Decaisne. (Sous le nom de *Poire de Duvergnies*, la même de Van Mons.) *Jardin Fruitier du Muséum*, tome V.

DESCRIPTION. Arbre pyramidal, d'une vigueur moyenne sur coignassier, peu gracieux, mais très fertile.

Branches formant avec le tronc un angle aigu, cintrées, un peu coudées, inégales, assez bien espacées et sans épines.

Rameaux de l'année moyens et gros, courts, ascendants, les adultes fortement coudés, légèrement renflés à leur sommet, nervés de chaque côté des consoles (les nervures s'étendent d'une console à une autre et sont très apparentes sur les rameaux de seconde pousse); l'écorce, brune du côté du soleil, olivâtre du côté de l'ombre, partiellement ombrée gris cendré, est parsemée de lenticelles grises, rondes et ovales, concaves et saillantes; les jeunes rameaux sont d'un brun violacé très foncé.

Entre-feuilles assez rapprochés, mais inégaux; leur longueur varie entre vingt et trente-deux millimètres; cette longueur est le plus souvent alterne.

Boutons a feuilles de deux sortes : ceux des rameaux aoûtés sont gros, coniques, déprimés à leur base, écartés du rameau par leur sommet, recouverts d'écailles brun noir argenté; ceux des rameaux de seconde pousse sont petits, aplatis à leur base, pointus, peu écartés du rameau, recouverts d'écailles brun roux. Le terminal est tantôt petit, pyramidal et brun, tantôt il est à fruit et avoisiné de deux ou trois boutons semblables.

Boutons a fruits gros, ovales, allongés, aigus, recouverts d'écailles brun marron fortement ombré gris argenté, portés par des dards courts, brun noirâtre, et par des bourses courtes, un peu renflées, brunes, chagrinées fauve, profondément ridées à leur base, très sujettes à se ramifier.

Feuilles d'un vert foncé, peu épaisses, à fibres fines et ramifiées, cordiformes ou ovales pointues, faiblement et grossièrement dentées, les unes planes, les autres en tuile, inclinées; leur longueur moyenne est de sept centimètres, et leur largeur de quatre; celles qui accompagnent les productions fruitières sont ovales obtuses ou ovales acuminées, grandes, presque entières ou très faiblement dentées.

Pétioles assez gros, élargis et renflés à leur base, canaliculés, vert tendre, droits ou courbés, égaux; leur longueur est de quinze millimètres.

Stipules linéaires, courtes, de la couleur des pétioles, contournées et écartées du rameau.

Fruit presque moyen, rarement solitaire, le plus souvent par paire et en trochet, peu caduc, odorant, bosselé, un peu côtelé du côté de la tête, affectant diverses formes. On remarque sur le même arbre des formes de *Saint-Germain*, de *Bergamotte*, de *Bon Chrétien*, mais plus généralement celle de *Colmar* (cette forme est dominante sur les arbres d'un certain âge); sa hauteur moyenne est de huit à neuf centimètres, et son diamètre de six à sept.

Œil petit ou moyen, ouvert ou clos, régulier, parfois couronné, placé tantôt dans une cavité peu profonde et régulière, recouverte d'une teinte rouille, ridée, tantôt à fleur, ou repoussé en dehors du fruit par un bourrelet saillant.

Sépales larges et soudés à leur base, aigus, bruns, duveteux, souvent caducs ou en partie seulement.

Pédicelle petit, ligneux, ou droit, arqué et coudé à son sommet, jaune verdâtre à sa base, fauve partout ailleurs, souvent strié et lenticellé; long de dix à vingt-cinq millimètres, implanté de côté ou dans l'axe du fruit, tantôt à fleur et au milieu d'une petite couronne en forme de bourrelet, tantôt dans une cavité étroite et peu profonde.

Peau fine, mince, brillante, vert clair, passant au jaune clair à la maturité, finement granitée de fauve, relevée de petites taches vertes peu abondantes, lavée de rouge pâle du côté du soleil; dans les années chaudes, cette teinte passe au rouge violacé, parsemé assez abondamment de ponctuations grises.

Chair blanche citrine, parfois parfaitement blanche si le sol est un peu humide, fine, fondante, demi-beurrée; eau très abondante, sucrée, vineuse, légèrement astringente, hautement parfumée, douée d'une saveur toute particulière et très fine.

Cœur prenant des formes différentes selon celles qu'affectent les fruits dans la forme typique; il est ovale renflé, rapproché de l'œil, entouré de petites concrétions pierreuses et plein d'une substance fine et blanche.

Pépins petits ; les uns fluets, étroits, voûtés d'un côté et anguleux de l'autre ; les autres courts, renflés, obtus et à peine éperonnés, brun marron, placés dans des loges moyennes, tantôt légèrement obliques, tantôt perpendiculaires.

Maturité. Cette excellente et délicieuse variété est encore très peu répandue. Peu de Sociétés ont donné des renseignements sur son compte, cependant son introduction date déjà de loin. Elle mûrit, dans le midi et une partie du centre de la France, au milieu de septembre ; dans le nord et le nord-ouest, elle mûrit pendant le courant d'octobre ; il est probable qu'en Belgique elle dépasse peut-être ce mois, et que des fruits récoltés de bonne heure se conservent longtemps. Comme tous les fruits de la saison, celui-ci demande à être entrecueilli ; la récolte doit se faire par un temps sec et avec précaution, car la moindre altération le fait passer promptement.

Culture. L'arbre se greffe indistinctement sur coignassier et sur franc. Sur le premier sujet, il n'est que d'une vigueur moyenne ; mais d'une très grande fertilité sur le second, il ne s'emporte pas, et des pincements ni trop longs ni trop courts, pratiqués de bonne heure et progressivement, le mettent bientôt à fruit. Sur l'un comme sur l'autre de ces sujets, il faut tailler court et débarrasser, au moment de la taille, les rameaux fruitiers de l'excès des boutons à fruit ; sans cette précaution, applicable à beaucoup de variétés, la récolte est compromise, ainsi que la santé de l'arbre ; les fruits d'ailleurs restent petits et sont privés de saveur.

L'arbre est peu délicat sur la nature de l'exposition et sur celle du sol ; toutefois, on remarque que les terres trop pierreuses, trop sèches et trop brûlantes, lui sont défavorables. On peut l'élever sous toutes les formes, particulièrement en cordon et en haute tige.

Le Secrétaire du Congrès pomologique
et du Comité de rédaction,

C.-F. WILLERMOZ.

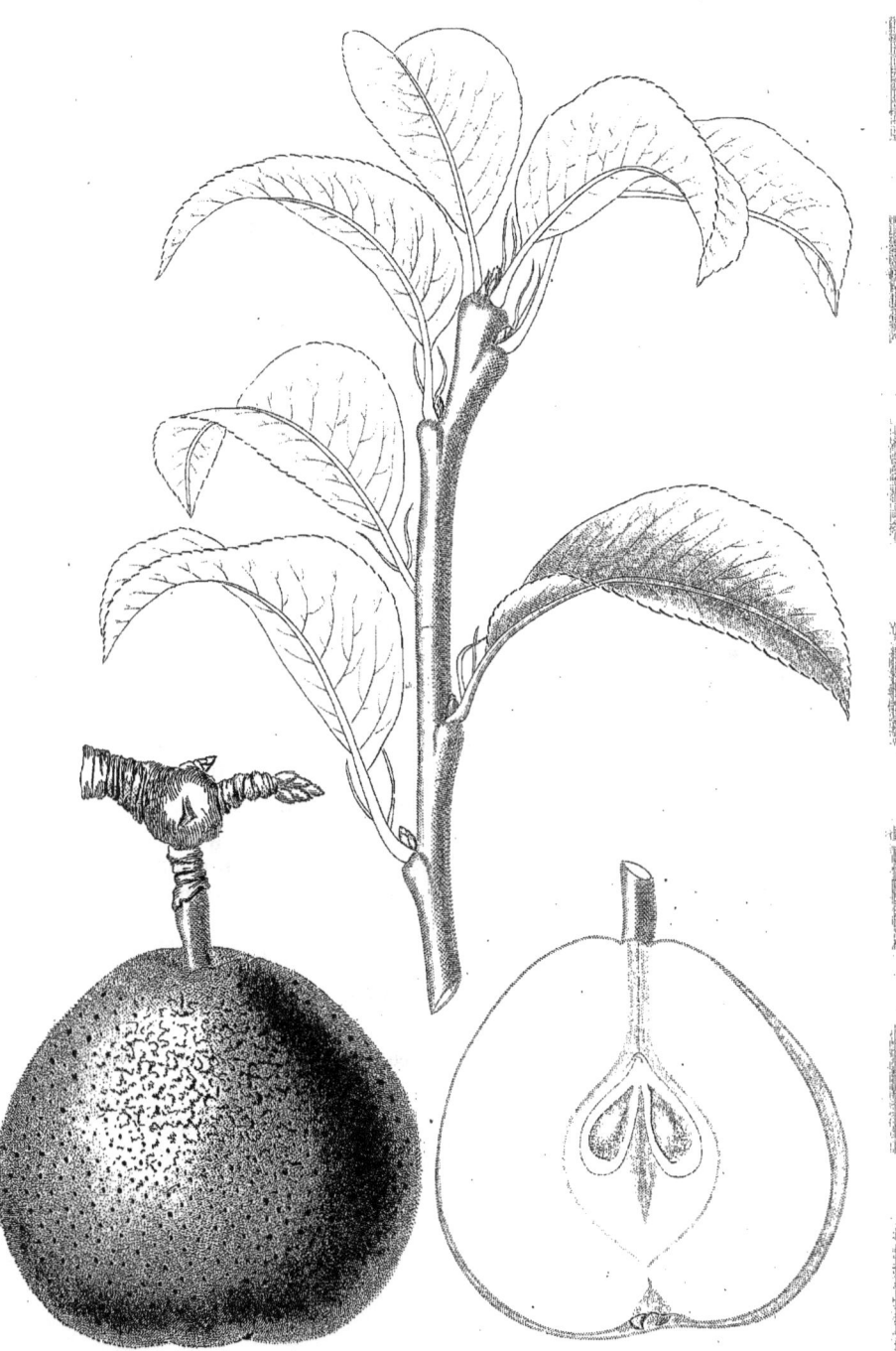

BERGAMOTTE D'ANGLETERRE

BERGAMOTTE D'ANGLETERRE.

(62. BERGAMOTTE.)

SYNONYMES. *Gansel's Bergamot. — Bonne Rouge. — Bergamotte de Gansel* (Forsyth). *— Brocas' Bergamot. — Diamant. — Gurle's — Beurré. — Yve's Bergamot. — Staunton.* — Peut-être aussi *Roussette d'Anjou*, n° 2 Duhamel, 1768, tome II, p. 179. — Et *Bési de Quessoi d'été.* J. de Liron d'Airolles, *Annales de Pomologie Belge*, tome II, p. 63.

ORIGINE incertaine. Plusieurs pomiculteurs prétendent que la *Bergamotte d'Angleterre*, la *Roussette d'Anjou* n° 2 de Duhamel, et le *Bési de Quessoi d'été* de J. de Liron d'Airoles ne font qu'un seul et même fruit. Il est vrai que la ressemblance est grande et que les descriptions ne diffèrent que sur quelques points, comme, par exemple, l'époque de la maturité et les caractères de l'arbre.

AUTEURS DESCRIPTEURS :

Forsyth. *Traité de la culture des arbres fruitiers*, p. 118. Paris, 1803.

Robert Hogg. *The fruit manual*, 2me édition. Londres, 1863.

DESCRIPTION. Arbre défectueux dans sa structure, prenant plutôt la forme buissonneuse que la pyramidale, délicat sur coignassier, mais d'une fertilité soutenue.

BRANCHES formant avec le tronc un angle presque aigu, diffuses, sans épines et à écorce rude.

Rameaux de l'année moyens, courts, arqués, obliques ascendants, presque entièrement duveteux, surtout à leur sommet, qui est renflé, brun verdâtre du côté de l'ombre, brun violacé sombre du côté du soleil ; clairement parsemés de petites lenticelles rondes, grises sur la couleur violette, et fauves sur la partie non éclairée. La nervure de dessous la console est faible et courte ; celles qui sont de chaque côté sont au contraire très prononcées, mais également courtes.

Entre-Feuilles assez réguliers ; leur longueur est de deux et demi à trois centimètres.

Boutons a feuilles gros, larges à leur base, coniques, aigus, très écartés du rameau par leur sommet, recouverts d'écailles brun violacé, ombrées de brun noirâtre et bordées de gris argentin. Le terminal est moyen, moins aigu et moins foncé ; ses écailles dilatées sont terminées en pointe linéaire très aiguë.

Boutons a Fruits gros, ovales, coniques, pointus, recouverts d'écailles brun chocolat, ombrées brun noir, bordées blanc et bien imbriquées ; ils sont portés par des dards gros, courbés, assez longs, verdâtres, lenticellés de fauve, et par des bourses assez grosses, courtes, ovoïdes, voûtées, blond verdâtre, recouvertes de poussières, fortement articulées de fauve à leur base. Les rameaux fruitiers sont généralement gros et courts.

Feuilles d'un vert terne, peu épaisses, parcheminées, fibrées, ovales aiguës, les unes presque entières et duveteuses sur les bords, les autres bordées de dents rapprochées et émoussées ; leurs bords sont relevés en tuile et rarement en gouttière ; quelques-unes sont arquées et inclinées de côté, quelques autres ne sont arquées qu'à leur extrémité et ne s'inclinent pas ; leur longueur est de cinq à six centimètres, et leur largeur de deux et demi à trois.

Celles qui accompagnent les productions fruitières sont d'un vert sombre, grandes et presque toutes cordiformes.

Pétioles moyens, vert jaunâtre, canaliculés, légèrement arqués, longs de quinze à vingt millimètres ; ceux des feuilles florales sont gros, faiblement canaliculés, droits et longs d'environ quatre centimètres.

Stipules linéaires, quelques-unes lancéolées, inégales, caduques à la base des rameaux.

Fruit le plus souvent solitaire et par paire, très rarement en trochet sur les arbres en cordons, assez bien attaché à l'arbre; inodore, à surface un peu bosselée à la base du pédicelle et vers la tête; affectant plus particulièrement la forme de Doyenné que celle de Bergamotte, aussi large que haut: la hauteur, comme le diamètre, est de six à six centimètres et demi.

Œil moyen ou assez grand, assez régulier, ouvert, couronné, peu profond, brun, placé dans une cavité peu profonde, évasée, irrégularisée par quelques plis plus ou moins saillants.

Sépales larges et soudés à leur base, courts, brun noirâtre et obtus.

Pédicelle gros, strié et verdâtre à sa base, renflé au sommet, fauve, parsemé de très petits points gris à peine visibles, implanté parfois de côté et à fleur du fruit, mais le plus souvent au milieu d'une concavité formée par des bosses inégales.

Peau vert tendre, passant au jaune d'or, assez épaisse, fine, mais rendue rude par l'abondante couche rousse qui la couvre presque entièrement; le côté du soleil est d'un brun rougeâtre, marbré et maculé de brun violacé et granité de gris.

Chair blanc verdâtre, particulièrement près de la peau, mi-fine, mi-fondante, tendre mais sableuse; eau abondante, sucrée, relevée du goût de la Crassanne et du Messire Jean, toutefois un peu plus acidulée.

Cœur central et ovoïde, parfois rapproché de l'œil, cordiforme, entouré de concrétions pierreuses assez abondantes, plein d'une substance fine et blanchâtre.

Pepins tantôt petits, tantôt moyens ou assez gros, toujours bien nourris et arrondis à leur base, pointus, brun marron foncé, placés dans des loges obliques ou perpendiculaires.

Maturité. Les renseignements fournis par les questionnaires

remplis par les commissions des Sociétés sont fort peu d'accord sur cette variété. Ici on la confond avec la *Bergamotte d'été* ou *Milan vert* de Don Claude St-Étienne (*Instr. bon. fr.*, p. 53. 1670) ; là, avec la *Gile ô Gile*. Sur un point on la fait mûrir à la fin d'août, sur un autre on la conserve jusqu'en janvier. La *Bergamotte d'Angleterre* qui n'est ni la *Bergamotte d'été* de Don Claude St-Étienne, de Miller, de Calvel, de Lindley, de Dalbret, de Couverchel, ni la poire *Hamden* du Jardin fruitier du Muséum, mûrit de la fin de septembre à la mi-octobre. On doit l'entrecueillir et la surveiller au fruitier. Prise à point, elle est excellente; mais si on laisse dépasser le degré de maturité, elle perd toutes ses qualités.

CULTURE. On peut greffer l'arbre sur coignassier et le diriger sous de petites formes (le cordon horizontal lui est très convenable). Comme il est très difficile de l'élever en pyramide régulière et que d'ailleurs il est assez délicat sur coignassier, ainsi que le disent fort bien les Sociétés qui le connaissent, il est plus important de le greffer sur franc, pour l'élever en haute tige. Il se plaît particulièrement au levant et au couchant, dans les sols silico-argileux, humifères et frais. Les sols secs et les rayons directs du soleil de midi lui sont contraires. Il réclame une taille courte et des pincements modérés, qu'on n'exécute que sur les rameaux qui tendent à se développer trop fortement, chose assez rare sur cette variété, car la majeure partie de ces rameaux s'aoûtent de bonne heure et deviennent dards, qu'il convient d'éclaircir à la taille.

Le Secrétaire du Congrès pomologique
et du Comité de rédaction,
C.-F^{né} WILLERMOZ.

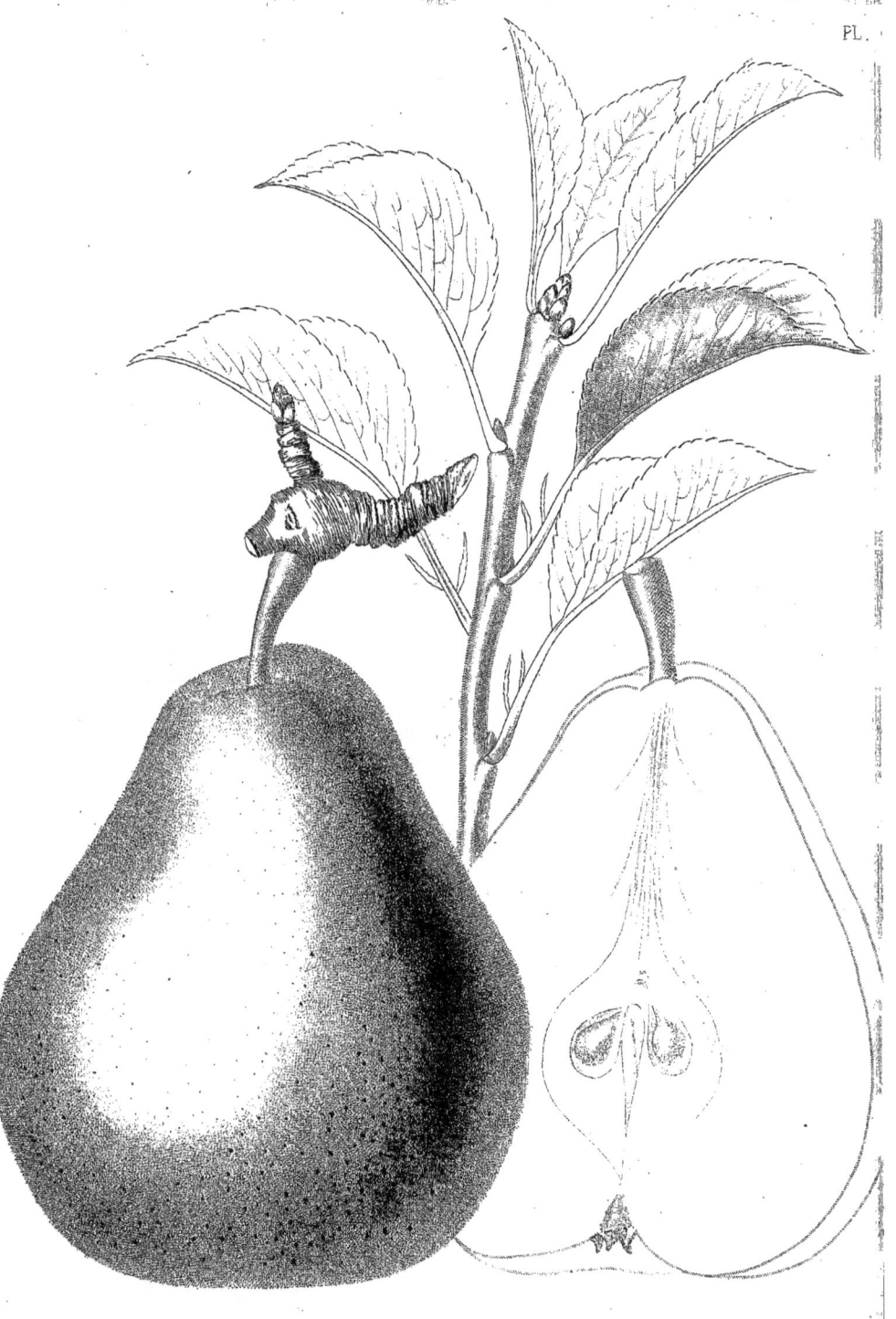

M.me TREYVE

MADAME TREYVE.

(63. COLMAR.)

SYNONYMES. *Souvenir de Madame Treyve.*

ORIGINE. Monsieur Treyve, horticulteur-pépiniériste à Trévoux, semait en 1848, des pepins de *Bon Chrétien William,* de *Fondante des Bois,* de *Duchesse d'Angoulême,* de *Doyenné d'Hiver* et de *Louise Bonne d'Avranches.* L'année suivante, les sujets provenant de ces pepins furent repiqués et traités avec soin. En 1858, l'un d'eux produisait un beau fruit qui fut trouvé bon. Pendant trois années consécutives, cette variété a été soumise à l'appréciation de la Commission de Pomologie de la Société d'Horticulture du Rhône, qui chaque année constatait que le fruit gagnait en beauté et en qualité. L'obtenteur, qui depuis a eu le malheur de perdre sa jeune et vertueuse épouse, donnat à son gain le nom de *Souvenir de Madame Treyve;* mais comme le nom *Madame Treyve* est plus court et qu'il exprime également la pensée de l'obtenteur, le Congrès l'a adopté de préférence.

DESCRIPTION. Arbre pyramidal, vigoureux et très fertile, ayant beaucoup d'analogie avec le poirier Bon Chrétien William, dont il semble issu.

BRANCHES formant d'abord un angle presque aigu avec le tronc, mais qui s'ouvre avec le temps, régulièrement espacées, droites, sans épines (quelques sujets, greffés avec des rameaux pris à la base du pied mère, se sont d'abord couverts d'épines, mais celles-ci se sont bientôt transformées en lambourdes fruitières).

Rameaux de l'année de la grosseur et de la longueur de ceux du Bon Chrétien William, droits, ascendants, nervés sous le milieu des consoles; leur épiderme, brun olivâtre du côté du soleil et blond verdâtre du côté de l'ombre, est parsemé de petites lenticelles grises, ovoïdes, ou étroites et allongées.

Entre-feuilles courts et réguliers à la partie supérieure, plus longs et plus irréguliers à la partie inférieure; leur longueur varie entre vingt et quarante millimètres.

Boutons a feuilles moyens et assez gros, anguleux, renflés, à pointe tantôt aiguë, tantôt obtuse, écartés du rameau, à écailles brun marron ombré gris; le terminal, souvent à fruit, est alors gros, allongé et conique; lorsqu'il est à bois, il est petit, pyramidal, aigu et recouvert d'écailles brunes mal appliquées.

Boutons a fruits moyens, ovales pointus, recouverts d'écailles marron foncé, ombré rouge brique et gris pâle, supportés par de gros dards fauves, renflés et fortement articulés, et par de grosses bourses ovales tronquées, brunes, granitées et striées gris sur leur surface et sur les articulations.

Feuilles d'un beau vert foncé, épaisses, bien fibrées, ovales pointues ou lancéolées aiguës, légèrement arquées, à bords relevés en tuile et en gouttière, irrégulièrement dentées; leur longueur moyenne est de six à sept centimètres, et leur largeur de trois à cinq.

Pétioles assez gros, jaune verdâtre, très faiblement teintés de rose à leur base, à peine canaliculés, dressés, longs de vingt-cinq à quarante-cinq millimètres.

Stipules linéaires, jaunâtres, dressées, quelques-unes fimbriées et en alène, ce qui est rare.

Fruit en trochet et par paire, assez souvent solitaire, bien attaché à l'arbre, odorant à l'époque de la maturité, à surface bosselée comme la Duchesse d'Angoulême, dont il prend souvent la forme ; toutefois, sa forme typique est celle du Colmar, attendu que jamais l'étranglement n'est aussi prononcé que celui du Bon Chrétien. Sa hauteur moyenne est de onze centimètres et son diamètre de dix, lorsqu'il a été récolté sur un arbre vigoureux et bien constitué ; mais les dimensions diminuent lorsque l'arbre est jeune ou d'une vigueur moyenne ; alors le fruit n'est que gros.

Œil assez grand, tantôt régulier et ouvert, tantôt irrégulier et clos, très profond, placé dans une cavité évasée entourée de petites bosses inégales et ombrées roux.

Sépales longs, larges, en gouttière, aigus, brun roux, bordés gris sur leurs bords.

Pédicelle parfois renflé, si court que le fruit semble sessile, le plus souvent long de deux centimètres, mince à sa base et renflé à son sommet, brun et verdâtre, implanté dans une cavité peu profonde et très évasée ou à fleur du fruit, et accompagné à sa base, d'un petit mamelon peu saillant.

Peau lisse, brillante, mince, vert olivâtre mêlé jaune, abondamment striée, granitée et ombrée roux brun, relevée de lenticelles grises peu apparentes. Il arrive souvent qu'à la maturité, la teinte brune disparaît entièrement et que le fruit passe au jaune herbacé pâle doré.

Chair blanche, neigeuse, demi fine, très fondante, pleine d'une eau excessivement abondante, sucrée, relevée et rafraîchissante (Il est rare de rencontrer un fruit aussi juteux que celui-ci ; dès que le couteau a pénétré la peau, l'eau s'échappe en abondance de la plaie).

Cœur plus rapproché de l'œil que du pédicelle, moyen ou assez grand, ovoïde, renflé.

Pépins gros, courts, renflés, bien nourris, brun marron, placés dans des loges courtes un peu obliques perpendiculaires; ils sont souvent avortés.

Maturité. Cette belle et excellente poire mûrit de la fin d'août au commencement de septembre; entrecueillie et portée au fruitier avec précaution, elle a le mérite de s'y conserver intacte et d'y acquérir toutes ses qualités; comme tous les fruits très juteux, elle craint les dérangements et les fortes pressions; on doit donc apporter une grande délicatesse dans la cueillette et le transport au fruitier.

Culture. Le poirier *Madame Treyve* étant encore nouveau, sa culture n'a pas été étudiée d'une manière générale; toutefois, il est très présumable que cette culture sera la même que celle du poirier Bon Chrétien William; déjà on a la certitude que l'arbre se prête avec facilité à toutes les formes et qu'on peut le planter à toutes les expositions. Le pied type ayant conservé sa fertilité et sa vigueur, il n'y a pas de doute que la greffe sur franc sera aussi favorable que celle sur coignassier.

*Le Secrétaire du Congrès pomologique
et du Comité de rédaction,*

C.-F^{né} WILLERMOZ.

P. SECKLE

POIRE SECKLE.

(64. DOYENNÉ.)

Synonymes. *Seckel.* — *Seckle Pear.* — *Shakespear.* — *Sicker.*

Origine. Cette variété a été trouvée par Von Seckle, propriétaire à Philadelphie (Amérique); c'est M. Dearborn, président de la Société d'Horticulture de Massachussets, qui l'a introduite en France vers 1831. Il en envoya des greffes à la Société d'Horticulture de Paris, qui la fit multiplier.

Auteurs Descripteurs :

W. Prince. *Catalogue*, p. 17, 1826, sous le nom de *Seckle*.

David et Cuthbert Landreth. *Catalogue* 1828, sous le nom de *Seckl's Pear*.

Hort. Trans., vol III, p. 256, et vol. VI, p. 520, sous les noms de *New-York ed Check*, et *Red Cheeked Seckle*.

Prévost. *Pomologie de la Seine-Inférieure*, p. 72. Rouen, 1850.

A. Bivort. *Album de Pomologie*, tome I, p. 137.

J. de Liron d'Airoles. *Notice Pomologique*, p. 8. Nantes, 1854.

Thuillier-Alloux. *Pomologie de la Somme*, p. 83. Amiens, 1855.

Decaisne. *Jardin fruitier du Museum*, tome I.

Ch. Baltet. *Les Bonnes Poires*, p. 18. Troyes, 1859.

Robert Hogg. *The fruit manual*, 2me édition. Londres, 1860.

Description. Arbre prenant naturellement la forme pyramidale, gracieux, fertile, mais d'une vigueur moyenne.

Branches formant un angle peu ouvert avec le tronc, droites, bien espacées et sans épines.

Rameaux de l'année prenant la direction oblique perpendiculaire, moyens, courts, minces, presque aussi gros à leur sommet qu'à leur base, lisses, sans stries, vert obscur du côté de l'ombre, fauve passant au pourpre violacé du côté éclairé par le soleil, parsemés de petites lenticelles espacées entre elles, quoique nombreuses, rondes, gris blanchâtre.

Entre-Feuilles assez réguliers, longs de quinze à vingt millimètres.

Boutons a Feuilles petits, courts, ovales, triangulaires, tantôt aigus, tantôt coniques, ordinairement déprimés à leur base et appliqués contre le rameau, recouverts d'écailles brun marron; le terminal est pyramidal, aigu, presque noir.

Boutons a fruits petits, cylindriques, allongés, aigus, recouverts d'écailles brun rougeâtre bordées de fauve, supportés par de petits dards courts, chamois clair, et par des bourses courtes, ovoïdes, renflées, ridées, brunes, ombrées roux.

Feuilles d'un beau vert, fermes, épaisses, brillantes et finement fibrées; celles de la base des rameaux sont ovales, aiguës; les autres sont ovales lancéolées, très aiguës, un peu arquées et légèrement en gouttière; la serrature est irrégulière, peu profonde, obtuse, parfois nulle. Sur quelques feuilles, la nervure médiane blanche est très saillante à la base et au sommet de chaque feuille; leur longueur est de six centimètres, et leur largeur de trois.

Les florales, un peu plus grandes, très finement dentées, sont ovales pointues.

Pétioles assez gros, courts, vert blanchâtre, parfois ombrés de rose tendre du côté du soleil, à peine canaliculés; leur longueur varie entre quinze et vingt-cinq millimètres; ceux des feuilles florales sont minces et plus longs.

Stipules linéaires, courbées ou droites, d'inégale longueur, rares à la base des rameaux.

Fruit rarement solitaire, par paire, le plus souvent en trochet, bien attaché à l'arbre, légèrement odorant, petit, affectant presque toujours la forme de doyenné, sans bosselures, à tête arrondie; sa hauteur moyenne est de cinq centimètres et demi, et son diamètre à peu près égal.

Œil petit, régulier, couronné, fauve dans l'intérieur, placé à fleur du fruit ou dans une cavité peu profonde et très évasée.

Sépales aigus, étroits, soudés à leur base, réfléchis, grisâtres.

Pedicelle petit, ligneux, gris chamois, long de dix à quinze millimètres, implanté un peu obliquement dans une cavité à peine sensible.

Peau fine, mince, se détachant parfois du fruit, lisse, vert olive, passant au jaune saumoné à la maturité, maculée et granitée de chamois, ponctuée gris, relevée du côté du soleil de rouge brun, semblable à celui qui orne le Rousselet.

Chair blanchâtre, fine, tendre, légèrement beurrée, parfois mi-cassante selon le sol, suffisamment pourvue d'une eau très sucrée, parfumée, douée d'un arôme particulier fort délicat.

Cœur petit, central, ovoïde, aigu.

Pepins moyens, ovales renflés, aigus, parfois au contraire obtus, brun clair, placés deux à deux dans des loges perpendiculaires.

Maturité. Cette petite et excellente poire mûrit de la fin de septembre au commencement d'octobre; il faut l'entrecueillir et la porter au fruitier, où elle prend une belle couleur et acquiert toutes ses perfections; elle blettit assez promptement lorsque l'arbre se trouve planté dans un sol argileux; si, au contraire, il est planté dans un sol léger, le fruit ne blettit pas facilement, mais devient très tendre et peut encore se manger.

Culture. Le poirier Seckle doit être greffé sur franc, de l'avis de toutes les Sociétés qui le connaissent. Dans le midi, l'est et le centre de la France, on le cultive généralement en haute tige; dans le nord-ouest, il ne prospère pas sous cette forme, on le cultive alors en cordon ou en pyramide. Dans les sols légers, il réussit assez bien sur coignassier et forme de belles pyramides régulières. Il faut tailler court; différemment l'œil de prolongement s'éteint souvent lorsque les rameaux sont taillés longs. Comme l'arbre pousse peu vigoureusement et que ses rameaux fruitiers sont faibles, il faut apporter beaucoup de prudence dans le pincement. Les rameaux les plus forts et les plus développés sont pincés alternativement sur trois ou quatre feuilles au plus; on ne touche pas aux rameaux courts.

Le Secrétaire du Congrès pomologique
et du Comité de rédaction,
C.-F^{né} WILLERMOZ.

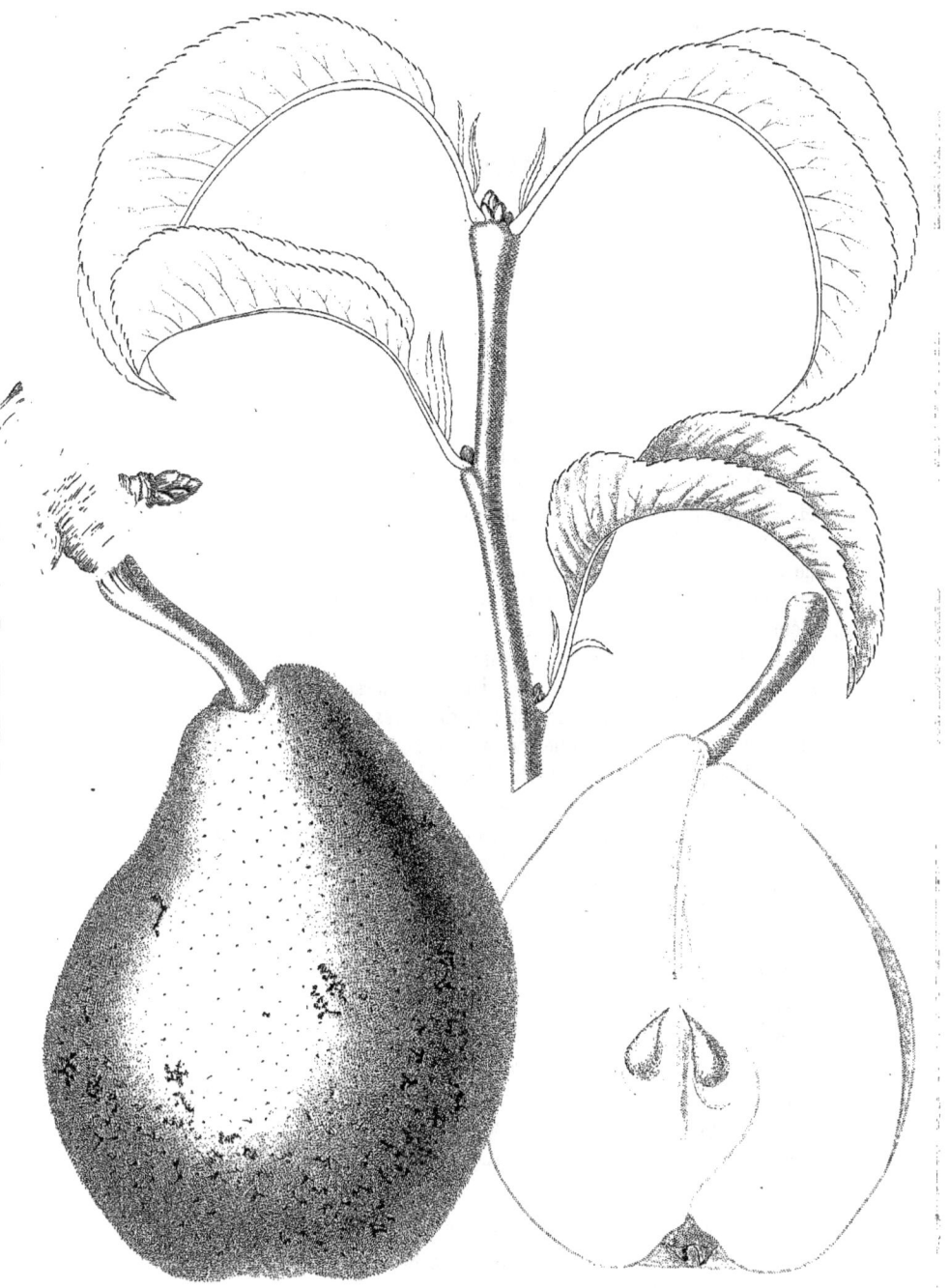

ST GERMAIN VAUQUELIN

SAINT-GERMAIN VAUQUELIN

(65. SAINT-GERMAIN.)

SYNONYMES *Poire Vauquelin.*

ORIGINE. En 1853, M. Tougard. alors président de la Société Impériale et Centrale d'Horticulture de la Seine-Inférieure, décrivait cette variété et en faisait ainsi l'historique :

L'arbre a pris naissance vers l'année 1820, d'un semis fait par M. Vauquelin Démarest, propriétaire à Rouen; son premier rapport date de 1834 ou 1835. M. Vauquelin avait pour habitude de semer dans son jardin tous les pepins et noyaux des fruits qu'il mangeait, de sorte que ce jardin, qui n'avait pas quatre ares d'étendue, était devenu à la fin impénétrable, et tous ces arbres de semis, la plupart épineux, en rendaient même l'entrée dangereuse. Au moment de la récolte, le propriétaire ramassait tous ces fruits, les jetait dans un coin ou les plaçait dans des armoires qu'on ouvrait rarement et où presque toujours ils pourrissaient.

Pendant plusieurs années, M. Vauquelin s'aperçut qu'au milieu de ces tas de poires une d'entre elles se conservait beaucoup mieux que les autres; il remarqua l'arbre et le nomma son *Poirier de la Pentecôte*. Il fallait être au nombre de ses grands amis pour en obtenir des greffes, c'est pourquoi ce poirier a été très peu propagé du vivant de son propriétaire, etc., etc.

AUTEURS DESCRIPTEURS :

Tougard. *Pomologie de la Seine-Inférieure*, tome II, cahier I, page 71. Rouen, 1852.

Le même. *Annales de Pomologie Belge*, tome I, page 101.

Thuillier-Aloux. *Pomologie de la Somme*, page 11. Amiens. 1855.

Société Van-Mons, page 85. 1855.

Prévost. *Bulletin du Cercle d'Horticulture de la Seine-Inférieure*, tome IV, page 36. 1848.

J. de Liron d'Airoles notice *Pomol.*, page 60, 3me édition. 1856.

C. Baltet. *Horticulteur Français*, page 85. 1862.

DESCRIPTION. Arbre pyramidal, élancé, vigoureux et fertile sur coignassier.

Branches formant un angle aigu avec le tronc pendant leur jeunesse, mais s'inclinant avec le temps, longues, de grosseur moyenne, clairement et inégalement espacées, droites et sans épines; celles du haut sont plus vigoureuses que celles du bas et les affameraient si l'on négligeait de les équilibrer.

Rameaux de l'année assez gros, longs, forts, ascendants, légèrement arqués, coudés, nervés partiellement en dessous des consoles, à écorce brun rougeâtre et noisette du côté du soleil, blond brunâtre mêlé olive du côté opposé, duveteuse au sommet, abondamment ponctuée de lenticelles grosses, gris fauve, rondes et saillantes; comme les branches, les rameaux supérieurs sont beaucoup plus forts que ceux de la base de l'arbre.

Entre-Feuilles assez réguliers, mais plus longs sur quelques rameaux que sur d'autres; leur longueur est de quatre à cinq centimètres, sauf à la partie supérieure où, l'on en rencontre de plus courts intercalés avec les longs.

Boutons a feuilles de deux sortes : ceux de la base sont gros, coniques, aigus, presque horizontaux et portés par des dards rudimentaires appuyés sur des consoles bien développées; ceux de la partie supérieure sont plus petits, coniques, pointus et écartés du rameau; tous sont couverts d'écailles brun roux ombré gris blanc. Le terminal est petit, court, duveteux et comme caché sous la base des pétioles des feuilles; souvent il est à fruit, et alors il est large, conique et obtus.

Boutons a fruits assez gros, ovales, renflés, obtus, à écailles brun marron ombré gris, supportés par des dards courts, renflés et par des bourses assez grosses, courtes, renflées, voûtées, ridées, fauves à leur base, brunes et lisses à leur sommet, parsemées de lenticelles gris fauve.

Feuilles d'un beau vert pré, épaisses, finement fibrées, pubescentes en dessous, ovales lancéolées, aiguës, ou lancéolées et acuminées, contournées, arquées, à bords relevés en tuile et en gouttière, obtusement dentés ou mucronés; leur longueur est de huit à neuf centimètres et leur largeur de quatre à cinq; celles qui accompagnent les boutons à fleurs sont d'un vert plus foncé, plus épaisses et plus grandes; les secondaires, nombreuses à la base des rameaux, sont étroites et pendantes.

Pétioles moyens, arqués, caniculés, vert jaunâtre, légèrement teintés de rose à leur base, égaux; leur longueur est de quinze millimètres.

Stipules tantôt filiformes, longues et ondulées, tantôt en alêne, dentées et couchées contre le rameau.

Fruit le plus souvent solitaire et par paire, assez rarement en trochet, bien attaché à l'arbre, inodore, à surface bosselée, particulièrement du côté de la tête, voûté, affectant généralement la forme de *Saint-Germain* obtus des deux bouts, parfois celle de *Bési* et de *Bon Chrétien* difformes; sa hauteur moyenne est de dix centimètres, et son diamètre de huit.

Œil assez grand, régulier, couronné, ouvert, placé dans une cavité tantôt assez profonde et entourée de bosses inégales, tantôt presque plane.

Sépales moyens, aigus, réfléchis, gris noirâtre, souvent caducs.

Pédicelle gros, renflé et brun roux à son sommet, mince et verdâtre à sa base, finement granité de ponctuations grises, implanté de côté dans une petite cavité peu profonde formée par quelques plis dont un plus saillant que les autres.

Peau rude, rugueuse, épaisse, vert terne et sombre, jaunissant à la maturité, relevée de rouge brun et obscur du côté du soleil, abondamment maculée, marbrée et granitée de gris brun, ombrée de même couleur autour de l'œil et de la base du pédicelle.

Chair blanche citrine, demi fine et tendre, même un peu fondante, pourvue d'une eau abondante, sucrée, vineuse, légèrement acidulée et agréablement parfumée.

Cœur petit, relativement à la grosseur du fruit, plus rapproché de l'œil que du pédicelle, ovoïde renversé et aigu à sa base, entouré de concrétions pierreuses.

Pépins gros, courbés, aigus, renflés à leur base, qui est à peine éperonnée, brun marron foncé, placés dans des loges assez grandes et perpendiculaires.

Maturité. Cette bonne et belle poire, qui mérite d'être plus répandue, mûrit du commencement de décembre à la fin de mai; dans le nord, on la conserve jusqu'en juin. Si elle est récoltée de bonne heure, elle ne flétrit pas, mais elle ne mûrit pas; si elle est récoltée à une époque convenable, dans la deuxième quinzaine d'octobre, par exemple, elle mûrit bien et se conserve de même; si l'arbre est greffé sur franc et qu'il soit vigoureux, on récoltera un peu plus tard. Elle ne veut pas être dérangée au fruitier, c'est-à-dire qu'elle craint les trop fortes pressions, comme le *Bon Chrétien de Rance*, le *Colmar d'Arenberg* et beaucoup d'autres fruits.

CULTURE. L'arbre greffé sur coignassier pousse vigoureusement; il n'est donc pas à propos de le greffer sur franc, sauf si on veut l'élever en haute tige, forme particulièrement convenable pour la partie méridionale de la France. Dans son pays natal, dit M. Boisbunel, l'arbre élevé en plein air, dans les sols peu légers, peu chauds et mal abrités, perd peu à peu ses productions fruitières par suite de maladies; ses branches sont attaquées par les chancres, ses fruits sont sujets à devenir pierreux, à se crevasser et se couvrir de taches. Quelques Commissions de pomologie disent qu'il réussit dans tous les sols et à toutes les expositions; mais la majorité des Commissions, ainsi que le Comité de rédaction, disent qu'il convient de le planter dans un sol léger et substantiel, au levant, au couchant ou au midi, et de le diriger en espalier sous toutes les formes. Il se prête également bien à la forme pyramidale; mais, pour obtenir des arbres réguliers sous cette forme, il faut tailler court les rameaux supérieurs et allonger progressivement ceux de la base, écarter les branches du tronc pendant leur jeunesse au moyen d'arcs-boutants, pincer sévèrement et alternativement les rameaux à mesure qu'ils atteignent dix à douze centimètres, retrancher au besoin, sur leur empâtement, ceux qui sont les plus vigoureux et qui tendent à devenir gourmands, malgré l'amputation pratiquée lors du pincement et du cassement.

Lorsqu'on a obtenu une charpente régulière et des branches fruitières courtes et bien constituées, on allonge un peu la taille de la flèche, si on tient à posséder une pyramide élevée, comme le pied mère encore existant dans le jardin de l'obtenteur et qui s'élève à dix mètres de hauteur, dit M. Tougard. Le Comité de rédaction ne conseille pas les pyramides trop élevées, attendu qu'elles prêtent trop de prise aux vents, qui détachent les fruits, qu'elles sont trop difficiles à cultiver et à soigner, et qu'en somme elles ne rapportent pas davantage que celles qui sont larges et d'une hauteur moyenne.

Le Secrétaire du Congrès pomologique
et du Comité de rédaction,
C.-F^{né} WILLERMOZ.

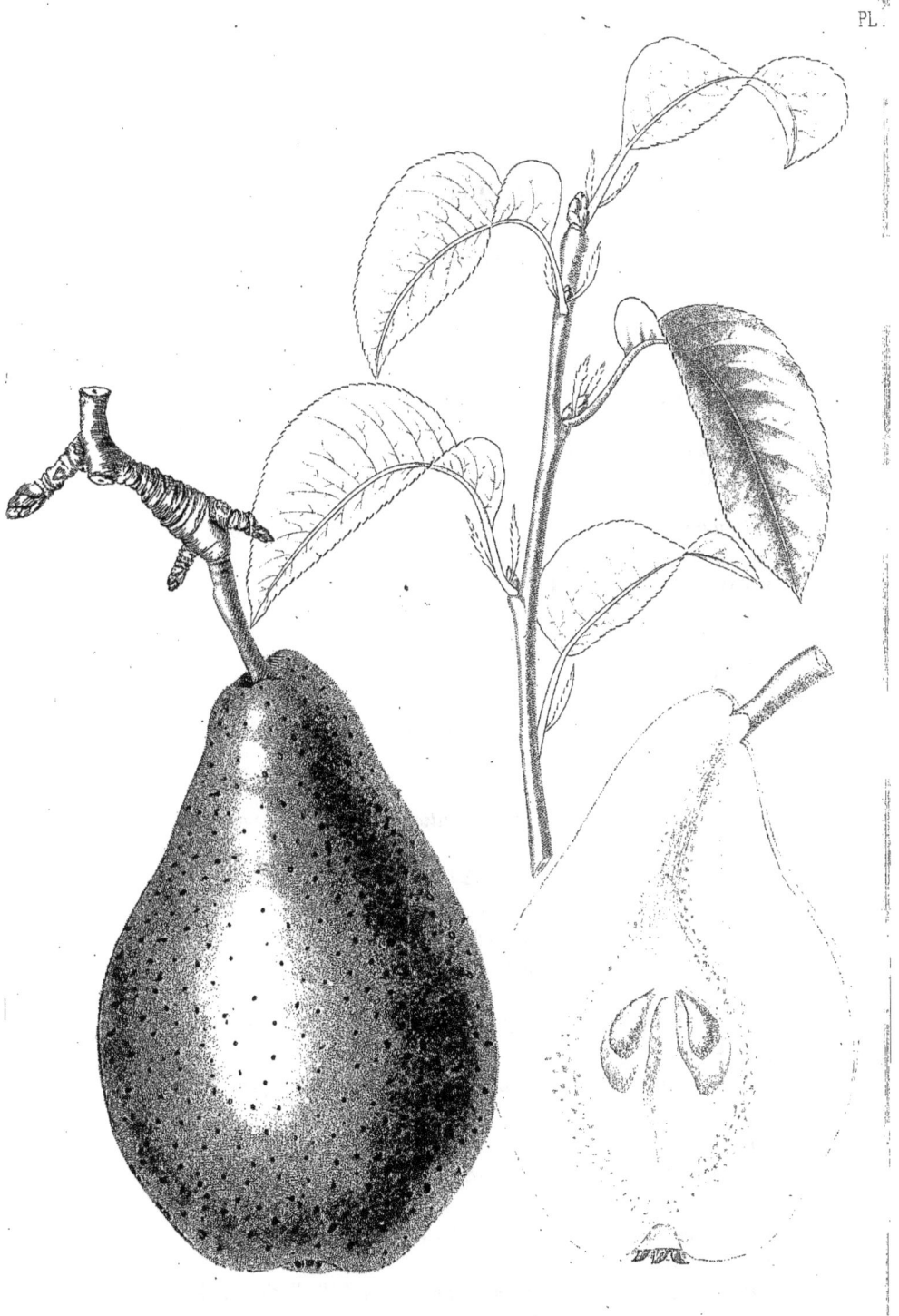

ST GERMAIN D'HIVER

SAINT-GERMAIN D'HIVER.

(66. SAINT-GERMAIN.)

SYNONYMES. *Saint-Germain.* — *Inconnu Lafare.* — *Lafare.* — *Arteloire.* — *Saint-Germain Vert.* — *Saint-Germain Gris.* — *Saint-Germain Brun ou Brune.* — *Saint-Germain Blanc.* — *Saint-Germain d'Uvidale.*

ORIGINE. Merlet dit que ce fruit a été trouvé dans la forêt de Saint-Germain, près de Lude (Sarthe), sur le bord de la rivière de Lafare; il n'indique pas l'époque.

AUTEURS DESCRIPTEURS :

Merlet. *Abrégé des Bons Fruits*, page 112, 1675, et page 98, 1690.

J. Pitton Tournefort. *Inst. rei Herb.*, page 631. Paris, 1702.

Laquintinie. *Instruction pour les Jardiniers*, page 154, 1692, et tome I, page 248. Paris 1730.

Duhamel. *Traité des Arbres Fruitiers*, tome II, page 225. Paris, 1768.

Saussay. *Traité des Jard.*, page 22. Paris, 1732.

J. Herman Kenoop. *Pomologie des Pays-Bas, etc.*, page 121, tableau 8, figure 2. Amsterdam, 1771.

Miller. *Dictionnaire des Jardins*, tome VI, page 168. Bruxelles, 1788.

L. Liger. *Culture parfaite des Jard. Fruitiers et Potagers*, page 445. Paris, 1702.

Forsyth. *Traité de la Culture des Arbres Fruitiers*, page 115. Paris, 1803.

Pomona Austriaca, tome I, page 8, tableau 146. Vienne, 1797.

De la Bretonnerie. *École du Jardin Fruitier*, tome II, page 435. Paris, 1774.

J. F. Bastien. *Nouvelle Maison Rustique*, tome II, page 537. Paris, 1804.

Poinsot. *L'Ami des Jardiniers*, tome II, page 146. Paris, 1804.

Louis Noisette. *Jardin Fruitier*, page 154, planche LXXVI. Paris, 1839.

E. Calvel. *Traité des Pépinières*, tom. I, page 352 (1805), et tome II, page 333. Paris, 1810.

Poiteau. *Pomologie Française*. Paris, 1841.

C.-F. Willermoz. *Bulletin de la Société d'Horticulture du Rhône*, page 21. Lyon, 1848.

Société Van Mons. Page 43. Bruxelles, 1854.

Couverchel. *Traité des Fruits*, page 470. Paris, 1839.

Leberryais. *Nouveau De Laquintinie*, tome IV.

De Salverage. *Le Parfait Jardinier*, pages 100—101. Limoges, 1846.

A. Bivort. *Album de Pomologie*, tome IV, page 89.

Thuillier Aloux. *Bulletin Pomologique de la Société d'Horticulture de la Somme*, page 13. Amiens, 1855.

Annales de Pomologie Belge, tome I, page 43.

J. de Liron d'Airoles. *Liste Synonymique*, page 93. Nantes, 1857.

Ch. Baltet. *Les Bonnes Poires*, page 37. Troyes, 1859.

Robert Hoog. *The Fruit Manual*, 2me édition. Londres, 1860.

Decaisne. *Jardin Fruitier du Muséum*, tome I.

Description. Arbre fertile et vigoureux, mais délicat dans beaucoup de départements.

Branches formant un angle peu ouvert avec le tronc, droites, suffisamment espacées, sans épines. Lorsque l'arbre est sain, l'écorce des jeunes branches est lisse, fine, marbrée de gris et de brun; lorsqu'il est languissant, cette écorce est parsemée de verrues grosses, gercées et saillantes.

Rameaux de l'année moyens en grosseur, longs, coudés, flexueux, verticaux; l'écorce, vert grisâtre du côté de l'ombre, brun roux du côté du soleil, légèrement cotonneuse surtout au sommet, est parsemée de petites lenticelles grises.

Entre-feuilles inégaux; ceux de la base sont longs de vingt millimètres, et ceux du sommet de quarante à cinquante.

Boutons a feuilles assez gros à la base, très gros et très développés au sommet, ovales, pointus, écartés du rameau, recouverts d'écailles mal appliquées, brun clair ombré de brun foncé, bordées grisâtre; le terminal, ovoïde, allongé, obtus, de même couleur que les autres, se change souvent à fruit.

Boutons a fruits assez gros, ovales, pointus, recouverts d'écailles mal appliquées, brun foncé ombré de noir et de gris, supportés par des dards petits et gros, fauves, articulés, et par des bourses assez grosses, très ridées, renflées, gris brun, ponctuées de lenticelles rousses.

Feuilles d'un beau vert brillant en dessus, vert pâle en dessous, minces, finement fibrées, lancéolées, étroites, arquées, ondulées sur leurs bords, qui sont relevés en gouttière et finement dentés; leur extrémité, pointue, se recourbe quelquefois d'une manière très prononcée; quelques-unes sont planes seulement et très peu courbées; leur longueur est de sept à neuf centimètres, et leur largeur de trois à quatre; celles qui accompagnent les rameaux fruitiers sont plus grandes, plus épaisses et d'un vert plus intense; on remarque rarement des feuilles secondaires à la base des rameaux.

Pétioles assez gros, vert blanchâtre, légèrement ombrés de rouge sur la cannelure, diminuant insensiblement de longueur du sommet à la base; cette longueur varie entre deux et cinq centimètres.

Stipules en alène, rudimentaires sur les pétioles des feuilles de la base, bien développés sur ceux des feuilles supérieures.

Fruit solitaire et par paire, rarement en trochet, bien attaché à l'arbre, inodore, même à la maturité, bosselé et renflé du côté de la tête, n'affectant jamais d'autres formes que celle de Saint-Germain; sa hauteur moyenne est de dix à onze centimètres, et son diamètre de sept.

Œil petit, irrégulier, couronné, placé dans une cavité étroite, peu profonde, assez régulière, bien qu'elle soit presque toujours entourée de plusieurs petits plis plus ou moins prononcés.

Sépales assez larges, soudés à leur base, tantôt repliés sur eux-mêmes, tantôt étalés en étoiles, bruns et aigus.

Pédicelle moyen, coudé et renflé à son sommet, arqué, brun, implanté obliquement, tantôt à fleur du fruit, au milieu de trois ou quatre petits plis, tantôt déjeté de côté par une bosse saillante.

Peau rude, épaisse, vert tendre, passant au jaune herbacé à l'époque de la maturité, ponctuée de brun, maculée de roux ombré gris du côté de l'œil.

Chair blanche citrine, demi-fine ou assez grossière, tendre, fondante ou demi-fondante; eau abondante ou seulement suffisante, sucrée, acidulée, astringente et parfumée. Les qualités de cette variété dépendent du sol, de l'exposition et du sujet.

Cœur grand, ovale, allongé, pointu des deux bouts, plus près de l'œil que du pédicelle, entouré de concrétions pierreuses assez grosses et assez abondantes, surtout si l'arbre est planté dans un sol maigre et trop sec.

Pépins gros, en forme de larmes, aigus, renflés et arrondis à leur base, brun marron, placés dans de grandes loges obliques perpendiculaires.

Maturité. Cette poire mûrit généralement de novembre à mars; Duhamel dit qu'elle peut se conserver jusqu'en avril; A. Bivort la fait mûrir en novembre et décembre et ajoute que jamais elle ne s'est conservée chez lui jusqu'en mars et avril. Dans la Côte-d'Or elle se conserve jusqu'en avril, et dans l'Orne jusqu'en mai.

Culture. L'arbre se greffe indistinctement sur franc ou sur coignassier; les Sociétés d'Horticulture et d'Agriculture de Paris, de Rouen, de l'Orne, de la Lozère et de Coulommiers recommandent spécialement ce dernier sujet pour espalier. Sur beaucoup de points cette variété ne prospère pas ou prospère mal, sur d'autres au contraire elle se comporte bien; ainsi, dans les environs de Grenoble, l'arbre se tare et ne donne plus que des fruits pierreux et tachés; dans la Gironde, on ne peut le cultiver qu'en espalier; dans la Seine-Inférieure, il gerce en plein vent et ne prospère qu'en espalier surmonté de chaperon saillant; dans la Côte-d'Or, on rencontre des arbres à haute tige qui produisent de très beaux fruits; dans les environs de Châlons-sur-Saône, on rencontre également de beaux arbres greffés sur franc, dont les fruits sont exempts de crevasses, de taches et de verrues. Il craint les sols secs et pierreux, se plaît de préférence dans les terres argilo-siliceuses très substantielles, et aux expositions du levant, du midi et du couchant. La forme la plus convenable et la plus recommandée est l'espalier; on pratique une taille moyenne et des pincements courts et tardifs sur les rameaux uniques et supérieurs.

Le Secrétaire du Congrès pomologique
et du Comité de rédaction,
C.-F^{né} WILLERMOZ.

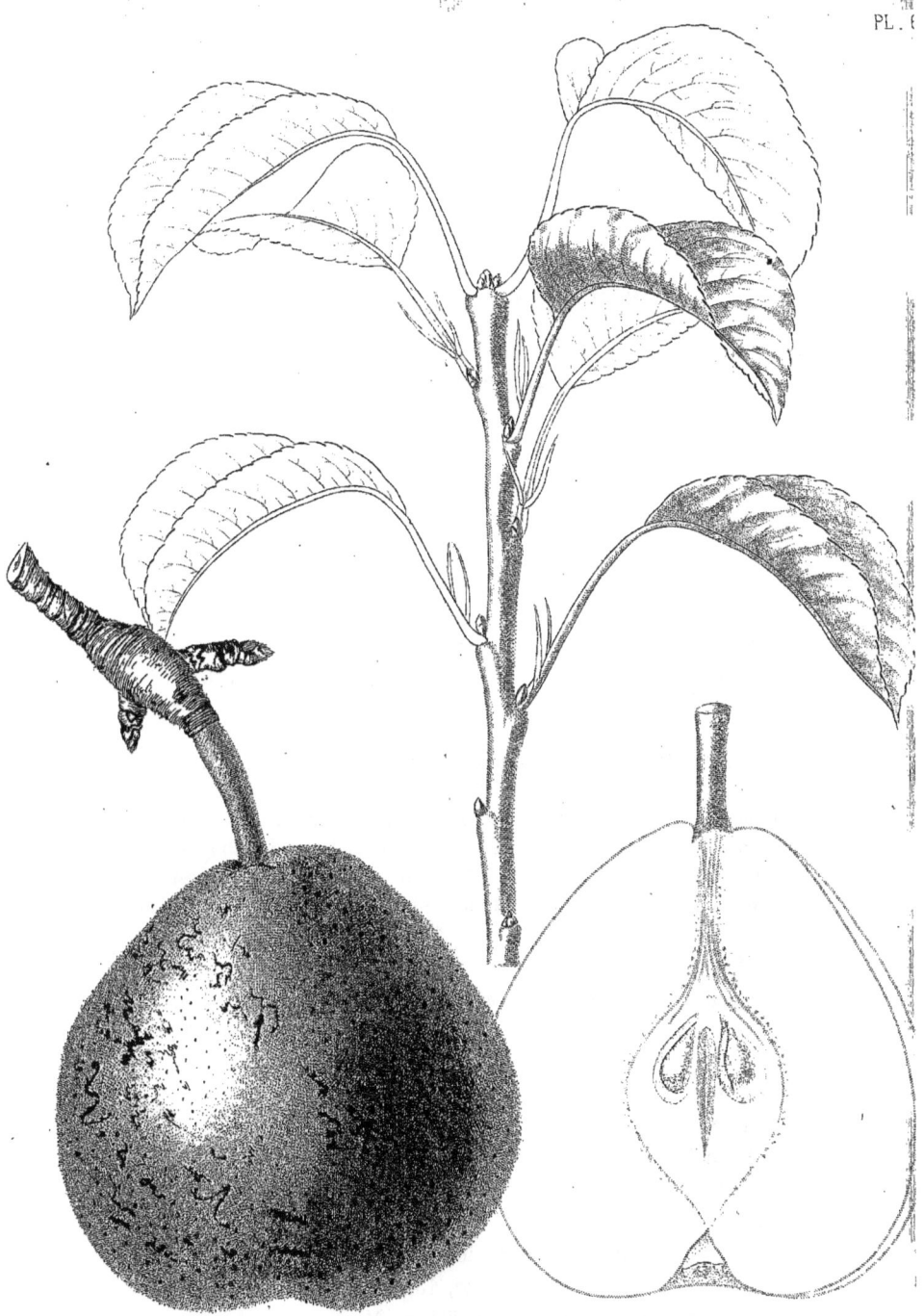

BESY DE SAINT WAAST

BÉSI DE SAINT-WAAST.

(67. DOYENNÉ.)

Synonymes. — *Bési de Saint-Vast.* — *Bési Vaët.* — *Bési Wast.* — *Bési Vahette.* — *Bési Vath.* — *Bési Va.* — *Foire Saint-Waast.* — *Beurré de Beaumont.*

Origine. C'est par erreur que quelques pomiculteurs attribuent cette variété à Van Mons; le Bési de Saint-Waast a été, dit-on, trouvé et répandu en Belgique par l'ancienne Abbaye de Saint-Waast; il est très cultivé dans les environs d'Enghien et de Malines. L'orthographe de son nom change suivant les localités du Hainaut, où il est cultivé. Sa première introduction en France date de 1830.

Auteurs descripteurs :

Parmentier. *Bulletin des Sciences agricoles*, cahier d'octobre 1825.

Turner. *A descript. of som. new Pears, in Hort. transact.*, vol. V, p. 407, Lond., 1824.

Van Mons. *Revue des Revues*, 1830.

Louis Noisette. *Jardin fruitier*, p. 159, Paris 1839.

C.-F. Willermoz. *Annales de la Société d'Horticulture du Rhône*, p. 187, Lyon, 1848.

Prévost. *Pomologie de la Seine-Inférieure*, p. 127, Rouen 1850.

A. Bivort. *Album de Pomologie*, tome II, p. 55.

Société Van Mons, p. 32, Bruxelles, 1854.

Annales de Pomologie Belge, tome VII, p. 21.

J. de Liron d'Airoles. *Liste Synonymique*, p. 36, Nantes, 1857.
Ch. Baltet: *Les bonnes Poires*, p. 34, Troyes, 1859.
Robert Hogg. *The fruit manual*, 2me édition, Lond., 1860.
Decaisne. *Jardin fruitier du Muséum*, tome V.

DESCRIPTION. Arbre buissonneux, fertile, mais capricieux dans son rapport qui, sans être alterne, est ou grand ou presque nul.

BRANCHES très inégales en grosseur et en longueur, formant un angle ouvert avec le tronc, irrégulièrement espacées, peu droites et sans épines.

RAMEAUX DE L'ANNÉE inégaux, plutôt petits et courts que gros et longs, raides, nervés particulièrement sous les consoles (les nervures ou striures semblent être vernies), brillants, olivâtres dans l'ombre, brun rougeâtre violacé du côté du soleil, maculés de petites lenticelles grises et ovales.

ENTRE-FEUILLES assez également rapprochés, longs de quinze à vingt millimètres.

BOUTONS A FEUILLES petits, aigus, déprimés à leur base, écartés du rameau à leur sommet, recouverts d'écailles brun noirâtre ombré gris argenté, supportés par des consoles arrondies ; le terminal est conique, court et obtus ; les écailles qui le recouvrent sont brunes et mal appliquées.

BOUTONS A FRUITS moyens, ovales, obtus, recouverts d'écailles brun marron ombré gris, supportés par des dards courts, arqués, fauves, ridés, et par des bourses moyennes, ovales, allongées, voûtées, renflées à leur base brun verdâtre du côté de l'ombre, rougeâtres du côté du soleil, chagrinées, striées de gris fauve, entourées de petites rides brunes très peu apparentes.

FEUILLES légèrement teintées de rose lorsqu'elles commencent à se développer, passant ensuite au vert sombre et obscur, moyennes et petites, ovales pointues, les unes arquées et en gouttière, les autres planes et en tuile, fibrées, luisantes, longues de cinq à sept centimètres, larges de quatre à cinq, à serratures assez profondes, assez régulières et obtuses ; les florales sont moyennes, finement dentées, ovales et en tuile.

Pétioles minces, moyens, un peu arqués, longs de trente à cinquante millimètres, canaliculés, vert jaunâtre, ombrés à l'arrière-saison de rouge sur la cannelure.

Stipules filiformes, étroites, aiguës et dressées.

Fruit solitaire et par paire, rarement en trochet, tenant bien à l'arbre, répandant une odeur suave à l'époque de la maturité, moyen, parfois turbiné, pyramidal ou ovoïde, le plus souvent en forme de Doyenné, obtus du côté du pédicelle, un peu tronqué et bosselé du côté de la tête; sa hauteur égale son diamètre, elle est de sept et demi à huit centimètres.

Œil évasé, placé dans une cavité assez profonde, entourée de petits plis et de petites bosses.

Sépales tantôt longs, aigus et duveteux, tantôt courts, obtus et gris, le plus souvent caducs.

Pédicelle assez gros, ligneux, verdâtre du côté de l'ombre, brun roux du côté du soleil, veiné et strié, long de douze à quinze millimètres, implanté dans l'axe du fruit dans une cavité assez évasée, dont le rebord est parfois divisé d'un côté par un sillon bien prononcé.

Peau fine, épaisse, vert bronzé, passant au jaune saumoné à l'époque de la maturité, lavée de rouge sombre du côté du soleil, teintée de fauve orange vers la tête, parsemée de lenticelles rousses et grises, marbrée et granitée de rouille.

Chair demi-fine, demi-fondante ou fine, fondante et beurrée, selon la nature du sujet, du sol et de l'exposition, blanc jaunâtre; eau abondante, très sucrée, douée d'un parfum excessivement agréable et particulier à cette variété.

Cœur central, assez grand, ovoïde, allongé, aigu, entouré parfois de quelques concrétions pierreuses, particulièrement lorsque la chair est demi-fine.

Pepins assez gros, en forme de larmes, renflés, aigus, d'un brun foncé, placés dans des loges moyennes, légèrement obliques.

MATURITÉ. Ce bon et excellent fruit, encore peu répandu et sur lequel plusieurs questionnaires restent muets, mûrit dans le centre de la France pendant les mois de décembre et de janvier (on peut le conserver jusqu'en février, en ayant soin de ne pas le récolter trop tardivement). Cette maturation varie de novembre à février, du sud au nord et au nord-ouest.

CULTURE. L'arbre, greffé sur coignassier et planté dans un sol léger, chaud et sec, pousse peu, rapporte peu et s'altère promptement ; son fruit, dans cette circonstance, est petit, ovoïde, rugueux et gercé. Greffé sur le même sujet et planté dans un sol silico-argileux, frais et riche, à l'exposition du levant, du midi et du couchant, il pousse assez bien, quoique d'une manière inégale, rapporte de jolis fruits sous la forme de Colmar et de Doyenné, dont la chair est fine, fondante et beurrée. Si le sol est trop argileux et trop humide, des concrétions pierreuses se font remarquer autour du cœur, et la chair perd sa finesse, son fondant et l'arôme particulier qui le caractérise.

Pour obtenir un bel arbre, il importe de greffer sur franc et de prendre les scions au sommet d'un exemplaire bien sain et bien venant.

Le Bési de Saint-Waast peut se cultiver sous toutes les formes, mais les Sociétés qui le connaissent recommandent avec raison de l'élever en espalier et en haute tige ; on le taille plutôt court que long. Le pincement doit se faire avec prudence et sans précipitation. Les rameaux les plus vigoureux de la partie supérieure des branches sont pincés au-dessus de la cinquième ou sixième feuille ; on ne touche pas aux plus faibles, qui sont ordinairement courts et qui s'aoûtent de bonne heure, à moins que, par extraordinaire, une réaction de sève ne les fasse se développer d'une manière manifeste.

Le Secrétaire du Congrès pomologique
et du Comité de rédaction,

C.-F. WILLERMOZ.

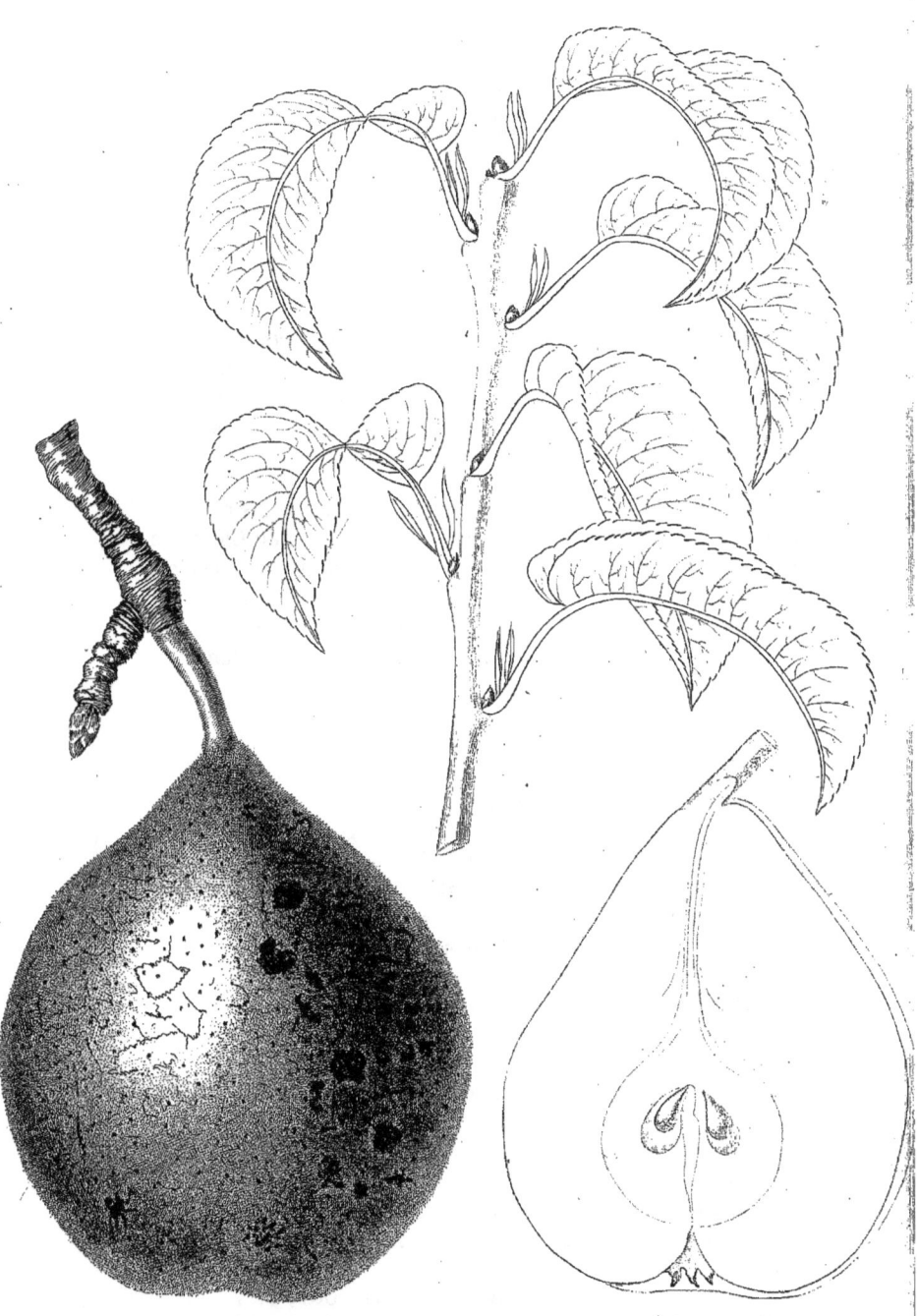

BEURRÉ GRIS

BEURRÉ GRIS.

(68. BÉSI.)

SYNONYMES. *Beurré d'Amboise.* — *Beurré d'Ambleuse.* — *Beurré Doré.* — *Beurré Gris d'Automne.* — *Beurré Rouge.* — *Beurré Roux.* — *Beurré d'Isambart.* — *Beurré du Roi.* — *Beurré de Terweren.* — *Brown Beurré.* — *Poire de Beurré.* — *Poire d'Amboise.* — *Badham's.* — *Isambert le Bon.* — *Lisambart.*

ORIGINE. Cette variété est très ancienne ; si les noms primitifs donnés aux fruits eussent été conservés, comme le dit Olivier de Serres, peut-être trouverait-on qu'elle nous vient des Romains. Quelques auteurs font avec elle deux variétés, comme quelques autres en font également deux avec le *Doyenné Gris.* On trouve en effet, dans un volume, la description de *Poire de Beurré* d'un côté, et de *Poire d'Amboise* de l'autre.

AUTEURS DESCRIPTEURS :

Olivier de Serres cite ce fruit sous le nom de *La Dorée. Théâtre de l'Agriculture,* page 612. 1651.

C. Mallet. *Théâtre des Plans et Jardins,* page 31. 1652.

Le Jardinier Français, page 164. 1679.

Don Claude St-Étienne. *Nouv. Inst. Bons Fruits,* page 57. 1670.

Merlet. *Abrégé des Bons Fruits,* page 75. 1690.

Laquintinie. *Inst. Jard. Fruit,* tome I, page 226. 1730.

Saussay. *Traité des Jardins,* page 19, 1732.

J. Pitton Tournefort. *Ins. Rei. Herb.,* page 629, 1702.

L. Liger. *Culture parfaite des Jardins Fruitiers et Potagers,* page 439. 1702.

Duhamel. *Traité des Arbres Fruitiers,* tome II, page 196, planche XXXVIII, 1768.

J. Herman Kenoop. *Pomologie des Pays-Bas, etc.,* page 114, tableau 7, figure 1. 1771.

Miller. *Dictionnaire des Jardiniers,* tome VI, page 163. 1788.

De la Bretonnerie. *Culture des Jardins Fruitiers,* tome II, page 427. 1774.

Pomona Austriaca, tome I, page 1, planche CIII, 1797.

Forsyth. *Traité de la Culture des Arbres Fruitiers,* page 118. 1803.

J.-F. Bastien. *Nouvelle Maison rustique*, tome II, page 535. 1804.
Poinsot. *L'Ami des Jardiniers*, tome II, page 173. 1804.
E. Calvel. *Traité des Pépinières*, tome II, page 303. 1810.
T. Yves Catros. *Trait. rais. des Arbres fruit.*, page 339, 1810.
Poiteau (Sous le nom de *Beurré d'Amboise*). *Pomologie Française*, 1846.
L. Noisette. *Jardin Fruitier*, page 128, planche L, 1839.
C. F. Willermoz. *Bulletin de la Société d'Horticulture du Rhône*, page 179, 1849.
Couverchel. *Traité des Fruits*, page 474, 1839.
Société Van Mons. page 31. Bruxelles, 1854.
L. de Bavay. *Annales de Pomologie Belge*, tome I, page 35.
J. de Liron d'Airoles. *Liste Synonymique*, page 44. 1857.
Thuillier Aloux. *Bulletin de la Société d'Horticulture de la Somme*, 1855.
C. Baltet. *Les Bonnes Poires*, page 21. 1859.
Robert Hogg (sous le nom de *Brown Beurré*). *The Fruit manual*, 2me édition, Londres, 1860.
Decaisne. *Jardin Fruitier du Museum*, tome III, donne deux descriptions et deux figures. Voir *P. de Beurré* et *P. d'Amboise*.

DESCRIPTION. Arbre fertile, peu gracieux et délicat sur coignassier; très différent aujourd'hui de ce qu'il était du temps de Duhamel, qui le dit très fertile; s'accommodant de tous les terrains, de toutes les formes et presque de toutes les expositions.

BRANCHES formant un angle ouvert avec le tronc, clairement et inégalement espacées, tortueuses, rugueuses, peu droites et sans épines.

RAMEAUX de l'année assez forts et assez longs, diminuant de grosseur de la base au sommet, arqués, flexueux, coudés à chaque console, obliques; à écorce gris olivâtre du côté de l'ombre, rouge brun clair du côté du soleil, parsemée de petites lenticelles grises et saillantes.

ENTRE-FEUILLES inégaux: ceux de la base au milieu du rameau ont en moyenne de quinze à vingt millimètres de longueur, tandis que ceux du sommet au milieu sont longues de trente à trente-cinq millimètres.

BOUTONS A FEUILLES gros, renflés à leur base, coniques, obtus, plus ou moins écartés du rameau, recouverts d'écailles brun ombré gris, supportés par des consoles saillantes. Le terminal, moyen, conique, obtus, de même couleur, est parfois à fruit, très gros, allongé, pyramidal, obtus; ses écailles, mal appliquées, sont d'un brun chocolat teinté de gris cendré.

Boutons a fruits assez gros, ovales, renflés, obtus, recouverts d'écailles rousses, quelquefois violacées et argentées; portés par des dards moyens, articulés, fauves, parsemés de petites lenticelles brunes, et par des bourses petites, ovoïdes, ridées sur presque toute leur surface, qui est fauve, ponctuée comme les dards.

Feuilles d'un vert foncé, brillantes, épaisses, bien fibrées (les fibres supérieures saillantes), ovales, aiguës, arrondies à leur base, à bords grossièrement et obtusement dentés et plus ou moins relevés, pendantes, faiblement arquées; leur longueur est de sept à huit centimètres, et leur largeur de quatre à cinq.

Pétioles moyens, droits, obliques, vert jaunâtre, les uns arrondis, les autres très faiblement canaliculés, longs de vingt à quarante millimètres; les plus longs sont à la base.

Stipules filiformes, courtes, étalées de côté, presque toutes caduques, particulièrement à la base des scions.

Fruit assez souvent en trochet et par paire, fréquemment solitaire, bien attaché à l'arbre, peu odorant, à surface unie, renflé dans son milieu, arrondi du côté de la tête, terminé en pointe à la base; sa forme générale est celle de *Bési*, un peu plus haut que large; sa hauteur moyenne est de neuf centimètres, et son diamètre de huit.

Œil moyen, ouvert, régulier, placé dans une cavité peu profonde et évasée, parfois à fleur du fruit.

Sépales petits ou moyens, courts et obtus, assez longs, étroits et aigus, dressés, gris brun ombré de rouge à leur base, parfois caducs.

Pédicelle assez gros, un peu charnu à sa base, renflé à son sommet, oblique, brun fauve, implanté à fleur du fruit.

Peau fine, mince, tantôt vert tendre et jaunâtre, tantôt vert olive et comme bronzée, passant au jaune d'or foncé ou au jaune d'or pur, granitée et marbrée de gris fauve dans l'ombre, brun roux du côté du soleil; souvent couverte seulement de petites ponctuations fauves, et ombrée du côté du soleil d'une belle teinte rouge rosé. Lorsque l'arbre est dans de mauvaises conditions, la peau se gerce, se crevasse, se tache de gris noir et devient rugueuse.

Chair blanche, fine ou mi-fine, très fondante, beurrée; eau abondante, sucrée, vineuse, relevée d'un acide très fin et délicieux.

Cœur assez grand, plus rapproché de l'œil que du pédicelle, arrondi et environné de petites concrétions pierreuses.

Pépins moyens et petits, aigus, renflés, brun marron, placés dans des loges moyennes un peu obliques.

Maturité. Cette excellente et fine poire mûrit depuis le commencement de septembre jusqu'au milieu d'octobre selon les latitudes; il faut l'entrecueillir et la porter au fruitier où elle fait son eau sans se corrompre; toutefois il ne faut pas la déranger de place et ne la toucher qu'avec précaution, afin d'éviter les taches qu'une pression trop forte détermine.

Culture. L'arbre se greffe sur franc et sur coignassier; la majeure partie des Sociétés recommandent ce dernier sujet et l'espalier, mais toutes reconnaissent qu'il est délicat ou sujet aux chancres. La greffe intermédiaire paralyse ce défaut, mieux peut-être que la greffe sur franc; il est donc important d'utiliser cette sorte de greffe, afin d'avoir de beaux et bons fruits, des arbres sains, vigoureux et fertiles, qu'on cultive en espalier abrité par des avant-toits, de préférence aux autres formes, sous lesquelles cependant on peut les conduire avec avantage en leur donnant les soins qu'ils réclament. L'arbre se plaît à toutes les expositions, à l'exception cependant de celles qui sont ou trop froides ou trop chaudes; on le plante dans les sols argilo-siliceux, substantiels, frais et non humides. On taille court et on pince alternativement les rameaux qui se développent à l'extrémité des branches sur trois ou quatre feuilles. On doit surveiller et pincer de bonne heure ceux qui naissent sur les branches fruitières, qui souvent les fatiguent et les éteignent par leur trop forte végétation.

Par le mauvais choix des greffes, du sujet, du sol et de l'exposition, on fait varier l'arbre dans sa couleur; le fruit perd également quelques-uns de ses caractères de forme, de couleur et de goût.

Le Secrétaire du Congrès pomologique
et du Comité de rédaction,
C.-F^{oi} WILLERMOZ.

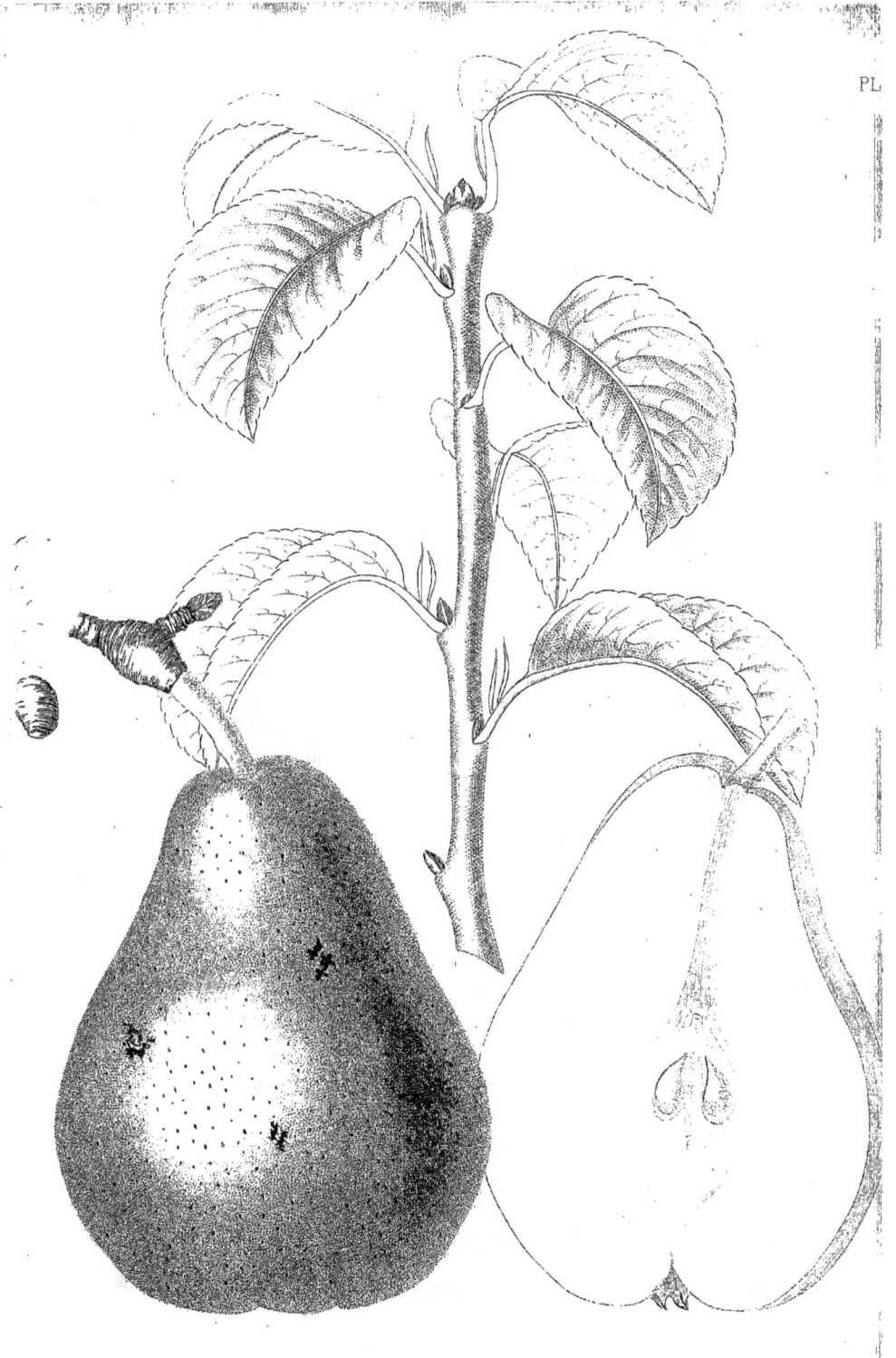

DÉLICES D'HARDENPONT

DÉLICES D'HARDENPONT.

(69. BON CHRÉTIEN.)

Synonymes : *Archiduc Charles*. — *Délices d'Hardenpont Belge*. — *Beurré d'Hardenpont* (Par erreur). — *Délices de Huy*. — *Délices de Mons*.

Origine. Cette variété a été gagnée, en 1759, par l'abbé Hardenpont, dans son jardin de la porte d'Havré, à Mons (Belgique) ; il ne faut pas la confondre avec une autre poire obtenue par le même semeur, à laquelle, par erreur, on a donné le nom de *Délices d'Hardenpont d'Angers*, et qu'Hardenpont a nommé *Fondante du Paniselle* ou *Pariselle*.

Auteurs descripteurs :

Van Mons. *Revue des Revues*, 1830.
Poiteau. *Pomologie française*.
A. Bivort. *Album de Pomologie*, tome III, page 29.
A. Royer. *Annales de Pomologie Belg.*, tome III, page 7.
Société Van Mons. Bruxelles, 1854, page 36.
Thuillier Aloux. *Bul. Pomol. de la Société d'Horticulture de la Somme*, page 34. Amiens, 1855.
J. de Liron d'Airoles. *Liste synonymique*, page 64. Nantes, 1857.
Robert Hogg. *The fruit manual*, 2ᵉ édit. Londres, 1860.
Decaisne. *Jardin Fruitier du Muséum*, tome I.

Description. Arbre fertile, pyramidal, très remarquable par son port élancé, à base étroite, ressemblant à un peuplier d'Italie.

Branches formant un angle très aigu avec le tronc et s'érigeant pour ainsi dire parallèlement avec lui, raides, droites, un peu confuses, sans épines, recouvertes dans leur jeunesse d'une écorce gris de perle.

Rameaux de l'année de moyenne longueur, gros, droits, raides, verticaux, renflés à leur sommet, à écorce lisse, brillante, bronzée du côté de l'ombre, brun roux du côté du soleil, parsemée de lenticelles ovoïdes, ombrée gris sous les consoles ; les jeunes pousses sont duveteuses.

Entre-feuilles réguliers, longs de vingt à vingt-cinq millimètres.

Boutons a feuilles assez gros, ovoïdes, pointus, recouverts d'écailles brun marron, ombré gris ; ceux de la partie supérieure sont apprimés à leur base et écartés à leur sommet, tandis que ceux du bas sont ovales et presque tous écartés du rameau.

Boutons a fruits moyens, ovales, allongés, pointus, recouverts d'écailles brun clair, ombré brun marron, nuancé de gris ; supportés par des dards courts, fauves, articulés, et par des bourses moyennes, ovales, renflées, courtes, ridées, brunes du côté du soleil, olivâtres du côté de l'ombre, ponctuées gris cendré.

Feuilles d'un vert clair, moyennes, ovales aiguës, grossièrement fibrées, tantôt planes et un peu tuilées, tantôt à bords relevés en gouttière, irrégulièrement et profondément dentées ; leur longueur est de cinq à six centimètres, et leur largeur de trois.

Pétioles moyens ou assez gros, longs de quinze à vingt millimètres, inclinés, canaliculés, vert clair, souvent lavés de rouge carminé très tendre.

Stipules linéaires, dressées, aiguës.

Fruit le plus souvent solitaire, parfois par paire, très rarement en trochet, assez caduc, répandant peu d'odeur, même à l'époque de la maturité ; moyen ou assez gros, Colmariforme lorsque l'arbre est en espalier, toujours en forme de Bon Chrétien lorsque l'arbre est à l'air libre ; obtus des deux bouts, tronqué du côté de la tête, moins étranglé du côté du pédicelle que le Bon Chrétien Napoléon, auquel il ressemble beaucoup ; sa hauteur moyenne est de dix centimètres, et son diamètre de huit.

Œil très variable dans sa forme et sa manière d'être : tantôt il est large, régulier, entouré de petits plis et placé dans une cavité peu profonde ; tantôt il est moyen, très régulier, ou petit et irrégulier, placé dans une cavité large et profonde, quelquefois à fleur du fruit.

Sépales soudés ou libres, réguliers, étroits, dressés et aigus, ou irréguliers et contournés, noirs à leur sommet, jaunes à leur base, souvent caducs.

Pédicelle gros, moyen ou petit, aussi gros à sa base qu'à son sommet, quelquefois très renflé à son sommet et très mince à sa base ; verdâtre du côté de l'ombre, brun fauve du côté du soleil, granité et strié, arqué, implanté, dans l'axe du fruit, dans une cavité peu profonde, entourée de petites gibbosités.

Peau tantôt fine, lisse et onctueuse, tantôt rude, assez épaisse ; vert tendre, passant au jaune citron ou au jaune paille à la maturité, recouverte de ponctuations brunes, relevée de quelques taches de même couleur, faiblement granitée de rouille autour de l'œil, parfois très légèrement teintée de rouge clair du côté du soleil.

Chair blanche, neigeuse et rosée autour du cœur et sous la peau, mais le plus souvent très blanche, moirée, fine ou très fine ; beurrée, fondante, très abondamment pourvue d'eau sucrée, agréable, rafraîchissante, manquant de parfum lorsque l'arbre est cultivé dans un sol trop sec et à une exposition trop chaude, ou dans un sol trop humide et à une exposition mal éclairée, mais relevée et parfumée, si l'arbre est planté dans un sol un peu frais et à une exposition légèrement abritée.

Cœur presque central, moyen, ovale, aigu, entouré quelquefois de petites granulations.

Pépins moyens, renflés et arrondis à leur base, aigus, en forme de larmes, marron foncé, placés deux à deux dans des loges perpendiculaires qu'ils remplissent presque entièrement.

Maturité. Cette bonne poire, qui a déjà plus d'un siècle d'introduction, est encore fort peu répandue ; elle mûrit, dans le sud et la partie méridionale de la France, du milieu de septembre à la fin d'octobre ; dans le nord et le nord-ouest, elle mûrit du milieu d'octobre au milieu de novembre; en Belgique, elle est encore bonne dans le courant de décembre. Elle a le mérite de se bien conserver au fruitier, d'y acquérir toutes ses perfections. Récoltée sur un arbre planté dans les conditions voulues et dégustée à point, c'est réellement une poire excellente et de tout premier mérite.

CULTURE. L'arbre se greffe indistinctement sur franc et sur Coignassier; il est même préférable de le cultiver sur cette dernière sorte. Sur franc, les fleurs coulent, les fruits se gercent, se tachent et restent petits, particulièrement dans les années pluvieuses, ou lorsque le sol est trop froid, trop humide, et que l'exposition n'est pas suffisamment abritée. On peut l'élever sous toutes les formes; il est cependant préférable de le cultiver en espalier, en cordon et en pyramide qu'en haute-tige. Lorsqu'on veut obtenir de belles pyramides régulières, on doit éloigner les branches du tronc, pendant qu'elles sont jeunes, au moyen d'arcs-boutants. Si on procède à cette opération lorsque les branches sont fortes, elles se cassent ou se détachent du tronc. Il se plaît dans les terres fraîches, humifères et riches en principes azotés, à l'exposition du levant et du couchant. Dans le sud, les expositions méridionales trop éclairées ne lui conviennent pas; dans le nord, c'est le contraire. La taille doit être de moyenne longueur; on pincera court les rameaux uniques, et on pincera long et tard ceux qui sont accompagnés à leur base de dards ou de boutons disposés à devenir boutons à fruits.

Le Secrétaire du Congrès pomologique
et du Comité de rédaction,

C.-F^{né} WILLERMOZ.

ORPHELINE D'ENGHEIN

ORPHELINE D'ENGHIEN.

(70. SAINT-GERMAIN.)

SYNONYMES. — *Beurré d'Arenberg.* — *Beurré d'Arenberg Vrai.* — *Colmar Deschamps.* — *Délices des Orphelins.* — *Beurré Deschamps.* — *Duc d'Arenberg.* — *D'Arenberg Parfaite.* — *Beurré des Orphelins.*

ORIGINE. Cette variété a été gagnée à Enghien par l'abbé Deschamps, dans un jardin appartenant à l'hospice des Orphelins de cette ville, et provient d'un semis fait sans notes gardées. Elle a été décrite pour la première fois en 1830 dans la *Revue des Revues*, par Van Mons, sous le nom de *Beurré d'Arenberg*, bien que déjà elle portât deux noms différents, comme il l'avoue dans sa description. Ce nom fut d'abord adopté par le Congrès comme nom primitif; mais on est revenu à celui d'*Orpheline d'Enghien*, parce qu'il est plus répandu et qu'il fait cesser toute espèce de confusion. On ne pouvait pas d'ailleurs adopter le nom de *Colmar Deschamps*, premier nom donné par Van Mons, attendu que, de l'aveu de Van Mons, la poire n'est pas un Colmar.

AUTEURS DESCRIPTEURS :

Van Mons. (Sous le nom de Beurré d'Arenberg.) *Revue des Revues*, tome III, page 63, tab. 1. 1830.

Prévost. (Sous le nom d'Orpheline d'Enghien.) *Pomologie de la Seine-Inférieure*, page 148. Rouen, 1850.

A. Bivort. (Sous le nom de Beurré d'Arenberg.) *Album de Pomologie*, tome I, page 17.

A. Bivort. (Sous le nom d'Orpheline d'Enghien.) *Annales de Pomologie Belge*, tome III, page 35.

C.-F. Willermoz. (Sous le nom de Beurré d'Arenberg.) *Bulletin de la Société d'Horticulture du Rhône*, pages 172 et 214. Lyon, 1849.

J. de Liron d'Airoles. (Sous le nom d'Orpheline d'Enghien.) *Liste Synonymique*, page 88. Nantes, 1857.

Société Van Mons. (Sous le nom de Beurré d'Arenberg). Page 30. 1854.

Thuillier Aloux. (Sous le nom de Beurré d'Arenberg). *Pomologie de la Somme*, page 7. Amiens, 1855.

Ch. Baltet. (Sous le nom de Beurré d'Arenberg.) *Les Bonnes Poires*, page 34. Troyes, 1859.

Robert Hogg. (Sous le nom de Beurré d'Arenberg.) *The Fruit Manual*, 2ᵉ édition. Londres 1860.

Decaisne. (Sous le nom de P. Orpheline d'Enghien). *Jardin fruitier du Museum*, 5ᵉ volume.

Description. Arbre pyramidal, gracieux et fertile, de vigueur moyenne sur coignassier, mais très vigoureux et très élancé lorsqu'il est greffé sur franc.

Branches formant un angle demi ouvert avec le tronc, espacées sans confusion, légèrement sinueuses, avec ou sans épines rudimentaires selon la nature du sujet.

Rameaux de l'année moyens en grosseur et en longueur, droits ou un peu arqués, courtement striés de chaque côté de la console, tandis que la nervure de dessous s'étend d'une console à une autre; celles-ci sont à peine saillantes et brusquement arrêtées (caractère particulier). L'épiderme, de couleur noisette ou brun fauve du côté du soleil, brun pâle ou brun verdâtre du côté opposé, souvent duveteuse au sommet du rameau et lisse à sa base, est clairement granité de petites lenticelles grises, ovales et rondes, peu saillantes.

Entre-Feuilles inégaux et irréguliers; les courts sont mêlés indistinctement avec les longs; ceux-ci ont en moyenne trente-cinq millimètres, tandis que les autres n'en ont que vingt.

Boutons a feuilles petits, courts, déprimés à leur base, anguleux, à pointe aiguë et recourbée contre le rameau; leurs écailles brunes lavées de noir et bordées gris sont très bien appliquées. Le terminal, parfois à fruits, le plus souvent à bois, est petit, court, pyramidal, obtus; ses écailles, d'un brun foncé, sont mal appliquées par leur sommet.

Boutons a fruits moyens, ovales, coniques, obtus, recouverts d'écailles bien imbriquées, brunes, ombrées noir et gris; ils sont supportés par des dards courts, renflés, voûtés, grossièrement articulés, brun fauve, et par des bourses assez grosses, courtes, brun clair, lisses à leur sommet et articulées, gris noir à leur base.

Feuilles d'un vert terne et foncé, minces, finement fibrées, ovales lancéolées et ovales elliptiques, quelques-unes légèrement cordiformes à leur base et arquées à leur sommet où elles sont aiguës; à bords très inégaux: les uns sont relevés en gouttière, d'autres sont ou en tuile, ou simplement ondulés et crénelés; tous sont fortement dentés. Leur longueur est de sept centimètres environ, et leur largeur de trois. Celles des rameaux fruitiers sont ovales, entières, à bords un peu relevés et ondulés.

Pétioles moyens, vert blanchâtre, dressés, fortement canaliculés; ceux des feuilles de la moitié supérieure des rameaux ont quinze millimètres de long, ceux des feuilles de l'autre moitié sont le double et le triple plus longs.

Stipules en forme de faucille, vertes, en alène, larges, dentées, couchées contre le rameau.

Fruit moyen ou assez gros, en trochet, par paire et solitaire, assez bien attaché à l'arbre, inodore même à l'époque de la maturité, obtus des deux bouts, à surface tronquée et très bosselée presque sur toutes ses parties; affectant rarement une autre forme que celle de *Saint-Germain* ; toutefois, lorsque l'arbre végète peu et que les fruits sont petits, ils prennent la forme de *Colmar* , comme on le trouve aussi sous celle de *Bon-Chrétien* déformé si l'arbre est dirigé en espalier. Sa hauteur moyenne est de huit à neuf centimètres et son diamètre de six et demi à sept.

Œil petit, irrégulier, clos ou demi ouvert, couronné, peu profond, placé dans une cavité infundibuliforme, évasée, assez profonde et régulière.

Sépales noirs, obtus, soudés, le plus souvent caducs.

Pédicelle gros, court, charnu, articulé, renflé à sa base et à son sommet, fauve du côté de l'ombre, brun pâle du côté du soleil, implanté de côté et accompagné à sa base de plusieurs petits plis. Sa longueur est de quinze à vingt millimètres.

Peau rude, épaisse, d'un vert mat passant insensiblement au jaune verdâtre et jaune d'or à la maturité, ponctuée et marbrée de gris, de fauve, et de roux sur toute sa surface, relevée de granitures ferrugineuses et marquée d'une large tache brune autour de l'œil et du pédicelle.

Chair blanche, citrine, fine, fondante, beurrée, pourvue d'une eau très abondante, sucrée, vineuse, parfois un peu astringente, délicieusement douée d'un parfum très agréable.

Cœur plus rapproché de l'œil que du pédicelle, assez grand, presque rond, renflé, obtus à sa base, blanchâtre, parfois entouré de petites concrétions.

Pepins assez gros, en forme de larmes, éperonnés, renflés, courbés, brun noirâtre, placés dans des loges assez grandes et perpendiculaires.

Maturité. Cette excellente poire mûrit, dans les départements méridionaux, pendant les mois de novembre et décembre; dans ceux du centre, elle commence à mûrir vers le commencement de décembre et se conserve jusqu'à la fin de janvier; dans le nord, elle atteint le mois de février, même au-delà.

Culture. L'arbre se greffe sur coignassier et sur franc selon les latitudes, les expositions et la nature des sols. Ainsi, dans l'est, on recommande la greffe sur franc, l'espalier, le levant ou le midi, les sols légers et substantiels; dans l'ouest, on le greffe indistinctement sur les deux sujets; on le cultive en espalier à bonne exposition dans tous les sols. Prévost dit que l'arbre est susceptible de prendre une écorce galeuse dans les situations élevées, très ouvertes et en terre forte. Le même défaut est signalé par toutes les Commissions de pomologie qui le connaissent. Toutes recommandent, avec juste raison, les deux sujets pour les terrains qui leur sont propres, l'espalier, le levant ou le midi abrités, et tout particulièrement les sols légers, frais et d'une grande richesse. L'arbre vigoureux se taille d'abord long et sur un bouton bien constitué; on diminue la longueur avec l'âge et la fertilité. On pince prudemment et alternativement les plus forts bourgeons sur la troisième ou quatrième feuille, lorsqu'ils ont de douze à quinze centimètres et qu'ils tendent à s'allonger encore; on ne touche aux faibles qu'autant que le pincement des forts les force à se développer. On doit visiter l'arbre avec soin pendant les premiers jours du printemps, car il est un de ceux que les insectes et surtout la chenille arpenteuse affectionnent le plus particulièrement lorsqu'il est greffé sur coignassier et cultivé en pyramide.

*Le Secrétaire du Congrès pomologique
et du Comité de rédaction,*
C.-F^{né} WILLERMOZ.

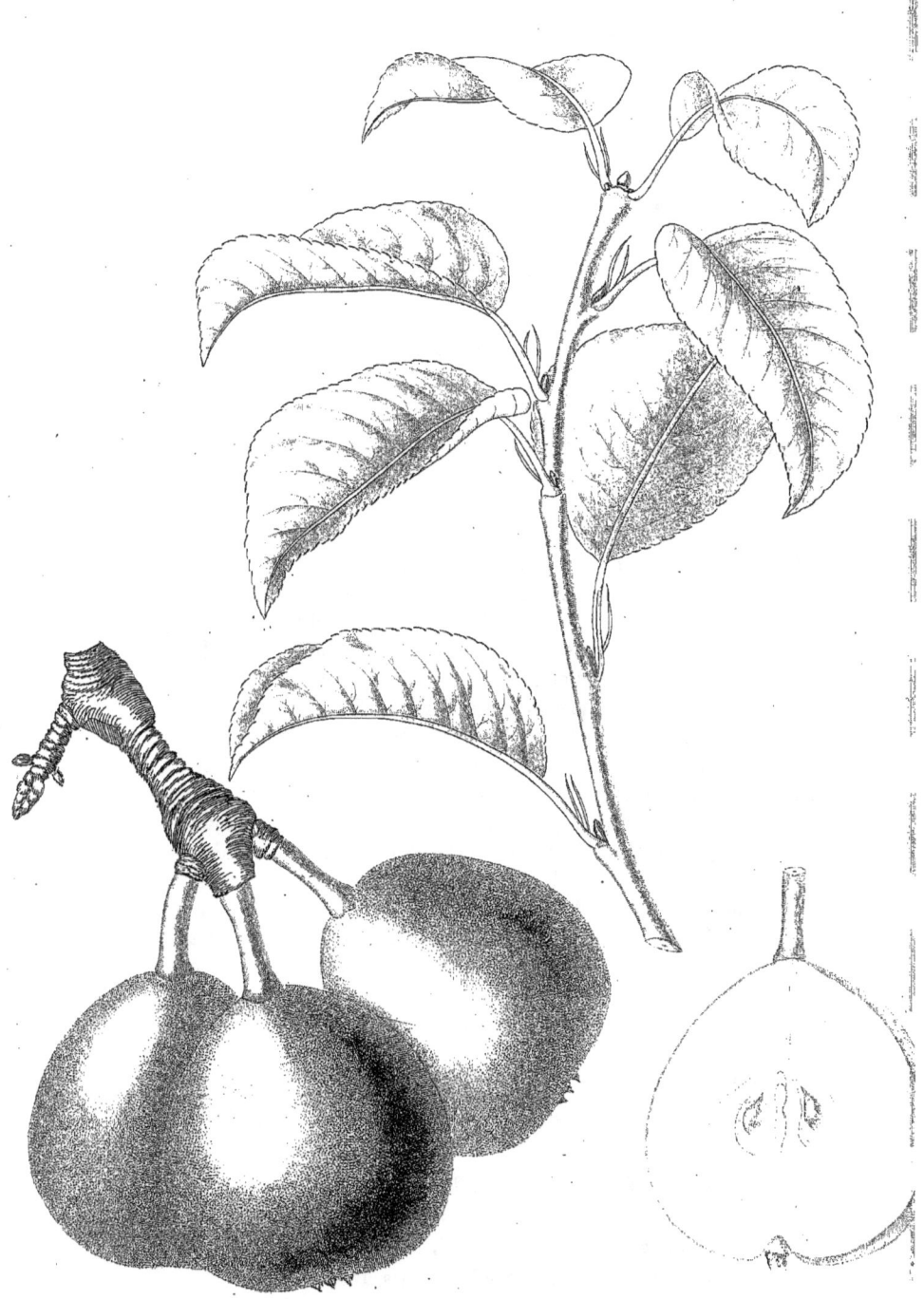

DOYENNÉ DE JUILLET

DOYENNÉ DE JUILLET.

(71. DOYENNÉ.)

SYNONYMES : *Doyenné d'été.*— *Jolimont Précoce.*— *Leroy-Jolimont.*
— *Saint-Michel d'Été* (Prévost). — *Poire de Juillet* (Decaisne). —
Summer Doyenné (Robert Hogg.)

ORIGINE. Les Belges attribuent cette variété à Van Mons (*Annales de Pomologie Belge*, page 57, 1853), qui la fait figurer trois fois sur son catalogue de 1823. D'abord, sous le nom de *Doyenné d'Été*, page 18, n° 312, et page 28, n° 1 ; puis, sous celui de *Doyenné de Juillet*, page 31, n° 136. Cette triple inscription ne prouve pas que Van Mons soit l'obtenteur, et laisse dans l'incertitude sur l'origine. D'après M. Madiot, ancien directeur de la pépinière du département du Rhône, on est porté à croire que cette origine est au moins douteuse; on lit, en effet, dans le compte-rendu des travaux de la Société d'Agriculture de Lyon, février 1819 à mars 1820, page 139, que M. Leroy-Jolimont a fait don à la pépinière d'un Poirier que, par reconnaissance, M. Madiot a nommé *Jolimont Précoce*. M. Madiot parle du fruit qu'il a récolté, ce qui prouve que le don est antérieur à 1819. Le vénérable M. Lacène, l'ami de M. Leroy-Jolimont, connaissait le fruit en 1817 ; il en faisait un grand cas, et ne le désignait pas autrement que par le nom de *Poire Leroy-Jolimont*. Les pépiniéristes lyonnais l'ont toujours nommé *Leroy-Jolimont*, ou simplement *Roi-Jolimont*.

AUTEURS DESCRIPTEURS :

Madiot. *Travaux de la Société d'Agriculture de Lyon*, page 139, Lyon, 1819-1820.

Van Mons. *Catalogue de* 1823, pages 18, 28 et 31.

Dalbret. *Not. manuscrite, Cat. du Muséum*, n° 665, 1824.

Poiteau. *Ann. Soc. Hort. Paris*, vol. XV, page 360, 1834.

L. Noisette. *Jardin Fruitier*, page 116, Paris, 1339.

Victor Paquet. *Journal d'Hort. prat.*, tom. III, page 120.
Prévost. *Pomologie de la Seine-Inférieure*, page 140, Rouen, 1850.
A. Bivort. *Annales de Pomologie belge*, tome I, page 57.
Société Van Mons, page 38, Bruxelles, 1854.
Thuillier Aloux. *Bulletin de la Société d'Hort. de la Somme*, page 18, Amiens, 1855.
J. de Liron d'Airoles. *Table des Fruits à l'étude*, page 20, Nantes, 1857.
Decaisne. *Jardin fruitier du Muséum*, tome II.
Ch. Baltet. *Les Bonnes Poires*, page 9, Troyes, 1859.
P. de Mortillet. *Les quarante Poires*, page 65, Grenoble, 1860.
Robert Hogg. (Sous le nom de *Summer Doyenné*.) *The fruit manual*, Londres, 1862.

DESCRIPTION. Arbre fertile, très vigoureux lorsqu'il est greffé sur franc, beaucoup moins lorsqu'il l'est sur Coignassier.

BRANCHES formant dans leur jeunesse un angle aigu avec le tronc, mais s'en écartant très sensiblement dans leur vieillesse, assez bien espacées et sans épines.

RAMEAUX DE L'ANNÉE prenant la direction presque verticale, moyens en grosseur, longs si l'arbre est greffé sur franc, courts s'il l'est sur Coignassier, coudés, arqués en dedans, cotonneux à leur sommet, qui est teinté de rouge pourpre, brun verdâtre dans l'ombre, nuancés irrégulièrement de rouge mat du côté du soleil, parsemés de lenticelles fauves, rondes ou ovales, perpendiculaires, petites et moyennes, assez nombreuses et saillantes à la base des rameaux, rares dans leur milieu et nulles à leur sommet. On remarque, de chaque côté de la console, des stries parallèles qui se prolongent jusqu'à la console inférieure.

ENTRE-FEUILLES réguliers, longs de trois centimètres.

BOUTONS A FEUILLES assez gros; ceux de la base des rameaux sont coniques, aigus, renflés à leur base, écartés à leur sommet, recouverts d'écailles brun noir, accompagnés de quatre ou cinq feuilles; ceux de la partie supérieure sont courts, déprimés à leur base, presque obtus et peu écartés à leur sommet, recouverts d'écailles brun clair, accompagnés d'une seule feuille.

Boutons a fruits gros, coniques, pointus, à écailles brun fauve, ombré brun noirâtre ou marron très foncé, parfois lavés de gris cendré, supportés par des dards moyens, fauves, articulés, et par des bourses assez grosses, ovoïdes, renflées, allongées, ridées, vert olive du côté de l'ombre, brunes du côté du soleil, parsemées de lenticelles grises.

Feuilles d'un vert pré, brillantes, grossièrement fibrées, avec une nervure médiane très saillante, ovales lancéolées, aiguës, tantôt arquées et en gouttière, tantôt droites ou ondulées et en tuile, à serratures, grossières, profondes et obtuses, longues de huit à dix centimètres et larges de quatre à six; les plus grandes qui se trouvent à la base, sont en général accompagnées de feuilles secondaires, étroites, contournées, ondulées et longuement pétiolées.

Pétioles assez gros, vert blanchâtre légèrement teinté de rose, canaliculés; leur longueur varie entre un et trois centimètres.

Stipules linéaires, dentées, courtes et dressées.

Fruit très rarement solitaire, presque toujours par paire et en trochet, bien attaché à l'arbre jusqu'à l'époque de la récolte, moment où il devient caduc; odorant, à surface unie, plus haut que large; sa hauteur moyenne est de cinq centimètres, et sa largeur de quatre et demi.

Œil moyen, fermé dans le milieu et paraissant divisé en deux parties égales, comme celui de la *Poire à Deux Yeux*, environné de petits plis, placé à fleur du fruit.

Sépales moyens, verts et teintés de gris roux extérieurement, dressés, rarement tous aigus.

Pédicelle assez gros, charnu à sa base, vert tendre, ombré fauve à sa partie supérieure, un peu arqué, long de quinze à vingt-cinq millimètres, implanté presque à fleur dans l'axe du fruit, souvent accompagné à sa base d'une petite gibbosité.

Peau assez épaisse, vert tendre du côté de l'ombre, très abondamment lavée de rouge foncé du côté du soleil; cette teinte se fond imperceptiblement avec la couleur verte, qui passe au jaune d'or au moment de la maturité ; lorsqu'arrive cette époque, le rouge foncé passe au rouge carmin, et le fruit semble alors transparent.

Chair blanche, mi-fine, mi-fondante; eau assez abondante, sucrée, relevée d'un arome agréable dans les années chaudes, mais froide dans les années pluvieuses.

Cœur plus rapproché de l'œil que du pédicelle, moyen, ovoïde, renflé, plein d'une substance blanche très fine.

Pépins petits, anguleux, aigus, brun marron, placés dans des loges peu spacieuses et perpendiculaires.

Maturité. Cette bonne variété mûrit dans le nord et le nord-ouest de la France, du 15 juillet au 15 août ; dans le centre, elle ne dépasse pas la fin de juillet; dans le sud et le sud-ouest, elle mûrit dès le commencement de ce mois. Il faut l'entre-cueillir et la porter au fruitier.

Culture. L'arbre, greffé sur Coignassier et élevé en cordon ou en pyramide, est de courte durée, vu sa grande fertilité et sa faible vigueur; on le taille court, car les branches se dégarnissent assez promptement à leur base. Comme cette variété est très répandue, toutes les Sociétés la connaissent et recommandent de la cultiver en haute tige ; on la greffe en tête sur des sujets francs, forts et vigoureux ; elle se plaît à toutes les expositions, dans les sols riches, profonds et pas trop secs.

Le Secrétaire du Congrès pomologique
et du Comité de rédaction,

C.-Fⁿⁱ WILLERMOZ.

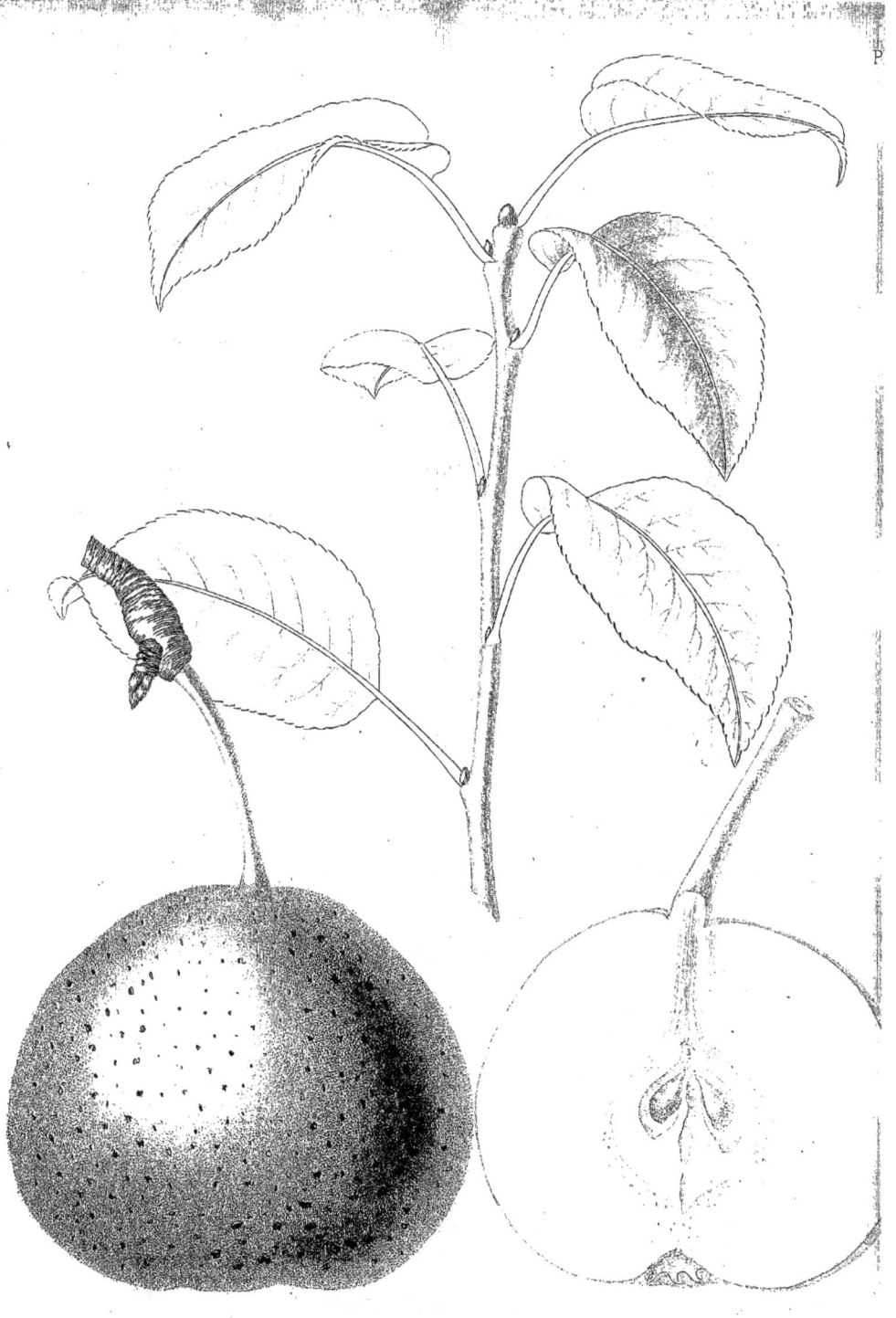

CRASSANE

BERGAMOTTE CRASSANE.

(72. BERGAMOTTE.)

SYNONYMES. *Bergamotte Crasanne*. — *Bergamotte Crasane*. — *Bergamotte Crézane*. — *Bergamotte Crassane d'Automne*. — *Crassane d'Automne*. — *Crassane d'Hiver*. — *Crasanne*. — *Crasane*. — *Crézane*. — *Beurré Plat*. — *Poire Plate*.

ORIGINE. Cette Poire est très ancienne; son origine se perd dans la nuit des temps, comme celle du *Doyenné Blanc* et du *Beurré Gris*.

AUTEURS DESCRIPTEURS :

Merlet. *Abrégé des Bons Fruits*, page 92. 1690.
L. Liger. *Culture parfaite des Jardins*, page 440. 1702.
Colombat. *Observations sur la Culture des Arbres fruitiers*. 1718.
J. Pitton, Tournefort. *Inst. rei Herba*, page 632. 1719.
Laquintinie. *Instructions sur les Jardins*, page 152, 1691, et tome I, page 247. 1730.
Saussay. *Traité des Jardins*, page 21. 1732.
Duhamel. *Traité des Arbres fruitiers*, tome II, page 166. 1768.
J. Herman Kenoop. *Pomologie des Pays-Bas, etc.*, page 83, tab. 2, figure 5. 1771.
De la Bretonnerie. *Ecole du Jardin Fruitier*, tome II, page 432. 1784.
Miller. *Dictionnaire des Jardiniers*, tome VI, page 165. 1788.
Pomona Austriaca, tome II, page 2, plan CXI. 1797.
Forsyth. *Traité de la Culture des Arbres fruitiers*, page 113. 1803.
J.-F. Bastien. *Nouvelle Maison rustique*, tome II, page 532. 1804.
Poinsot. *L'Ami des Jardiniers*, page 177. 1804.
E. Calvel. *Traité des Pépinières*, tome II, page 327. 1810.
T. Yves Catros. *Traité raisonné des Arbres fruitiers*, page 259. 1810.
Parmentier. *Bulletin des Sciences agricoles*, cahier d'octobre. 1825.
L. Noisette. *Jardin Fruitier*, page 139, figure LXIII. 1839.
Couverchel. *Traité des Fruits*, page 478. 1839.
Poiteau. *Pomologie Française*. 1846.
C.-F. Willermoz. *Bulletin de la Société d'Horticulture du Rhône*, page 162. 1848.
A. Bivort. *Album Pomologique*, tome IV, page 91.
Société Van-Mons, page 28, Bruxelles, 1854.

Thuillier Aloux. *Bulletin de la Société d'Horticulture de la Somme*, page 6. 1855.
Annales de Pomologie Belge, tome II, page 61.
J. de Liron d'Airoles. *Liste Synonymique*, page 29. 1857.
C. Baltet. *Les Bonnes Poires*, page 28. 1859.
Decaisne. *Jardin Fruitier du Muséum*, tome I.
Robert Hogg. *The Fruit Manual*, 2me édition. Londres, 1860.

Description. Arbre fertile, vigoureux, peu propre à la forme pyramidale, se greffant sur cognassier et de préférence sur franc, selon la latitude.

Branches nombreuses, formant un angle peu ouvert avec le tronc, confusément espacées, peu droites et sans épines.

Rameaux de l'année moyens, longs, grêles, flexueux, légèrement coudés à chaque console, se dirigeant d'une manière diffuse, à écorce fauve verdâtre, ombré gris du côté de l'ombre, brun roussâtre du côté du soleil, irrégulièrement parsemée de lenticelles grises oblongues.

Entre-feuilles courts et réguliers; leur longueur est de vingt-deux à vingt-cinq millimètres.

Boutons a feuilles assez gros, courts, coniques obtus, renflés à leur base, écartés du rameau par leur sommet seulement, recouverts d'écailles brunes ombrées gris; le terminal est court, conique et obtus; ses écailles, brun foncé, sont souvent mal appliquées.

Boutons a fruits moyens, ovales, obtus, recouverts d'écailles brun noirâtre ombré gris cendré; ils sont portés par des dards courts, étranglés à leur base, articulés et renflés à leur sommet, brun fauve, et par des bourses petites, courtes, ovoïdes, brun olivâtre, très ridées sur toute leur surface.

Feuilles d'un vert jaunâtre, épaisses, grossièrement fibrées, ovales, pointues, presque planes, quelques-unes ovales elliptiques; toutes sont ondulées sur leurs bords; les unes entières, les autres peu profondement dentées, leur longueur moyenne est de sept centimètres, et leur largeur de trois; celles qui accompagnent les rameaux fruitiers sont d'un vert plus foncé, plus ovales, lancéolées et plus grandes; toutes sont planes, mucronées ou presque entières.

Pétioles gros, vert jaunâtre, canaliculés, inégaux; leur longueur est de vingt-cinq à quarante millimètres.

Stipules linéaires et en alène, courtes, écartées du rameau, le plus souvent caduques, particulièrement à la base des rameaux.

Fruit rarement solitaire, le plus souvent par paire et en trochets, bien attaché à l'arbre, inodore, à surface unie, ne prenant jamais d'autres formes que celle de *Bergamotte*, sphérique, un peu plus haut que large ; sa hauteur moyenne est de sept centimètres, et son diamètre de huit à huit et demi.

Œil petit, tantôt régulier et ouvert, tantôt irrégulier et presque clos, placé dans une cavité peu ou assez profonde et évasée.

Sépales larges à leur base, étroit et aigus à leur sommet, creusés en gouttières, dressés ou étoilés, brun noirâtre, souvent caducs.

Pédicelle mince, ligneux, arqué, renflé à sa base, implanté obliquement dans une cavité étroite, peu profonde et régulière ; souvent il est à fleur du fruit et devient noirâtre.

Peau rude, assez épaisse, vert pré ou vert tendre, passant au vert jaune pâle à la maturité, relevée de nombreuses garnitures vert gris et fauve ; souvent marbrée de même couleur.

Chair blanc jaunâtre, juteuse, très tendre, pourvue d'une eau abondante, sucrée, acidulée, astringente, douée d'un parfum agréable.

Cœur central, assez grand, ovoïde renflé, entouré de petites concrétions pierreuses, souvent assez abondantes.

Pépins moyens, aigus, renflés et mamelonnés à leur base, brun marron foncé, souvent avortés, placés dans des loges étroites, longues, obliques perpendiculaires.

Maturité. Cette excellente poire mûrit, dans le midi et le sud-ouest de la France, pendant les mois d'octobre et de novembre ; dans le centre, elle mûrit en novembre et décembre ; dans le nord et le nord-ouest, elle se conserve jusqu'en janvier ; elle n'est pas sujette à blettir au fruitier, mais il ne faut pas la toucher trop souvent si on veut la manger intacte et parfaite.

Culture. Les questionnaires remplis par les commissions des Sociétés sont d'accord sur la forme à donner à l'arbre : ils recommandent l'espalier ; mais ils ne sont d'accord ni sur le choix des sujets propres à recevoir le greffe, ni sur le sol et l'exposition, ni sur la vigueur de la variété. Dans la Gironde, l'arbre réussit peu ou mal. Dans les environs de Grenoble, on ne peut plus avoir de fruits sains qu'en espalier sur coignassier ou sur franc, à bonne exposition, encore sont-ils souvent crevassés et pierreux. Aux environs de Châlon-sur-Saône, l'arbre est très peu cultivé. Dans la Lozère et l'Orne, il l'est à peine. Dans la Seine-Inférieure, on le greffe de préférence sur coignassier et on le plante dans les terres fortes, à bonne exposition, en espalier couvert de chaperon saillant. A Coulommiers, on le greffe sur coignassier et on le plante au couchant. Dans les Deux-Sèvres, on le plante au levant. Dans la Sarthe, au midi. A Melun, il est cultivé au levant et au couchant dans les terres argilo-siliceuses, car à l'exposition du midi et dans les terres sèches le fruit se fend, et dans les terres humides il devient âcre. Dans la Côte-d'Or, on greffe indistinctement sur coignassier et sur franc ; on plante dans les terres légères et riches, à l'exposition du levant et du midi. Dans le Loiret l'arbre étant très délicat, on recommande de le greffer de préférence sur franc et de le planter à toutes les expositions, le nord excepté. La Commission de Pomologie de la Société impériale et centrale de Paris, dit que la variété réussit même au nord. Dans le Lyonnais, on ne rencontre des arbres passables et de beaux fruits que dans quelques localités du Mont-d'Or, au bas des coteaux qui avoisinent les rives de l'Azergue, près de son embouchure, sur les terres légères, riches et pentives, à l'exposition du levant et du couchant.

Merlet et Duhamel recommandent le franc de préférence au coignassier ; Laquintinie dit que dans les terres un peu fortes et humides, les fruits sont meilleurs que dans les autres.

On taille les rameaux de prolongement sur quatre à cinq boutons; on retranche sur les branches fruitières les lambourdes trop abondantes, trop longues et mal placées ; on ne conserve que celles qui sont courtes et qui sont bien placés. Cette opération devient presque inutile au moment de la taille, si par des soins et des pincements raisonnés on a évité la confusion sur ces sortes de branches; le pincement consiste alors à supprimer en vert ce qui est trop abondant et tout ce qui tend à prendre trop d'accroissement et à écourter; mais il faut de la prudence et du raisonnement.

Le Secrétaire du Congrès pomologique
et du Comité de rédaction,

C.-Fnd WILLERMOZ.

DOYENNÉ GRIS

DOYENNÉ GRIS.

(73. DOYENNÉ.)

SYNONYMES : *Doyenné Roux.* — *Doyenné Rouge.* — *Doyenné Galeux.* — *Doyenné d'Automne.* — *Neige Grise.* — *Doyenné Crotté.* — *Philippe Strié.* — *Grey Doyenné.* — *Red Doyenné.* — *Saint Michel Gris.* — *Saint Michel Doré.* — *Saint Michel Crotté.*

ORIGINE. Variété ancienne que quelques pomologistes regardent comme une variation du Doyenné blanc, fixée par la greffe ; telle n'est pas l'opinion de Duhamel, qui en fait une variété distincte.

AUTEURS DESCRIPTEURS :

Duhamel. *Traité des Arbres Fruitiers*, tome II, page 209, tabl. 47, figure 1, Paris, 1768.

Et. Calvel. *Traité des Pépinières*, tome II, page 306, Paris, 1810.

Trans. Of Soc. Lond., tome I, page 230, et tome V, page 136, tab. 2.

Pomol. Magazin, tome II, page 230, tab. 74.

Poiteau. *Pomologie Française*, 1847.

Louis Noisette. *Jardin Fruitier*, page 127, figure XLIX.

Couverchel. *Traité des Fruits*, page 474, Paris, 1839.

C.-F. Willermoz. *Bulletin de la Société d'Horticulture du Rhône*, page 203, Lyon, 1849.

A. Bivort. Sous le nom de *Doyenné Crotté*. Album de Pomologie, tome I, page 141.

Annales de Pomologie Belge, tome I, page 77.

J. de Liron d'Airoles le cite comme synonyme de *Doyenné Blanc*.

Société Van Mons. Sous le nom de *Doyenné Crotté*.

Liste synonymique, page 54, Nantes, 1857; page 37, Bruxelles, 1854.

Ch. Baltet. Sous le nom de *Doyenné d'Automne*. Les Bonnes Poires, page 23, Troyes, 1859.

Decaisne. *Jardin Fruitier du Muséum*, tome III.

Robert Hogg. *The Fruit Manual*, 2e édition, Lond., 1860.

Description. Arbre s'élevant naturellement sous la forme pyramidale, gracieux, fertile, mais délicat sur la nature du sol.

Branches formant un angle presque ouvert avec le tronc, bien espacées, arquées, sans épines.

Rameaux de l'année moyens en grosseur et en longueur, obliques verticaux, onduleux, cintrés ou légèrement flexueux, nervés sous les consoles, à écorce jaune noisette du côté de l'ombre, brun fauve tendre du côté du soleil, un peu duveteuse et parfois rugueuse au sommet, parsemée de petites lenticelles rousses inégalement distribuées.

Entre-feuilles égaux en général, courts; leur longueur varie entre quinze et vingt millimètres.

Boutons a feuilles assez gros, ovales, pointus, écartés du rameau, recouverts d'écailles brun marron; le terminal est souvent gros, court, conique, obtus, recouvert d'écailles mal appliquées, plus claires que celles des autres boutons.

Boutons a fruits moyens, ovales pointus, recouverts d'écailles mal jointes, brun marron ombré gris, portés par des dards assez gros, renflés à leur base, brun fauve, articulés, et par des bourses moyennes, assez longues, renflées vers leur sommet, ridées à leur base, jaune olivâtre du côté de l'ombre, tirant sur le brun du côté du soleil.

Feuilles d'un vert gai, brillant, minces, grossièrement fibrées, les unes lancéolées, allongées, aiguës, les autres ovales pointues; on en remarque quelques-unes qui sont cordiformes pointues; ces dernières, qui sont rares, sont en tuile, tandis que les autres sont légèrement arquées, à bords relevés en gouttière, et à serratures fines, peu profondes, régulières et obtuses ; leur longueur est de huit à neuf centimètres, et leur largeur de trois à cinq.

Pétioles grêles ou assez forts, droits ou onduleux, vert blanchâtre, teintés de rose sur la cannelure qui est peu prononcée ; diminuant insensiblement de longueur du sommet à la base, cette longueur varie entre deux centimètres et quatre et demi.

Stipules filiformes, très minces, longues, en forme de cornes de chèvre, persistantes sur les pétioles des feuilles du sommet et caduques dans ceux des autres feuilles.

Fruit le plus souvent solitaire, parfois par paire, très rarement en trochet, sujet à se détacher de l'arbre avant la maturité, odorant, à surface ordinairement unie, affectant toujours la forme de Doyenné, presque aussi haut que large ; sa hauteur moyenne est de huit centimètres et demi, et son diamètre de huit.

Œil moyen, couronné, régulier, ouvert, placé dans une cavité peu profonde, évasée et régulière.

Sépales moyens, dressés, obtus, duveteux, brun noirâtre, ombrés gris cendré.

Pédicelle gros, ligneux, arqué, brun olivâtre passant au brun roux; long de quinze à vingt millimètres, implanté dans l'axe du fruit au milieu d'une cavité étroite, régulière et assez profonde.

Peau fine, mince, vert clair passant au jaune foncé, très abondamment ombrée et granitée de roux, marbrée et striée de brun roux du côté du soleil, relevée parfois de petites taches noires bordées gris ; toutes ces marbrures et les taches rendent la peau rude, quelquefois même rugueuse.

Chair blanche très fine, fondante, beurrée, pourvue d'une eau abondante, sucrée, parfumée, délicieuse, bien supérieure à celle du *Doyenné Blanc*.

Cœur gros, court, renflé, plus près de l'œil que du pédicelle, rempli d'une substance blanche très fine.

Pepins moyens, aigus, un peu éperonnés, brun marron, placés dans des loges moyennes et obliques.

Maturité. Une Société d'Horticulture du centre de la France dit, dans le Questionnaire, que ce fruit mûrit en novembre et décembre; c'est alors une exception, car partout ailleurs il mûrit en octobre et novembre, excepté dans le Midi, où il mûrit en septembre et octobre; dans le centre de la France, il est rare qu'il atteigne le milieu de la première quinzaine de novembre.

Culture. L'arbre, greffé sur Coignassier, est délicat et d'une vigueur moyenne, lorsque surtout il est planté dans les sols qui s'égouttent mal; alors le tronc et les branches se tarent, se chancrent, et les rameaux fruitiers se désarticulent. Il importe donc de le greffer sur franc ou sur greffe intermédiaire et de l'élever en espalier abrité, à l'exposition du levant, du couchant et du nord, dans les sols substantiels, amandés et drainés; l'expérience le conseille et les Sociétés le recommandent. Dans les départements favorisés, on l'élève sous toutes formes, même en haute tige; dans la Lozère, par exemple, où la variété est répandue, on la greffe en tête sur franc pour les vergers. Si l'arbre est greffé sur coignassier, on le taille court pour maintenir sa fertilité; mais lorsqu'il est greffé sur franc, on allonge un peu la taille pendant la première jeunesse seulement, car il ne perd pas sa fertilité sur ce sujet. Le pincement s'exécute très prudemment, très alternativement au-dessus de la sixième feuille des rameaux uniques supérieurs.

Le Secrétaire du Congrès pomologique
et du Comité de rédaction,

C.-F. WILLERMOZ.

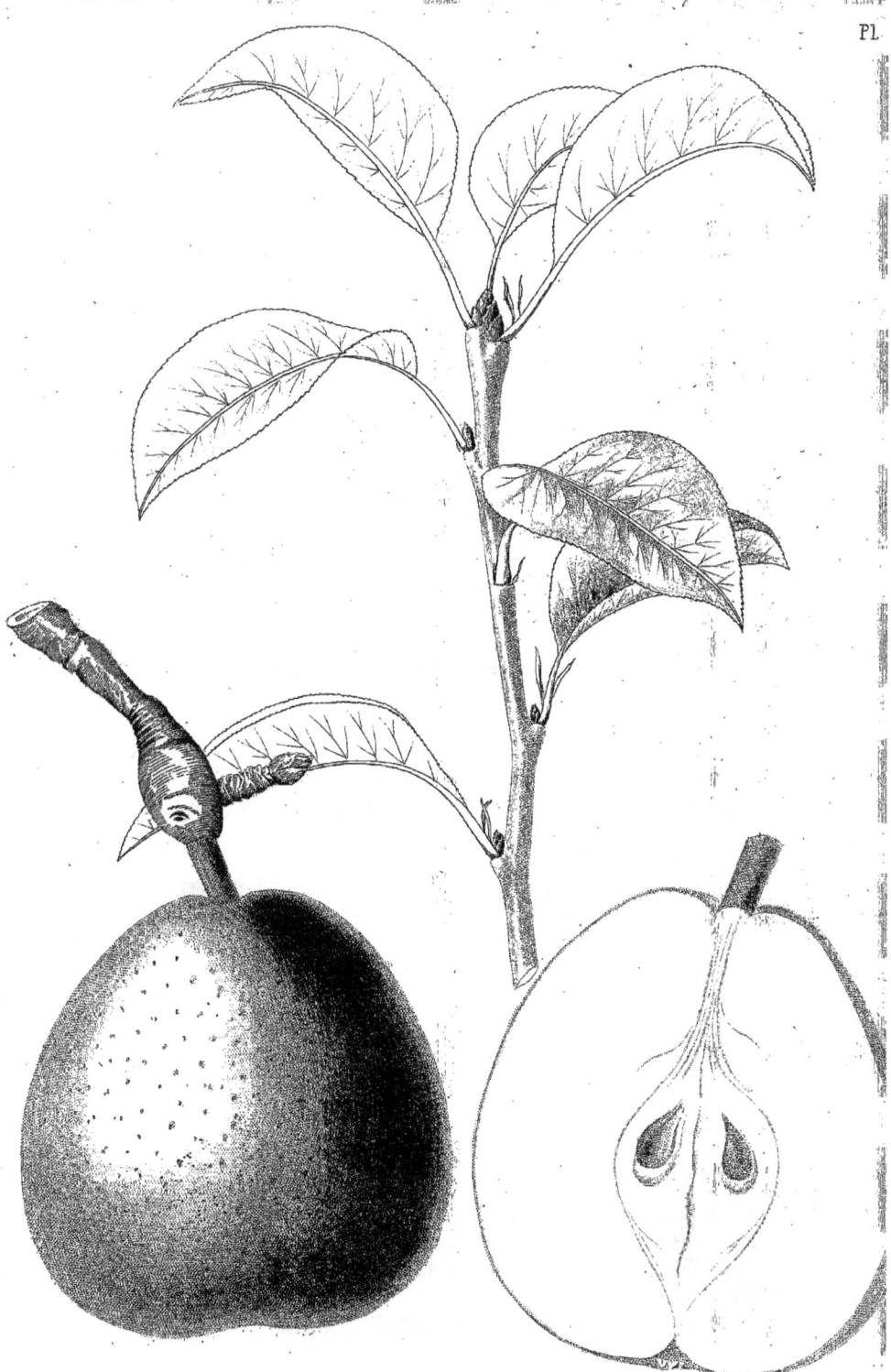

DOYENNÉ BLANC

DOYENNÉ BLANC.

(74. DOYENNÉ.)

Synonymes. *Beurré Blanc. — Beurré Blanc d'Automne. — B. à Courte Queue. — Bonne Ente. — Citron de Septembre. — Saint-Michel. — Neige. — Dean's-Snow. — La Carlisle. — Sublime Gamotte. — Warwick. — Neige du Seigneur-White. — Valentin. — Valencia.— Poire de Limon.— Poire de Seigneur-White.— Autumn Beurré. — White Doyenné. — Doyenné Piété. — Poire du Doyen.— Doyenné du Seigneur.*

Origine. Cette variété est très ancienne et son origine est incertaine.

Auteurs descripteurs :

Nicolas de Bonnefond. *Le Jardinier français*, page 65. 1665.

Don Claude Saint-Étienne. *Nouv. Ins. sur les bons Fruits*, page 56. 1670.

Merlet. *Abrégé des Bons Fruits*, page 89. 1675.

J. Pitton Tournefort. *Inst. Rei. Herba*, page 630. 1702. Cet auteur cite J. Bohen, qui caractérisait la variété par ces mots : *Pira aquora majora*.

Laquintinie. *Inst. Jard. Fruit.*, tome I, page 167, 1692, et tome I, page 269, 1730.

Catalogue de la Pépin. des Chartreux, 3me édition, page 30, 1752.

L. Liger. *Culture parfaite des Jardins fruitiers et potagers*, page 440. 1702.

Duhamel. *Traité des Arbres Fruitiers*, tome II, page 205, plan. XLIII. 1768.

J. Hermann Kenoop. *Pomologie des Pays-Bas, etc.*, page 86, tab. 2, fig. 8. 1771.

Miller. *Dictionnaire des Jardiniers*, tome VI, page 163. 1788.

Pomona Austriaca, tome II, page 2, tab. CVII. 1797

De La Bretonnerie. *Culture du Jardin Fruitier*, tome II, page 428. 1774.

Labeyrriais. *Nouv. de La Quintinie*, tome IV.

Poinsot. *L'Ami des Jardiniers*, tome II, page 178. 1804.
G.-F. Bastien. *Nouvelle Maison rustique*, tome II, page 535. 1804.
Forsyth. *Traité de la Culture des Arbres fruitiers*, page 112, 1803.
E. Calvel. *Traité des Pépinières*, page 322, 1805, et tome II, page 305, 1810.
Parmentier. *Bulletin des Sciences Agricoles*, cahier d'octobre 1825.
L. Noisette. *Jardin fruitier*, page 127, plan. XLVIII. 1839.
Couverchel. *Traité des Fruits*, page 474. 1839.
Poiteau. *Pomologie française*, 1846.
C.-F. Willermoz. *Bulletin de la Société d'Horticulture du Rhône*, page 169. 1848.
Thuillier Aloux. *Bulletin Pomologique de la Société d'Horticulture de la Somme*, page 10. 1855.
J. de Liron d'Airoles. *Liste Synonymique*, page 50. Nantes, 1857.
Robert Hogg. (Sous le nom de *White Doyenné.*) *The Fruit manual*, 2me édition. 1860.
Decaisne. *Jardin fruitier du Museum*, tome II.

Description. Arbre fertile, mais délicat et peu vigoureux lorsqu'il est greffé sur coignassier.

Branches formant un angle demi ouvert avec le tronc, bien espacées, droites et sans épines.

Rameaux de l'année de moyenne grosseur, assez longs, presque verticaux, légèrement coudés à chaque console, flexueux à leur sommet, à écorce fauve clair du côté de l'ombre, brun fauve du côté du soleil (lorsque l'arbre est greffé sur coignassier et planté à une exposition bien éclairée, elle se teinte de rouge clair), parsemée de petites lenticelles grises.

Entre-Feuilles inégaux; les plus longs se trouvent dans le milieu du rameau, et les plus courts à la base et au sommet. Leur longueur varie entre vingt-cinq et trente-cinq millimètres.

Boutons a feuilles courts, renflés, coniques, écartés partie entièrement, partie seulement par leur sommet, recouverts d'écailles brunes ombrées gris; le terminal, moyen, conique, souvent à fruits, est de la couleur des autres.

Boutons a fruits assez gros, ovales, renflés, pointus, portés par des dards moyens, fauves, bien articulés, et par des bourses grosses, ovales, renflées dans leur milieu, étranglées et ridées à leur base; les écailles, bien appliquées, sont marron foncé ombré gris.

Feuilles d'un vert gai, brillantes, assez épaisses, grossièrement fibrées, ovales elliptiques, légèrement acuminées à leur sommet et arrondies à leur base, les unes en tuile, les autres à bords grossièrement et inégalement dentés et plus ou moins relevés; leur longueur est de sept à huit centimètres, et leur largeur de trois à quatre; celles des rameaux fruitiers sont plus lancéolées, plus vastes et un peu plus étroites.

Stipules filiformes, très minces et longues; elles embrassent pour ainsi dire le rameau.

Pétioles tantôt grêles, tantôt assez gros, dressés ou inclinés, vert blanchâtre, à peine canaliculés, longs de vingt à quarante millimètres; cette longueur diminue graduellement du sommet à la base.

Fruit solitaire et par paire, rarement en trochet de plus de trois, assez bien attaché à l'arbre, très odorant, même avant sa parfaite maturité, à surface unie, ne prenant jamais d'autre forme que celle du *Doyenné*, dont il est le type; sa hauteur moyenne est de huit centimètres, et son diamètre à peu près égal; on le reconnaît, lorsqu'il commence à grossir, à sa forme et à sa couleur brune.

Œil assez grand, régulier, couronné, placé tantôt presque à fleur du fruit, tantôt dans une cavité peu profonde, régulière, fauve et évasée.

Sépales courts ou longs, obtus ou aigus, soudés, bruns, à pointes inclinées en dehors.

Pédicelle assez gros, fauve, implanté obliquement dans une cavité étroite et peu profonde; sa longueur est de quinze à vingt millimètres.

Peau très lisse, fine, très mince, onctueuse, vert très tendre passant au jaune clair, quelquefois blanchâtre, tachée de rouge carmin et pourpre plus ou moins foncé (selon l'exposition et le sujet), parsemée de petites ponctuations brunes et de quelques taches de même couleur.

Chair blanche, neigeuse, fine, beurrée; eau très abondante, sucrée, vineuse, douée d'un parfum peu prononcé mais très agréable.

Cœur central, souvent confondu avec la chair, assez grand, ovale, aigu.

Pépins moyens ou assez gros, larmiformes, aigus, les uns arrondis et bien nourris, les autres anguleux et maigres, brun marron ombré noir, placés parfois deux à deux dans des loges étroites un peu obliques.

Maturité. Cette excellente poire mûrit, dans le midi et le sud-ouest de la France, de la fin d'août au courant de septembre; dans le centre, elle dépasse rarement le mois de septembre, dans le nord et le nord-ouest, elle se conserve jusqu'en octobre. Il faut l'entrecueillir de huit à dix jours et la surveiller au fruitier avec beaucoup d'attention pour la saisir à point, car elle blettit assez promptement. Mangé trop tôt, le fruit est sans saveur, mangé trop tard, c'est du coton ou une matière aigre, mais pris à point, c'est un fruit exquis.

Culture. L'arbre se greffe sur coignassier et sur franc; on recommande de préférence ce dernier sujet sur lequel il est également fertile et ne s'emporte pas. Des pomiculteurs habiles et distingués le greffent sur greffe intermédiaire et récoltent des fruits magnifiques : c'est dire que cette méthode est bonne et qu'il faut la divulguer. On peut cultiver le Doyenné blanc sous toutes les formes lorsque le sol et l'exposition se trouvent dans des conditions exceptionnelles de réussite; mais, d'après l'avis général de presque toutes les Sociétés, il est préférable de l'élever en espalier aux expositions abritées du nord, du levant ou du couchant, dans un sol meuble, riche et drainé. On le taille court s'il est greffé sur coignassier, un peu long dans sa jeunesse lorsqu'il est greffé sur franc, puis enfin court dès qu'il se met à fruit.

Le pincement se fait progressivement sur la cinquième ou sixième feuille des rameaux uniques supérieurs; on n'écourte que très tardivement ceux qui sont accompagnés à leur base de dards ou de boutons fruitiers, mieux vaut les casser lorsqu'ils commencent à s'aoûter.

Le Secrétaire du Congrès pomologique
et du Comité de rédaction,
C.-F^{né} WILLERMOZ.

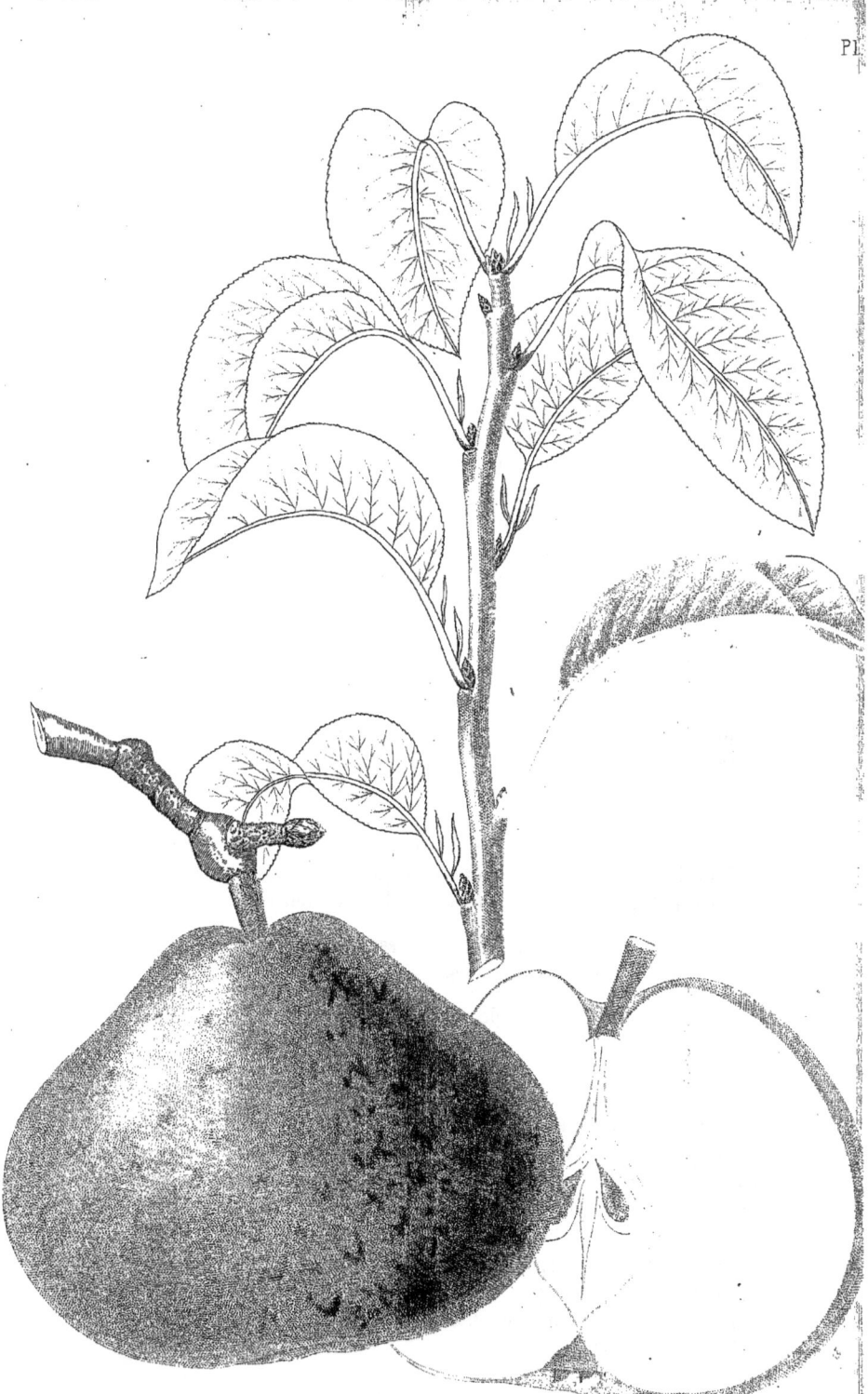

DOYENNÉ GOUBAULT

DOYENNÉ GOUBAULT.

(75. DOYENNÉ.)

SYNONYMES. Point.

ORIGINE. D'après les publications du Comice Horticole de Maine-et-Loire, cette variété a été obtenue en 1843 par Goubault, horticulteur à Mille-Pieds, près Angers, et l'arbre aurait fructifié pour la première fois en 1849. Il semble que les notes du Comice ne sont pas exactes, relativement aux époques d'après M. Baptiste Desportes, qui parle et décrit sommairement la variété dans la *Revue Horticole* de 1846.

AUTEURS DESCRIPTEURS :

Baptiste Desportes. *Revue Horticole*, tome V, 2ᵉ série, page 332. 1846.

Millet. *Travaux du Comice Horticole du Maine-et-Loire*, tome III, page 55.

Le même. *Pomologie de Maine-et-Loire*, page 7, tab. 4. Angers, 1850.

Thuillier-Aloux. *Pomologie de la Somme*, page 36. Amiens 1855.

J. de Liron d'Airoles. *Liste Synonymique*, page 52. Nantes, 1857.

Robert Hogg. *The Fruit manual*, 2ᵉ édition. Londres, 1860.

DESCRIPTION. Arbre fertile sur coignassier, mais peu vigoureux et peu propre à la forme pyramidale.

BRANCHES formant un angle presque aigu avec le tronc, confusément espacées, d'inégale grosseur et longueur, peu droites et souvent épineuses.

RAMEAUX DE L'ANNÉE inégaux : les uns gros, courts et droits, les autres plus minces, plus longs et légèrement cintrés et coudés; ascendants, à écorce blond jaunâtre mêlé de vert du côté de l'ombre, de même couleur du côté opposé, mais partiellement nuancée de brun roux au-dessus des boutons, légèrement duveteuse à la partie supérieure, lisse à la partie inférieure, clairement granitée de petites lenticelles rondes, gris fauve ; lorsque l'arbre perd sa vigueur normale, l'écorce prend une teinte jaune noisette et les lenticelles passent au gris blanc.

Entre-Feuilles pas très réguliers : ceux du bas ont trois centimètres de long, tandis que ceux du sommet en ont à peine deux.

Boutons a feuilles assez gros, courts, élargis à leur base, coniques, aigus, écartés du rameau, avec lequel ils forment un angle très ouvert, recouverts d'écailles bien appliquées, marron ombré brun foncé ; ceux du haut sont plus droits, plus renflés et moins aigus. Le terminal, moyen, court, large, conique, pointu est recouvert d'écailles duveteuses ; lorsqu'il est à fruit, il est conique, aigu et ses écailles sont brillantes.

Boutons a fruits moyens, ovoïdes, renflés, pointus, recouverts d'écailles brun marron pas très bien appliquées, portés par des dards minces à leur sommet, renflés à leur base, blond verdâtre, et par des bourses moyennes tantôt courtes, renflées et voûtées, tantôt petites, cylindriques et arquées, brun clair, finement ponctuées fauve, ridées de même couleur à leur base.

Feuilles d'un vert tendre un peu jaunâtre, assez épaisses, bien fibrées sur la partie supérieure, quelques unes elliptiques, lancéolées et aiguës, quelques autres plus étroites à leur base qu'à leur sommet et acuminées, contournées, ondulées, arquées à leur extrémité, légèrement tuilées, à bords irrégulièrement dentés ; les dents de la base sont grandes, très distancées, tandis que celles du sommet sont fines, très aiguës et serrées ; leur longueur est de sept centimètres, et leur largeur de trois ; celles de la base des rameaux, comme celles qui accompagnent les boutons à fleurs, sont ovales, plus grandes, presque planes.

Pétioles moyens, droits, jaune blanchâtre, légèrement teintés de brun clair sur la cannelure qui est très peu sensible, longs de deux à trois centimètres ; ceux des feuilles florales sont plus blancs, plus minces et très inégaux dans leur longueur.

Stipules longues, en forme de faucille, ondulées, vert tendre.

Fruit le plus souvent solitaire, rarement par paire, bien attaché à l'arbre, inodore, à surface bosselée vers la tête et sur la partie la plus renflée, tantôt aplati, turbiné, et plus large que haut, tantôt, mais rarement, aussi haut que large, affectant assez généralement la forme de *Doyenné* lorsque l'arbre se trouve dans de bonnes conditions de culture et qu'il est bien vigoureux ; sa hauteur moyenne est de huit centimètres, et son diamètre de neuf à dix.

Œil grand, ouvert, régulier, placé dans une cavité évasée, assez profonde, irrégularisée par des plis et par des bosses inégales.

Sépales moyens, aigus, en gouttière, renversés, brun roux.

Pédicelle moyen ou assez gros, parfois étranglé dans son milieu et renflé à ses deux extrémités, incliné, brun clair, implanté dans l'axe du fruit au milieu d'une cavité infundibuliforme, profonde, assez grande et régulière ; sa longueur moyenne est de dix à quinze millimètres.

Peau grossière, rude, épaisse, jaune pâle mêlé de vert très tendre, passant au jaune d'or foncé, tirant sur l'orange à la maturité, ombrée et marbrée de brun roux et de rouille du côté du soleil, marbrée et granitée de rouge brique du côté de l'ombre, autour de l'œil et du pédicelle ; parfois on aperçoit à peine le fond jaune, tant les taches et les granitures sont compactes et serrées, comme dans le *Doyenné gris*.

Chair blanche citrine, demi-fine, cassante, tendre et assez souvent demi fondante selon le sol et l'exposition, eau suffisante, sucrée, parfumée, très relevée. (M. Desportes dit que cette chair est fondante, parfumée, d'un goût exquis et très fin, excellente et de première qualité ; mais nous devons dire ici que ces qualités ne se rencontrent qu'accidentellement.)

Cœur central, petit, ovale, aigu, entouré de petites concrétions assez nombreuses.

Pépins fluets, minces aigus, brun marron clair, placés dans des loges moyennes, un peu obliques.

Maturité. Cette variété est encore peu répandue dans la Gironde, la Sarthe, la Lozère, l'Oise, le Loiret et le nord de la France. D'après M. B. Desportes, elle commence à mûrir en novembre et se conserve jusqu'en avril. Le Comice Horticole de Maine-et-Loire dit qu'on la conserve quelquefois jusqu'à la fin d'avril, mais que son époque de maturité la plus générale est de la fin de novembre à décembre dans l'ouest de la France. C'est aussi l'opinion des Sociétés de l'Isère, de la Côte-d'Or, des Deux-Sèvres, de Valognes et de l'Orne. Mais beaucoup de Sociétés disent aussi, avec le Congrès, qu'elle se conserve au-delà de février ; ainsi, aux environs de Rouen, de Meulan, de Paris, de Lyon, de Chalon-sur-Saône, de Montpellier, etc., le fruit se conserve jusqu'en mars. Parmi les divers spécimens qui ont servi pendant plusieurs années à l'étude de la Commission de rédaction, les uns ont été dégustés vers la fin de décembre, d'autres dans le mois de février, enfin, ceux que représente la gravure jointe à cette description, ont été dessinés le 11 mars et trouvés dans un parfait état de conservation. On peut donc dire que le *Doyenné Goubault*, murit selon les latitudes, de novembre en mars, et que, selon ses latitudes et la nature du sol, le fruit est plus ou moins bon, la chair plus ou moins fondante, mi-fondante ou cassante.

Culture. Les questionnaires fournissent des réponses bien contradictoires sur le mode de culture de cette variété, ce qui porte à croire que deux ou trois Commissions ont confondu le *Beurré Goubault* avec la poire qui nous occupe. La Commission de rédaction s'appuyant sur ses études et sur la majorité des renseignements, dit que l'arbre peut être cultivé sous toutes les formes, mais plus spécialement en cordon et en espalier; qu'il est infiniment plus préférable de le greffer sur franc que sur coignassier, pour avoir un arbre de durée et de bon rapport. En effet, le coignassier n'est bon dans cette circonstance que pour les personnes qui ont des petits jardins ou qui veulent jouir promptement d'un arbre fruitier. On plantera aux expositions éclairées et aérées, dans les sols meubles, substantiels et riches en matières azotées. Lorsque l'arbre est greffé sur coignassier, qu'il pousse peu et que ses branches prennent une direction presque horizontale, il faut tailler court, supprimer beaucoup de boutons à fruits et relever les branches au moyen de tuteurs ; dans cet état on a peu à pincer, et, lorsqu'on y est forcé, il ne faut qu'attaquer les bourgeons forts et les pincer sur la cinquième ou sixième feuille. Si au contraire, l'arbre est greffé sur franc et qu'il pousse d'une manière normale, on taille un peu court les branches de la partie supérieure et un peu long celles du bas. On pince également tous les bourgeons qui tendent à bien pousser, sur la cinquième ou sixième feuille. Lorsque de petites brindilles trop nombreuses surgissent, ce qui arrive parfois sur la variété, il faut supprimer au moment de la taille, si l'on a oublié de les supprimer au moment de la pousse, celles qui font confusion.

Le Secrétaire du Congrès pomologique
et du Comité de rédaction,
C.-F^{né} WILLERMOZ.

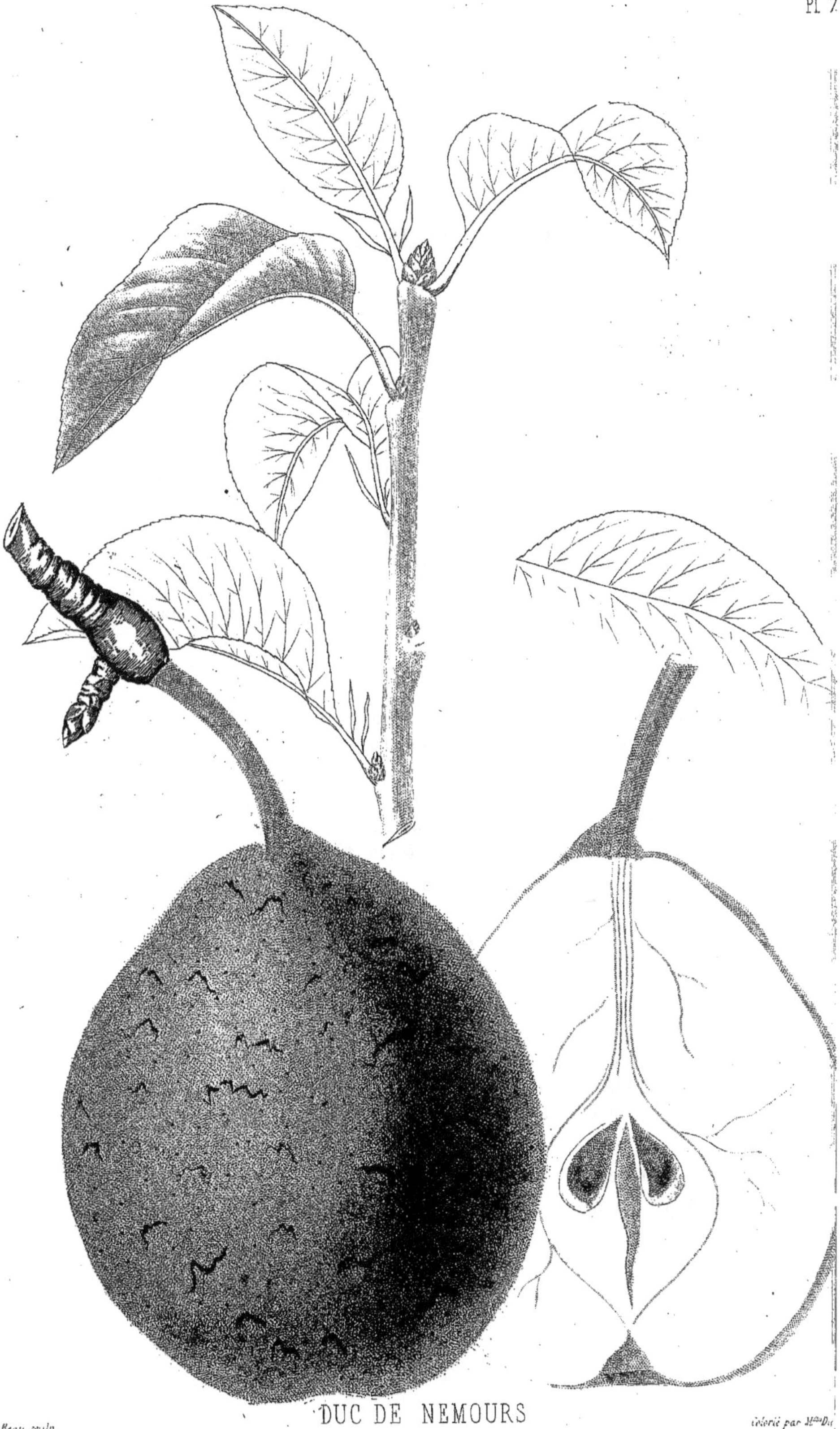

Beau sculp.

DUC DE NEMOURS

Colorié par Mlle Di

Imp. Fugère Lyon

DUC DE NEMOURS.

(76. bési.)

SYNONYMES. *Beurré Navez* (Bouvier). — *Colmar Navez* (Bouvier).

ORIGINE. Cette variété ne provient pas des semis de Simon Bouvier, comme le pensent quelques personnes, mais bien de ceux de Van Mons, qui distribuait de tous côtés des scions de ses gains désignés tantôt par un nom, tantôt par un numéro ou une simple lettre. C'est sous le numéro 1660, que Bouvier reçut de lui des greffes de cette variété, vers l'automne 1831, variété qu'en 1846 il dédiait au Duc de Nemours. En 1848, le même fruit était de nouveau dédié au peintre Navez, de Bruxelles, sous le nom de *Colmar Navez*, et plus tard encore sous celui de *Beurré Navez*. Il ne faut pas confondre la poire *Duc de Nemours* avec la poire *Colmar Navez* de Vans Mons; ces deux fruits n'ont aucune analogie; le premier est un *Bési*, et l'autre un *Colmar*; non-seulement les fruits ne se ressemblent pas, mais encore les deux arbres sont très différents.

AUTEURS DESCRIPTEURS :

A. Bivort, sous le nom de *Colmar Navez. Album de Pomologie*, tome Ier, page 25.

Le même, sous le nom de *Duc de Nemours. Album de Pomologie*, tome Ier, page 101.

Le même, sous le nom de *Duc de Nemours. Annales de Pomologie Belge*, tome VII, page 37.

J. de Liron d'Airoles. *Liste Synonymique*, page 67. Nantes 1857.

Société Van Mons, sous le nom de *Colmar Navez* (Bouvier), page 35. Bruxelles 1854.

Cité par la même Société, sous le nom de *Duc de Nemours*. page 54.

Description. Arbre pyramidal, d'un beau port, vigoureux et fertile sur coignassier et sur franc.

Branches d'abord ascendantes et formant un angle aigu avec le tronc, mais s'écartant de celui-ci par leur sommet avec l'âge, régulièrement espacées, droites et sans épines.

Rameaux de l'année assez gros, assez longs, obliques ascendants, légèrement cintrés, à écorce brun roux du côté du soleil et sous les consoles, brun olivâtre du côté opposé, recouverte au sommet d'une poussière grise, clairement parsemée de petites lenticelles gris jaune un peu saillantes.

Entre-feuilles inégaux : ceux du sommet sont plus courts que ceux de la base; leur longueur varie entre vingt et cinquante millimètres.

Boutons a feuilles de deux sortes : les uns sont petits, anguleux, apprimés, à pointe aiguë et écartée du rameau; ceux de la base sont moyens, coniques, droits, supportés par des consoles larges et saillantes; tous sont recouverts d'écailles brun foncé, ombré gris. Le terminal est gros, conique et recouvert d'écailles brunes, sablées gris, à pointes aiguës et dilatées.

Boutons a fruits assez gros, tantôt ovales aigus, tantôt coniques, renflés et obtus, recouverts d'écailles chamois ombré marron et gris, supportés par des dards courts, minces, brun olivâtre, à peine ridés à leur base, et par des bourses courtes de même couleur, renflées dans leur milieu et très ridées à leur base. Ces boutons donnent naissance à un très beau bouquet de belles fleurs bien étalées.

Feuilles d'un vert gai, épaisses, ovales, lancéolées, aiguës, à peine arquées. Celles de la base des rameaux sont planes, celles du sommet ont leurs bords légèrement relevés en gouttière; toutes sont régulièrement et profondément dentées, leur longueur est de sept centimètres et leur largeur de quatre. Les feuilles stipulaires ou secondaires sont nombreuses et très étroites; celles des rameaux fruitiers sont très grandes, planes ou à peine relevées sur les bords, d'un beau vert brillant et munies de très longs pétioles.

Pétioles assez gros, jaune verdâtre, canaliculés, arqués longs de vingt à vingt-cinq millimètres.

Stipules en alène, quelques-unes linéaires souvent caduques.

Fruit moyen ou gros, rarement solitaire, le plus souvent en trochet, sujet à tomber avant la récolte, peu odorant, affectant généralement la forme de *Bési*, assez souvent celle de *Saint-Germain*. Sous celle de Bési, il est régulier et légèrement bosselé du côté de la tête; sous celle de Saint-Germain, il est tronqué et irrégulier, plus haut que large. Sa hauteur moyenne est de neuf à dix centimètres, et son diamètre de sept à huit. On rencontre parfois des fruits plus gros et parfois aussi de plus petits. Cette différence provient de la vigueur de l'arbre et de la nature du sol.

Œil grand, ouvert, couronné, régulier, placé presqu'à fleur du fruit, ou dans une cavité peu profonde, environnée de petites bosses peu saillantes.

Sépales assez grands, soudés, en gouttière, obtus, dressés ou étoilés, verts, ombrés gris à leur sommet.

Pédicelle moyen, long de vingt à trente millimètres, vert, charnu et renflé à sa base, brun roux et ligneux à son sommet, implanté de côté à fleur du fruit, très souvent accompagné, d'un côté, d'un ou de plusieurs bourrelets bien prononcés.

Peau lisse, fine, mince, brillante, d'un vert pré, passant au jaune herbacé à l'époque de la maturité, rarement teintée de rose, relevée de quelques taches rouille, granitée du côté du soleil, de lenticelles rousses et grises assez grosses et assez nombreuses.

Chair blanche, neigeuse, un peu verdâtre près de la peau, fine, fondante, légèrement beurrée, pourvue d'une eau abondante, sucrée, agréablement relevée et parfumée.

Cœur central, long, étroit, aigu, environné de filaments, jaune herbacé.

Pépins moyens, longs, difformes, arrondis à leur base, terminés en pointe aiguë et allongée, brun noirâtre, placés dans des loges étroites et perpendiculaires.

MATURITÉ. Cette variété, encore peu répandue et peu connue, mûrit, dans le midi et une partie du centre de la France, vers le milieu d'octobre; dans une partie du centre, dans le nord et le nord-ouest, elle mûrit en octobre et se conserve jusqu'à la fin de novembre. Les fruits sains, récoltés par un temps sec, se conservent bien au fruitier; mais pour peu qu'ils soient altérés ou humides, ils blettissent assez promptement.

CULTURE. L'arbre se greffe indistinctement sur coignassier et sur franc; il prospère très bien sur le premier et forme avec lui de magnifiques pyramides; le second ne doit être employé que pour la haute tige, sauf exception. On peut l'élever sous toutes les formes et le planter à toutes les expositions. Il se plaît particulièrement à l'est et au nord-est, dans les sols argilo-siliceux, riches en matières azotées, et à l'abri des grands vents, qui souvent font tomber tous les fruits. Si l'on veut élever l'arbre sous la forme cordon, il ne faut pas perdre de vue que celui-ci doit être horizontal et aussi bas que possible.

On taille un peu long pendant la première jeunesse de l'arbre, et court dès qu'il se met à fruit; on supprime, lors de cette opération, une partie des boutons à fleurs, de préférence ceux qui sont les plus éloignés des branches charpentières. Au moment de l'épanouissement des fleurs, il est très à propos de faire tomber toutes celles du centre des bouquets, attendu qu'elles sont en général toutes stériles et qu'elles absorbent beaucoup de sève en pure perte. Le pincement se pratique de bonne heure et progressivement; dès que les bourgeons se montrent avec six ou sept feuilles, il faut pincer sur la troisième ou quatrième. On apportera les mêmes soins et la même prudence dans l'opération du cassement.

*Le Secrétaire du Congrès pomologique
et du Comité de rédaction*,
C.-F^{oi} WILLERMOZ.

BEURRÉ CURTET

BEURRÉ CURTET.

(77. BERGAMOTTE.)

SYNONYMES. — *Dingler*. — *Comte Lamy* ou *de Lamy*. — Reçu aussi sous le nom de *Henry Van Mons*.

ORIGINE. A. Bivort dit dans son Album de Pomologie que la variété a été obtenue de semis en 1828, par M. Bouvier de Jodoigne et dédiée à M. Curtet, à cette époque docteur en médecine et professeur à Bruxelles. M. Bivort a sans doute voulu dire que le premier rapport a.eu lieu en 1828, car il n'est pas probable que Bouvier ait fait la dédicace d'un arbre de semis, l'année où ce semis a été fait.

AUTEURS DESCRIPTEURS :

Couverchel. *Traité des Fruits*, page 496. 1839.

A. Bivort. *Album de Pomologie*, tome Ier, page 19.

Thuillier Aloux. *Bulletin de Pomologie, Société Horticole de la Somme*, page 7. Amiens, 1855.

J. de Liron d'Airoles. *Liste des Fruits à l'étude*, page 9. Nantes, 1857.

C. Baltet. *Les Bonnes Poires*, page 20. Troyes, 1859.

Robert Hogg. *The Fruit Manual*, 2e édition. Londres, 1860.

DESCRIPTION. Arbre fertile, assez vigoureux sur coignassier, très vigoureux et fertile sur franc, se prêtant bien à la forme pyramidale.

BRANCHES formant un angle presque aigu avec le tronc pendant leur jeunesse, mais s'éloignant ensuite de la tige de manière à former un angle ouvert, clairement espacées, un peu onduleuses, sans épines.

Rameaux de l'année minces, assez longs, les uns droits, les autres un peu arqués, ascendants, légèrement duveteux à leur sommet, brun roux teinté violet du côté du soleil, brun fauve du côté opposé, parsemés de lenticelles rondes grisâtres; sur quelques points on trouve de petites lenticelles noires, saillantes, mais elles sont rares.

Entre-feuilles inégaux: ceux de la base sont longs de quinze à vingt millimètres, et ceux du sommet de vingt-cinq à trente-cinq.

Boutons a feuilles petits, déprimés, anguleux, pointus, écartés du rameau par leur sommet, recouverts d'écailles mal appliquées, brun noir; portés par des consoles peu prononcées; le terminal est moyen et conique, ses écailles brunes sont terminées par de longs filets gris, dilatés et tordus en spirales ; ces filets disparaissent dans le courant de l'hiver.

Boutons a fruits moyens, en pyramide, obtus, recouverts d'écailles serrées, brun fauve ombré marron et gris, portés par des dards courts, articulés, brun clair et par des bourses de même couleur, courtes, ovales, renflées dans leur milieu, chagrinées à leur extrémité et ridées à leur base.

Feuilles d'un vert jaunâtre, brillantes en dessus, pâles et ternes en dessous, ovales lancéolées, aiguës, horizontales, à bords crispés, relevés en gouttière, irrégulièrement dentées depuis la pointe jusqu'aux deux tiers de la longueur de la lame seulement; leur longueur est de sept centimètres et leur largeur de quatre; celles qui couronnent les boutons à fruits sont d'un vert foncé, minces, ovales ou cordiformes, aiguës, crénelées, crispées, larges et très longuement pétiolées.

Pétioles moyens, jaune blanchâtre, ombrés rose tendre à leur base et sur la cannelure, arqués, égaux; leur longueur est de quinze millimètres; ceux des autres feuilles sont gros, cylindriques, blancs, longs ou très longs.

Stipules linéaires, dressés, arqués, de la couleur des pétioles.

Fruit rarement solitaire, assez bien attaché à l'arbre, faiblement odorant, à surface un peu bosselée du côté de la tête, parfois aussi haut que large, le plus souvent plus large que haut, moyen, affectant la forme de *Doyenné* et de *Colmar*, mais plus généralement celle de *Bergamotte* ; la hauteur moyenne d'un fruit bien venu et typique est de six centimètres, et son diamètre de sept.

Œil moyen ou grand, tantôt régulier, ouvert, couronné et peu profond, tantôt irrégulier et profond, placé dans une cavité plus ou moins sensible et régulière, sillonnée par de petits plis inégaux.

Sépales courts, droits, jaunâtres, soudés et renflés à leur base, obtus, secs et noirs à leur sommet.

Pédicelle mince, ligneux, brun verdâtre, brillant, un peu courbé, long de douze à quinze millimètres, implanté un peu obliquement dans une cavité plissée, à peine sensible, ou à fleur.

Peau fine, lisse, mince, se détachant faiblement du fruit à la maturité, vert bronzé passant au jaune d'or, sauf à la base du pédicelle où elle garde une teinte d'un jaune moins vif, lavée de rouge sombre du côté du soleil, finement granitée de fauve et marbrée de vert tendre.

Chair blanche, neigeuse, fine, fondante, beurrée, ou demi fine et demi fondante, selon la nature du sol et la santé de l'arbre ; eau abondante, sucrée, parfumée du goût de Bergamotte, très agréable.

Cœur petit, central, ovoïde, court, renflé et entouré de petites concrétions pierreuses.

Pépins moyens, obtus, peu éperonnés, marron foncé, placés dans de petites loges obliques perpendiculaires, souvent avortés.

Maturité. Cette excellente variété encore peu connue et peu répandue à en juger par les renseignements fournis par les Commissions de Pomologie des Sociétés, mûrit ordinairement de la fin de septembre à la fin d'octobre. Il faut l'entre-cueillir et la porter au fruitier avec délicatesse ; elle y prend beaucoup d'eau et y acquiert une grande finesse.

Culture. L'arbre se greffe indistinctement sur coignassier et sur franc et peut être conduit sous toutes les formes. On le recommande spécialement pour le verger, c'est-à-dire à haute tige; celle-ci sera greffée autant que possible en tête, sur sujet fort, droit et vigoureux. L'arbre réussit également en espalier, cordon et pyramide, qu'on obtient régulière en taillant court les rameaux supérieurs, et long ceux de la base pendant leur jeunesse, en favorisant le développement des branches faibles du bas par des crans ou des redressements et en arc-boutant les fortes. Quelle que soit la forme qu'on donne à l'arbre soumis à la taille, il faut que cette taille soit courte, vu la fertilité de l'arbre. Le pincement exige quelques soins. L'attention doit se porter tout particulièrement sur les bourgeons placés à la partie la plus supérieure et la plus éclairée des rameaux, qui tendent à se développer en productions gourmandes; une fois pincées sur la troisième ou quatrième feuille, ces productions sont abandonnées à elles-mêmes jusqu'à ce que le bourgeon anticipé qu'elles produisent ordinairement soit parfaitement aoûté; arrivé à ce point, cet anticipé est cassé près de sa naissance.

Les autres bourgeons s'aoûtent de bonne heure et n'ont pas besoin d'être pincés, sauf le cas où, avant l'aoûtement, ils menaceraient de devenir trop longs, ce qui se reconnaît à la forme du bouton terminal. S'il est mince et fluet, le rameau continuera à grandir, et alors il faut le pincer; si, au contraire, le bouton est court et conique, le bourgeon ne s'allongera pas davantage. Le poirier *Beurré Curtet* prospère à toutes les expositions et dans tous les sols; toutefois, il convient de le planter de préférence au levant ou au midi, dans les sols légers et substantiels; dans les terres alumineuses, trop compactes ou trop calcaires, l'expérience a démontré que l'arbre se chancre assez promptement.

Le Secrétaire du Congrès pomologique
et du Comité de rédaction,
C.-F^{ois} WILLERMOZ.

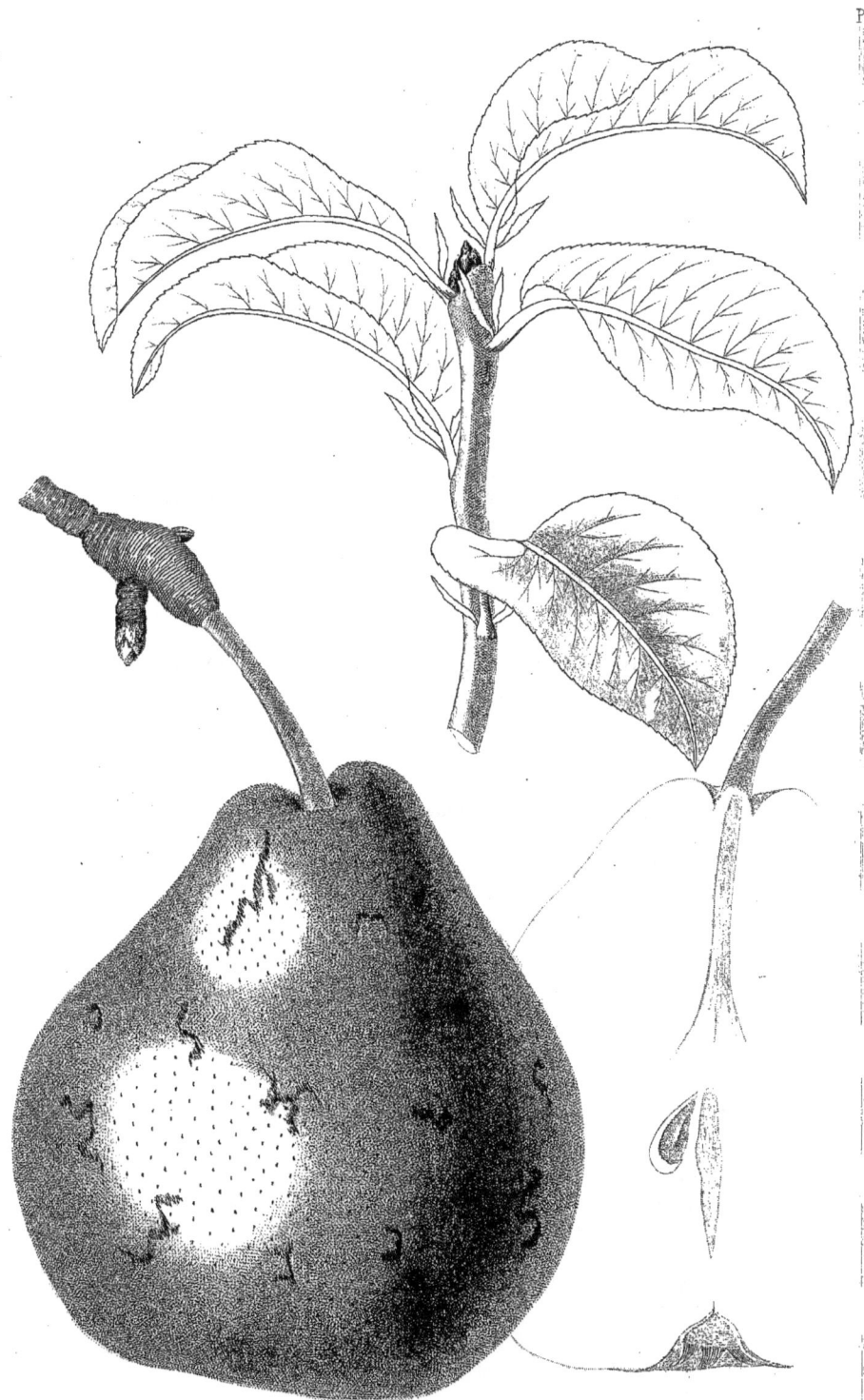

CATILLAC

CATILLAC.

(78. COLMAR.)

SYNONYMES. — *Cadillac* (Merlet). — *Cotillard*. — *Quenillat*. — *Bon Chrétien d'Amiens*. — *Gros* ou *grand Monarque*. — *Grand Mogol* (Kenoop). — *Gros Gilot* (A. Bivort). — *Téton de Vénus*. — *Bési des Marais*. — *Citrouille*. — *Chartreuse* (Hogg). — *De Tout Temps*. — *Gros Thomas*. — *Tête de Chat*. — *Belle Pear*. — *Pound Pear*; répandu aussi sous les noms de *Monstrueuse des Landes* et d'*Abbé Mongein* depuis quelques années.

ORIGINE incertaine. On présume, d'après le nom donné par Merlet, que la variété a été trouvée dans les environs de Cadillac dans la Gironde; mais il n'y a rien de certain.

AUTEURS DESCRIPTEURS :

Bonnefonds. *Le Jardinier Français*, page 73, 1661, et page 67, 1665.

Merlet. *Abrégé des Bons Fruits*, page 125. 1675.

Pitton Tournefort. *Rei Herb.* tome Ier, page 631. 1719.

J. Herman Kenoop. *Pomologie des Pays-Bas*, page 125, tab. 7, fig. 7. 1771.

Duhamel. *Traité des Arbres Fruitiers*, tome II, page 233, tab. 58. 1768.

De la Bretonnerie. *Ecole du Jardin Fruitier*, tome II, page 445. 1784.

Pomona Austriaca, tome II, page 10, pl. CLXII. 1797.

Miller. *Dictionnaire des Jardiniers*, tome VI, page 172. 1788.

E. Calvel. *Traité des Pépinières*, tome III, page 2.

T. Y. Catros. *Traité raisonné des Arbres Fruitiers*, page 398. 1810.

L. Noisette. *Jardin Fruitier*, page 164, pl. LXXXII. 1839.

Couverchel. *Traité des Fruits*, page 490. 1839.

Poiteau. *Pomologie Française*. 1846.

C.-F. Willermoz. *Bulletin de la Société d'Horticulture du Rhône*, page 194. 1849.

Thuillier-Aloux. *Pomologie de la Somme*, page 64. Amiens, 1855.
J. de Liron d'Airoles. *Table des Fruits à l'étude*, page 36. 1857.
C. Baltet. *Les Bonnes Poires*, page 40. 1859.
P. de Mortillet. *Les Quarante Poires*, page 83. 1860.
A. Bivort. *Album de Pomologie*, tome Ier, page 135.
Decaisne. *Jardin Fruitier du Museum*, tome IV.
Robert Hogg. *The Fruit Manual*, 2e édition. Londres, 1860.

DESCRIPTION. Arbre très vigoureux et très fertile, à tête sphérique, se prêtant à toutes les formes, particulièrement à la haute tige.

BRANCHES formant des angles inégaux avec le tronc, fortes, sinueuses, divergentes lorsque l'arbre est élevé à haute tige, mais assez bien distribuées, espacées et sans épines lorsqu'il est dirigé sous la forme pyramidale ou en espalier.

RAMEAUX de l'année gros, assez longs, cintrés en dedans, un peu coudés et nervés sous les consoles, obliques, ascendants, leur épiderme duveteux, brun roux du côté du soleil, plus pâle du côté opposé, est parsemé de lenticelles gris fauve, ovales et rondes.

ENTRE-FEUILLES inégaux : les plus courts sont à la partie supérieure, ils ont deux centimètres de long ; ceux du bas des rameaux en ont quatre et demi, et ceux du milieu de trois à quatre.

BOUTONS A FEUILLES gros, courts, renflés à leur base, coniques, écartés du rameau par leur sommet qui est obtus et anguleux, recouverts d'écailles brun foncé nuancé grisâtre, portés par des consoles saillantes ; le terminal, gros, court, oblique, est caché par une rosette de feuilles.

BOUTONS A FRUITS gros, renflés, coniques, voûtés, aigus, recouverts d'écailles brun marron ombré noir et gris, supportés par des dards gros, très renflés à leur base, bruns, duveteux, écailleux, et par des bourses brun gris, courtes, tronquées, chagrinées, rugueuses, duveteuses et ridées ; à la fin de l'hiver, le dard et la bourse perdent leur aspérité et changent complètement d'aspect.

FEUILLES d'un vert pâle et sombre en dessus, vert blanchâtre et cotonneuses en dessous, épaisses, bien fibrées, ovales, aiguës, atténuées et ailées à leur base ; celles de la partie supérieure arquées et à bords entiers, relevés en gouttière ; celles du milieu et du bas plus arrondies, presque planes ou en tuile, très acuminées et irrégulièrement serratées à leur sommet; les secondaires, nombreuses, sont entières, étroites, lancéolées, arquées, contournées ou dressées; celles qui accompagnent les boutons à fruits et les productions fruitières sont d'un vert foncé, grandes, arrondies, aiguës, à bords ondulés légèrement relevés.

PÉTIOLES gros, larges, très courts, duveteux, verdâtres au sommet des rameaux; moins gros, glabres, plus longs, jaunâtres à la base; tous sont profondément canaliculés et teintés de roux à leur point d'attache; on remarque à la base de ceux des feuilles secondaires une petite glande rougeâtre et brillante; leur longueur varie entre huit et trente millimètres.

STIPULES linéaires, étroites, courtes et rares sur quelques pétioles, longues et en alène sur quelques autres; la plupart, placées à la base de la lame de la feuille, semblent foliacées tant, elles sont longues, larges et falciformes.

FRUIT le plus souvent solitaire, parfois par paire, mais très rarement en trochet, assez bien attaché à l'arbre malgré sa grosseur et son poids, inodore, à surface bosselée, souvent tronquée du côté de la tête, où il est aplati, rarement plus large que haut, très souvent plus haut que large, gros ou très gros, affectant tantôt la forme de *Bergamotte* ou de *Doyenné* court, tantôt et plus généralement celle de *Colmar*; sa hauteur moyenne est de onze centimètres, et son diamètre de dix à dix et demi; en espalier, on récolte des fruits beaucoup plus gros.

ŒIL grand ou très grand, irrégulier, clos ou mi-clos, profond, très rarement à fleur, presque toujours placé dans une cavité large, assez profonde, irrégularisée par des plis qui se transforment en bosses saillantes et inégales.

SÉPALES grands, allongés, divariqués, diversement repliés et dirigés, aigus, gris verdâtre.

PÉDICELLE assez gros, ligneux, incliné et arqué, brun roux, implanté dans une cavité profonde, étroite, environnée de plusieurs mamelons, long de dix à vingt millimètres.

PEAU rude, grossière, épaisse, vert pâle d'abord, mais ensuite passant au jaune d'or du côté du soleil, où elle est teintée de rouge sombre ou vermillonné, abondamment granitée de jaune orange; le côté de l'ombre qui passe, au jaune clair, est marbré de rouille, de fauve et ponctué noir ; souvent une tache fauve part de la base du pédicelle et va se terminer au fond de la cavité où est placé l'œil.

Chair très blanche, cassante, grossière, sableuse, renfermant un jus astringent et âpre, mais qui se sucre un peu à l'époque de la maturité.

Cœur moyen, plus rapproché de l'œil que du pédicelle, ovale, plein d'une substance blanche et fine, entouré de concrétions pierreuses assez grosses et assez abondantes.

Pepins moyens, obtus des deux bouts, voûtés, mal nourris, anguleux, marron acajou, placés dans des loges petites, étroites et perpendiculaires.

Maturité. Ce fruit se mange cuit dans les mois de février à mai; cuit à l'eau, avec addition de vin et de sucre, c'est un fruit parfait.

Culture. L'arbre, greffé sur franc et dirigé en haute tige, forme une tête arrondie qu'on ne taille pas, mais qu'on se contente d'éclaircir de temps en temps en supprimant les ramifications qui font trop de confusion. Greffé sur coignassier, on l'élève en espalier, en cordon et en pyramide, qu'on taille court et qu'on pince de même. Il importe sous ces formes d'obtenir des rameaux à fruits aussi courts que possible, et de ne laisser à chacun qu'un ou deux boutons à fruits au moment de la taille.

L'arbre se plaît aux expositions éclairées et abritées, dans les sols argilo-siliceux, frais et très substantiels. Les fruits récoltés sur haute tige bien vigoureuse sont gros; ceux qui sont récoltés sur espalier bien venant et bien dirigé pèsent souvent un kilogramme.

Le Secrétaire du Congrès pomologique et du Comité de rédaction,
C.-F*eé* WILLERMOZ.

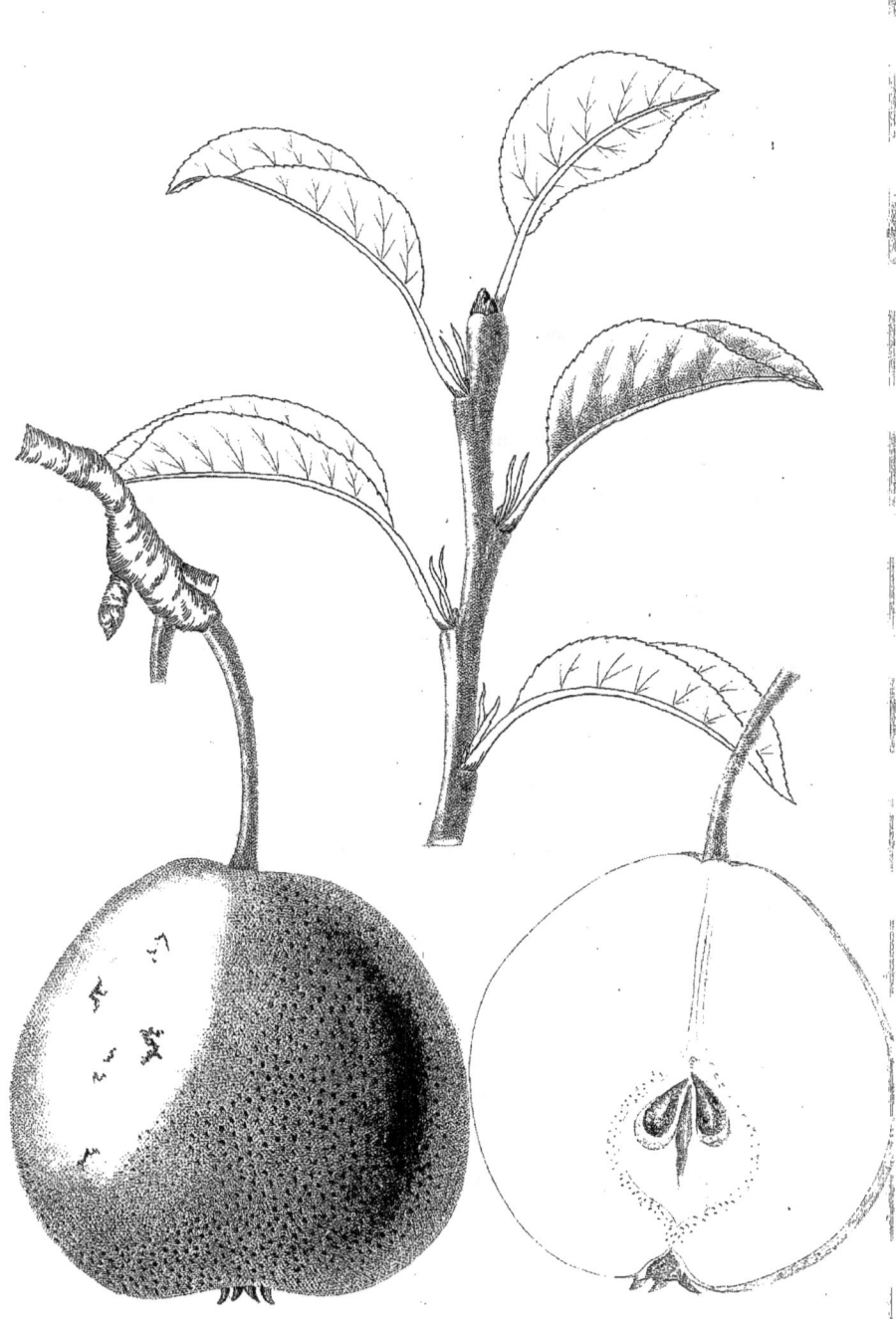

BEURRÉ GOUBAULT

BEURRÉ GOUBAULT.

(79. BERGAMOTTE)

SYNONYMES. Variété nouvelle.

ORIGINE. Cette variété a été obtenue par M. Goubault, pépiniériste à Mille-Pieds, près d'Angers. Son premier rapport date de 1842.

AUTEURS DESCRIPTEURS:
Bte Desportes. *Revue Horticole* 2me série, tome V, page 322. 1846.
Pomologie de Maine-et-Loire, page 13, tabl. 9. 1853.
C.-F. Willermoz. *Bulletin de la Société d'Horticulture du Rhône*, page 179. 1848.
J. de Liron d'Airoles. *Table des Fruits à l'étude*, page 13. Nantes, 1857.
Thuillier-Aloux. *Bulletin Pomologique de la Société d'Horticulture de la Somme.* 18.
C. Baltet. *Les Bonnes Poires*, page 13. Troyes, 1859.
P. de Mortillet. *Les Quarantes Poires*, page 27, Grenoble. 1860.
Robert Hogg. *The Fruit Manual*, 2me édit. Londres 1860.
Decaisne. *Jardin Fruitier du Museum*, tome IV.

DESCRIPTION. Arbre d'une vigueur moyenne, mais très fertile sur coignassier, vigoureux sur franc et acquérant avec l'âge une grande fertilité.

BRANCHES formant un angle ouvert avec le tronc, espacées, arquées sans épines.

Rameaux de l'année, moyens, longs, arqués, coudés, obliques ascendants, olivâtres du côté de l'ombre, rouges violacés du côté du soleil, légèrement duveteux à leur sommet, clairement ponctués de lenticelles brunes, inégales, rondes et saillantes.

Entre-feuilles très inégaux dans leur longeur, qui varie entre deux et quatre centimètres; les plus courts sont au milieu du rameau, et les plus longs à son sommet.

Boutons a feuilles moyens, courts, aigus, triangulaires, déprimés à leur base et écartés du rameau par leur sommet; leurs écailles sont fauves, ombrées gris et couvertes d'un duvet jaune noisette, le terminal est gros, conique, renflé, pointu, recouvert d'écailles mal appliquées, orange ombré gris (le plus souvent à fruit sur coignassier).

Boutons a fruits moyens, en pyramide, aigus, de la couleur de ceux de la Duchesse d'Angoulême, avec lesquels ils ont du rapport, supportés par des dards violacés, lenticelés de gris, cylindriques, longs, tronqués, et par des bourses grosses, courtes, très renflées à leur base, qui est irrégulièrement articulée; leur surface, de couleur noisette, semble chagrinée, tant les lenticelles qui la couvrent sont saillantes.

Feuilles d'un beau vert brillant en dessus, vert glauque en dessous, épaisses, bien fibrées, oblongues, aiguës, ou oblongues lancéolées, orbiculaires à la base des rameaux, les unes presque planes, d'autres en tuile ou à bords relevés en gouttière; leurs serratures sont assez régulières et très aiguës. Leur longueur varie entre quatre et huit centimètres, et leur largeur entre trois et cinq; les plus petites se trouvent à la base; elles sont ordinairement accompagnées de deux à quatre feuilles secondaires, étroites et lancéolées.

Pétioles moyens ou assez gros, droits, canaliculés, blanc verdâtre teinté de rouge violacé, particulièrement à leur base; leur longueur est de quinze à vingt millimètres.

Stipules linéaires, droites ou arquées, assez longues, vert jaunâtre.

Fruit rarement solitaire, le plus souvent en trochet formé de trois à sept poires bien attachées à l'arbre, odorant à l'époque de la maturité, affectant généralement la forme de Bergamotte, sans bosselures sensibles. Sa hauteur moyenne est de cinq centimètres et son diamètre de six ; on rencontre des fruits plus gros, comme d'autres plus petits.

Œil moyen ou assez grand, couronné, plutôt régulier et ouvert qu'irrégulier et fermé, placé dans une cavité peu profonde, évasée, plissée près des sépales.

Sépales grands, longs, aigus, dressés ou inclinés, en gouttière, blond verdâtre ombré gris, duveteux.

Pédicelle petit et moyen, ligneux, un peu renflé à son sommet et parfois à sa base, qui est jaune verdâtre, brun noisette du côté du soleil, droit ou arqué implanté parfois à fleur du fruit, mais le plus souvent dans une petite cavité peu profonde et régulière.

Peau fine, lisse, mince, brillante, vert tendre passant au jaune doré herbacé à la maturité, finement granitée et ponctuée de fauve brun, marbrée souvent de rouge carminé du côté du soleil ; lorsque l'arbre est greffé sur coignassier, maculée de quelques taches fauves vers la tête et surtout autour de l'œil.

Chair blanche, fine ou demi fine, tendre, fondante, parfois beurrée, pourvue d'une eau abondante, sucrée, parfumée et rafraîchissante. Lorsque le fruit est récolté au moment où il commence à changer de couleur, la chair devient très fine et beurrée.

Cœur un peu plus rapproché de l'œil que du pédicelle, petit, cordiforme, entouré de concrétions pierreuses, assez grosses et assez abondantes.

Pepins petits, brun marron, un peu renflés d'un côté, aplatis de l'autre, légèrement éperonnés, pointus, placés dans des loges perpendiculaires.

MATURITÉ. Cette variété mûrit de la fin d'août au milieu de la première quinzaine de septembre; comme tous les fruits d'été, elle demande à être entre-cueillie; dès qu'elle commence à prendre une légère teinte jaunâtre, il faut la récolter et la porter au fruitier, où elle se conserve bien et acquiert de l'eau, du sucre, du parfum et de la finesse. Les fruits récoltés sur franc se conservent souvent au-delà du milieu de septembre. Quelques personnes confondent le *Beurré* avec le *Doyenné Goubault*.

CULTURE. L'arbre se greffe sur coignassier pour les petites formes; mais il est si fertile, qu'il s'épuise assez promptement. Toutes les Sociétés qui le connaissent recommandent de le greffer sur franc et de l'élever en haute tige; toutefois, on obtient, avec le même sujet, des pyramides régulières et d'une grande fertilité. La variété prospère dans tous les sols et à toutes les expositions; il est cependant reconnu que les sols trop compactes, comme ceux qui sont trop légers, lui sont contraires, et qu'à l'exposition méridionale directe les fruits prennent plus de couleur il est vrai, mais qu'ils sont moins bons.

Lorsque l'arbre est greffé sur coignassier et qu'il est dirigé sous une petite forme, il faut le tailler très court, supprimer les boutons à fruits trop abondants sur les rameaux fruitiers, pincer seulement les bourgeons forts sur trois ou quatre feuilles. Si l'arbre est greffé sur franc et qu'on le dirige en pyramide, on taille long pendant la jeunesse les branches de la base, beaucoup plus court la flèche et les branches supérieures. On pince sévèrement sur deux ou trois feuilles les bourgeons qui se développent en quantité et vigoureusement; comme ces bourgeons produisent généralement des anticipés, on casse ceux-ci au moment où ils commencent à s'aoûter.

*Le Secrétaire du Congrès pomologique
et du Comité de rédaction,*
C.-F^{né} WILLERMOZ.

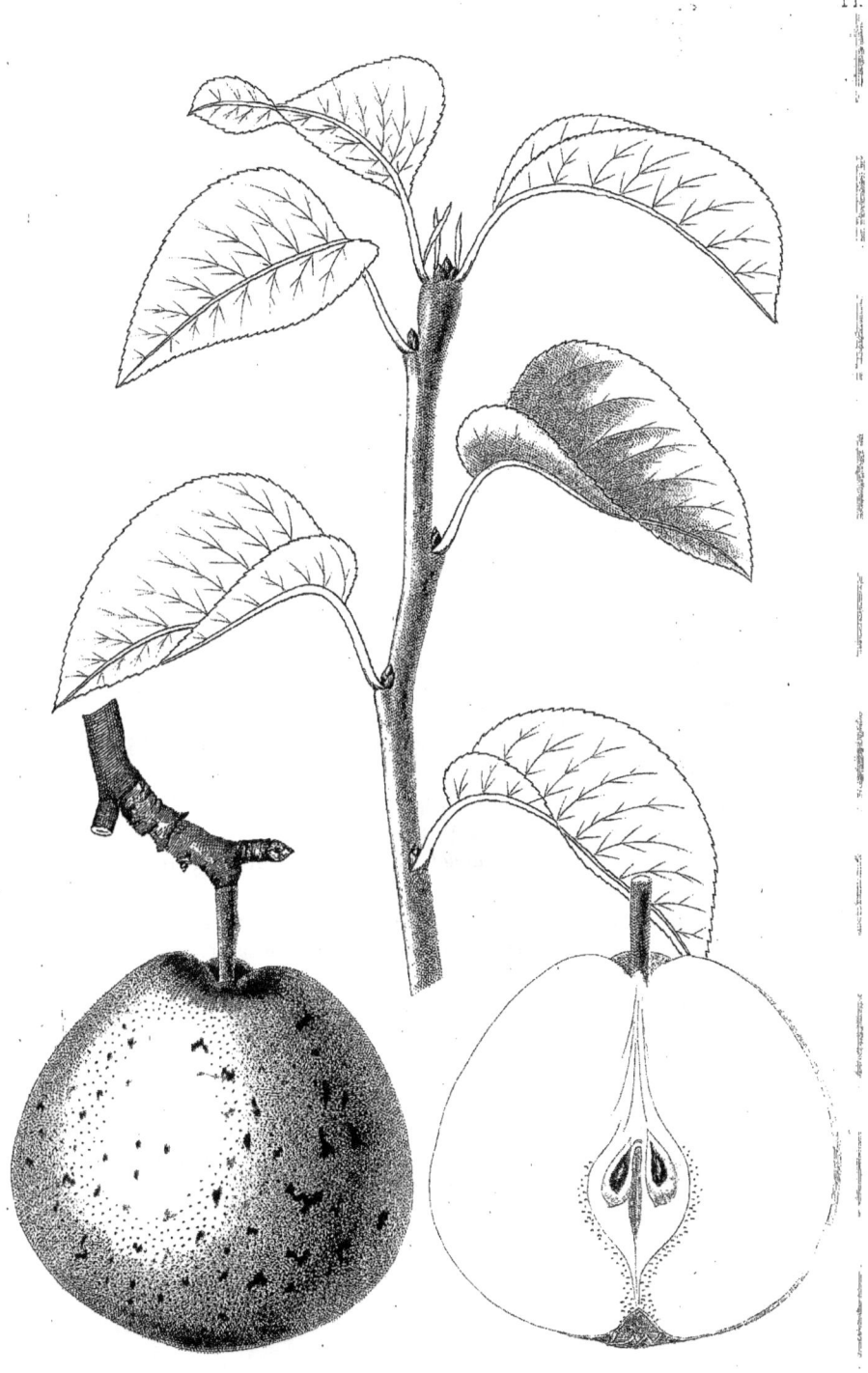

SUZETTE DE BAVAY

SUZETTE DE BAVAY.

(80. BERGAMOTTE.)

SYNONYMES. Point.

ORIGINE. Obtenue par le major Esperen et dédiée par lui à Mme Suzette de Bavay, en 1843.

AUTEURS DESCRIPTEURS :

  A. Bivort. *Album de Pomologie*, tome II, page 141. 1849.
  J. de Liron d'Airoles. *Liste Synonymique*, page 96. Nantes, 1857.
  Société *Van Mons*, page 44. Bruxelles, 1854.
  Thuillier-Aloux. *Bulletin Pomologique de la Somme*, page 14. Amiens, 1855.
  C. Baltet. *Les Bonnes Poires*, page 38. Troyes, 1859.
  Decaisne. *Jardin Fruitier du Museum*, tome IV.
  Robert Hoog. *The Fruit Manual*, 2e édition. Londres, 1860.

DESCRIPTION. Arbre fertile, de vigueur moyenne sur coignassier, s'érigeant naturellement sous la forme pyramidale élancée.

BRANCHES formant avec le tronc un angle aigu, fortes, raides, droites, très bien espacées, sans épines.

RAMEAUX de l'année de moyenne grosseur, assez longs, légèrement arqués ou droits, ascendants, un peu duveteux à leur extrémité, blond verdâtre du côté de l'ombre, brun olivâtre du côté opposé, parsemés de petites lenticelles brun jaunâtre, rondes et ovales.

Entre-feuilles réguliers ; leur longueur est de vingt à vingt-deux millimètres.

Boutons a feuilles petits au sommet, ovales, pointus, apprimés à leur base, écartés à leur extrémité ; ceux du milieu à la base des rameaux sont très saillants, anguleux et pointus ; leurs écailles brun marron sont fortement ombrées gris ; le terminal est pyramidal aigu ; ses écailles, mal appliquées, sont terminées par des filets gris brun ondulés.

Boutons a fruits moyens, ovales, pointus, recouverts d'écailles brun nuancé de brun foncé ombré gris, portés par des dards petits, allongés, cylindriques, articulés, verdâtres, et par des bourses moyennes, longues, minces à leur sommet, légèrement renflées à leur base, chagrinées et ridées fauve.

Feuilles d'un vert pâle, peu épaisses, finement fibrées, ovales lancéolées ou ovales elliptiques, pointues, entières ou finement dentées, les unes planes, les autres à bords légèrement relevés en gouttière et faiblement arquées ; leur longueur est de six à sept centimètres, et leur largeur de trois à quatre ; celles des rosettes sont ovales elliptiques, entières, plus grandes, plus foncées et presque planes.

Pétioles tantôt grêles, cylindriques, longs et arqués, tantôt moyens, droits ou un peu arqués, faiblement canaliculés, vert jaunâtre ; leur longueur varie entre quinze et quarante millimètres.

Stipules linéaires, courbées, de la couleur des pétioles.

Fruit rarement solitaire, souvent par paire, très fréquemment en trochet, bien attaché à l'arbre, inodore, petit ou moyen, parfois turbiné, mais le plus souvent en forme de *Bergamotte*, bosselé autour du pédicelle, tronqué vers la tête d'une manière toute particulière ; il arrive souvent, en effet, qu'il se forme autour de l'œil un renflement circulaire, mamelonné, très saillant ; sa hauteur est parfois égale à son diamètre ; ils sont de six centimètres en moyenne,

Œil moyen, clos, irrégulier, tantôt placé dans une cavité peu profonde et irrégularisée par une nombreuse quantité de petits plis, tantôt saillant, rejeté au dehors de la cavité et resserré par de petits mamelons arrondis qui alternent avec les sépales.

Sépales de diverses formes : on en remarque sur quelques fruits qui sont en forme de cornets très comprimés ; sur quelques autres ils sont libres, dressés, caniculés ou en partie caducs, verts extérieurement, duveteux et grisâtres à l'intérieur.

Pédicelle moyen, ligneux, droit, placé dans une cavité plus ou moins profonde et régulière, entourée de quelques petites bosses inégales, parfois mais assez rarement implanté pour ainsi dire à fleur du fruit, mais alors environné à sa base d'un bourrelet qui semble sortir d'une cavité évasée et irrégulière.

Peau lisse sans être fine, épaisse, vert clair passant au jaune soufre à l'époque de la maturité, se teintant parfois de rouge clair du côté du soleil, marbrée et granitée de gris rouille, maculée fortement de même couleur autour du pédicelle, beaucoup plus faiblement autour de l'œil.

Chair blanche verdâtre ou blanche neigeuse, mi-fine, tendre, fondante ou crépitante, pourvue d'une eau abondante, douce, sucrée mais peu relevée, sauf lorsque le fruit est récolté sur un arbre planté dans un sol très léger.

Cœur assez grand relativement à la grosseur du fruit, central, ovale aigu, environné de concrétions pierreuses.

Pepins assez gros, obtus, voûtés, éperonnés, blond ombré brun, placés dans des loges moyennes mais longues et perpendiculaires.

Maturité. Cette bonne poire, qui est encore peu répandue dans beaucoup de départements, mûrit, selon la latitude, de décembre à avril. Elle a le mérite de se bien conserver au fruitier, si elle a été récoltée par un temps sec et pas trop tardivement, vers la fin de la première quinzaine d'octobre par exemple.

Culture. L'arbre se greffe indistinctement sur tous sujets et se cultive sous toutes les formes. Il se prête facilement à la forme pyramidale, qu'on rend gracieuse et aérée en écartant les branches du tronc, pendant leur jeunesse, au moyen d'arcs boutants; sans cette précaution, les branches prenant une direction trop verticale, font que l'arbre prend la forme et l'aspect d'un peuplier d'Italie, ce qui nuit à sa fertilité et à la qualité de ses fruits. Il se plait dans les sols légers, fertiles, un peu frais, et aux expositions bien éclairées. Des fruits récoltés sur des arbres plantés dans ces conditions possédaient l'arôme particulier de Bergamotte.

On taille court les arbres greffés sur coignassier, et un peu long ceux qui sont greffés sur franc, jusqu'à ce qu'ils se mettent à fruit; une fois la production obtenue, la taille doit être en proportion de la vigueur et de la fertilité de l'arbre. Souvent la tige s'emporte en une flèche vigoureuse et élancée : il est important de ne pas la laisser aller à sa volonté, et de l'arrêter par un pincement fait à propos. Si cette flèche pousse vigoureusement et qu'elle s'épaississe à sa base, c'est signe qu'elle s'allongera beaucoup; il faut alors l'arrêter par un pincement pratiqué à trente ou quarante centimètres de sa naissance. On pince les jeunes bourgeons sur la quatrième ou cinquième feuille; on casse à l'aoûtement, on raccourcit et on éclaircit les brindilles lors de la taille, afin de ménager la vigueur, la fertilité et la grâce de l'arbre.

*Le Secrétaire du Congrès pomologique
et du Comité de rédaction,*
C.-Fnd WILLERMOZ.

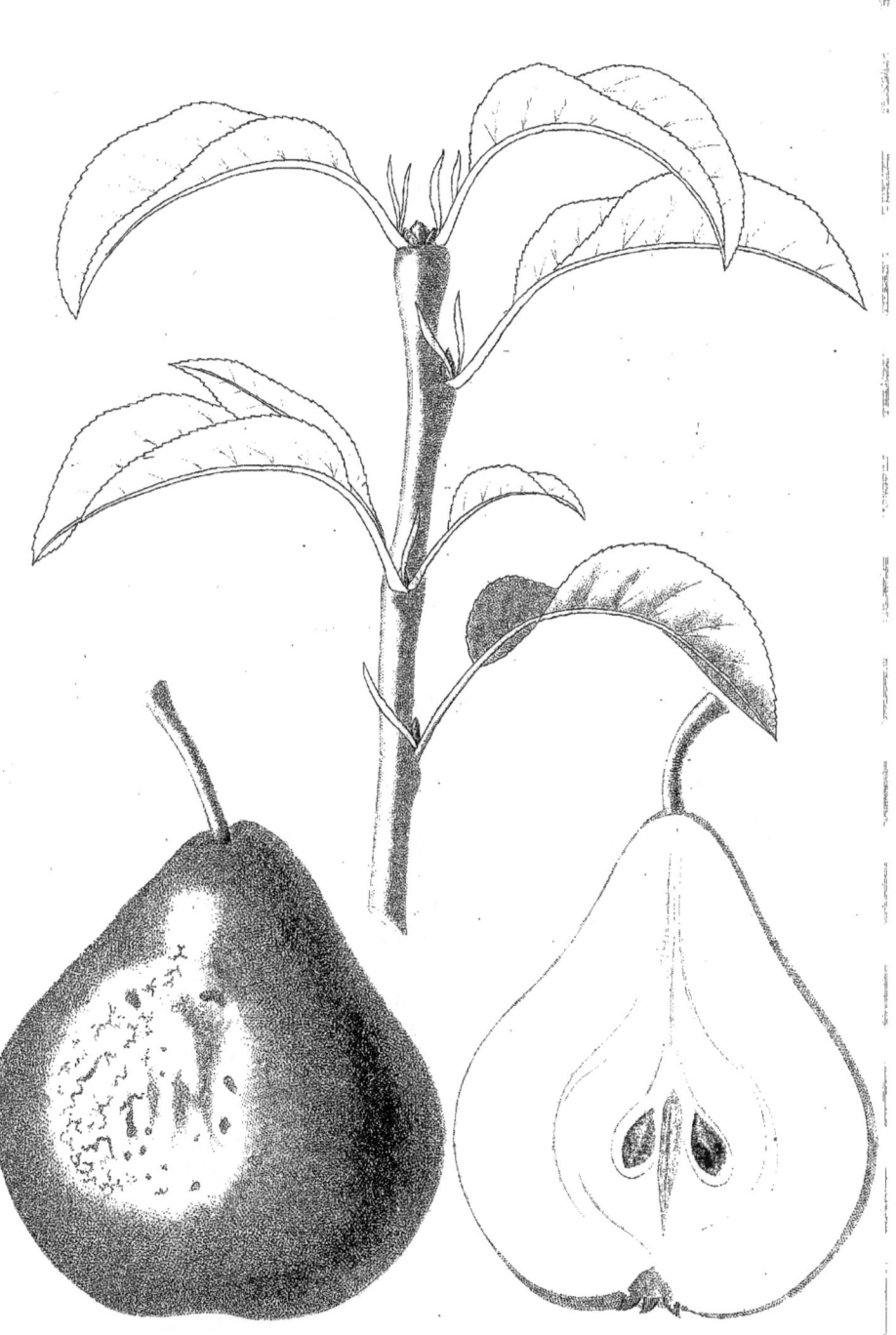

BEURRÉ BURNICQ

BEURRÉ BURNICQ.

(81. COLMAR.)

~~~~~~~~~~~~~~~~~~~~~~~~~~~

SYNONYMES. Variété nouvelle qui ressemble au *Passe Colmar Musqué*, attribuée au même obtenteur.

ORIGINE. Cette excellente variété est due aux semis du major Esperen. Sa première production a eu lieu en 1846; elle a été dédiée par l'obtenteur à feu M. Burnicq, curé à Lasnes (Belgique).

AUTEURS DESCRIPTEURS :

A. Bivort. *Album de Pomologie*, tome III, page 3.
J. de Liron d'Airoles a copié Bivort. *Notice Pomologique*, page 28. 1854.
Thuillier-Aloux. *Bulletin Pomologique de la Société d'Horticulture de la Somme*. 1855.
Robert Hogg. *The Fruit Manual*, 2ᵉ édition. Londres, 1860.

DESCRIPTION. Arbre pyramidal, vigoureux et fertile, ayant un peu d'analogie, par son faciès, avec le *Doyenné d'Hiver*.

BRANCHES formant d'abord un angle aigu avec le tronc, mais s'en écartant d'une manière tellement sensible avec le temps, que l'angle devient pour ainsi dire droit; un peu confuses, arquées et divergentes, parfois épineuses dans leur jeunesse.

RAMEAUX de l'année, gros, longs, raides, renflés et coudés à chaque console, arqués en sens divers, obliques ascendants, duveteux, renflés à leur sommet, légèrement nervés sous quelques consoles de la partie supérieure, blond fauve du côté de l'ombre, rouge violacé brillant du côté opposé, faiblement parsemés de petites lenticelles fauves, rondes et saillantes.

Entre-feuilles irréguliers, les plus courts sont dans le milieu du rameau, les plus longs à la base et au sommet; leur longueur varie entre vingt et quarante millimètres.

Boutons a feuilles gros à la base, moyens au sommet, coniques, aigus, à pointe écartée du rameau, quelques-uns portés par des rudiments de dards, à écailles brun maron ombré gris argentin; le terminal est court, large à sa base, très aigus, presque noir; souvent il est ou à fruit ou avorté.

Boutons a fruits moyens, en pyramide, aigu, recouverts d'écailles brun violacé ombré marron et gris, supportés par des dards plissés, courts, brun olivâtre, et par des bourses petites, courtes, anguleuses, brun fauve, faiblement ridées à leur base.

Feuilles d'un vert jaunâtre, celles de la base d'un vert foncé, épaisses, bien fibrées, ovales ou ovales lancéolées, planes ou à bords légèrement relevés en tuile, arquées finement mais irrégulièrement dentées; sur quelques-unes, les dents ne sont visibles que vers le sommet de la lame, sur quelques autres, particulièrement à la base des rameaux, elles sont nulles ou très peu apparentes, leur grandeur varie selon leur position: ainsi celles du haut du rameau ont six centimètres de long et trois de large, tandis que celles de la base sont longues de neuf centimètres et larges de cinq. On remarque du côté gauche de chaque console et à la base du pétiole d'une feuille secondaire, une écaille brune, brillante, très saillante (caractère rare).

Pétioles gros, blanc verdâtre lavé rose tendre, canaliculés, droits ou arqués, longs de quinze à quarante millimètres.

Stipules linéaires, lancéolées, ciliées, divergentes.

Fruit moyen, rarement solitaire, par paire et en trochet, assez sujet à se détacher de l'arbre avant la récolte, légèrement odorant à la maturité, ayant beaucoup d'analogie avec le *Passe Colmar*, non par la couleur, mais par son faciès et sa forme qui est celle de *Colmar;* sa hauteur moyenne est de huit centimètres, et son diamètre est de sept.

Œil petit, souvent irrégulier, parfois ouvert, plus souvent clos ou demi fermé, placé dans une cavité peu profonde, peu ou assez évasée.

Sépales moyens, soudés, en gouttière, dressés ou inclinés, aigus, brun verdâtre, bordés gris noir, partiellement caducs.

Pédicelle moyen, renflé à sa base et à son sommet, strié, plissé et ligneux dans le milieu, fauve noisette, obliquement placé à fleur du fruit sur une pointe tantôt émoussée, tantôt bien prononcée.

Peau lisse, fine, peu épaisse, vert jaunâtre passant au jaune d'or à la maturité, abondamment marbrée de fauve sur toute sa surface, mais plus particulièrement à la base du pédicelle, vers la tête et du côté frappé par les rayons du soleil, relevée de quelques taches rouge brun foncé.

Chair blanche verdâtre, fine, fondante, beurrée, pourvue d'une eau abondante, très sucrée, douée du parfum de celle du *Passe Colmar*, mais un peu plus acidulée.

Cœur petit, placé plus près de l'orifice que du pédicelle, court, cordiforme, entouré de quelques concrétions pierreuses.

Maturité. Cette bien bonne variété, encore peu répandue et peu connue, est, dit M. Jard, le patriarche de la pomologie française et l'homme le plus compétent en arboriculture, une des meilleures de la saison. Dans la Gironde, elle mûrit en septembre; dans le centre et l'est de la France, elle mûrit vers le milieu d'octobre et se conserve parfaitement au fruitier jusqu'au milieu de novembre, lorsqu'on a eu la précaution de la récolter vers le milieu de septembre.

CULTURE. L'arbre se greffe sur tous sujets; on peut le diriger sous toutes les formes et le planter à toutes les expositions. Greffé sur coignassier et planté dans les sols forts ou trop légers, il pousse faiblement et produit de petits fruits rarement bons. Mais s'il est implanté dans un sol silico-argileux, sain et aéré, sa vigueur est remarquable et son produit superbe. Greffé sur franc et planté dans un sol analogue, il pousse plus vigoureusement encore; toutefois, la récolte est plus lente, les fruits moins abondants et plus petits pendant les quatre ou cinq années qui suivent la plantation; ce n'est qu'à l'âge adulte qu'il devient réellement très fertile et que ses fruits d'une grande délicatesse prennent un beau développement. On ne doit prendre pour la multiplication que les scions de la partie la plus élevée d'un arbre bien venant; sans cette précaution, les branches se chargent d'épines. On taille long pendant la jeunesse de l'arbre, sauf les branches supérieures et la flèche qu'on taille un peu plus court. Lorsque la production est acquise, on devient plus sévère et l'on coupe les rameaux sur le deuxième ou le troisième bouton à feuilles bien placé. Le pincement se pratique comme sur toutes les variétés vigoureuses et fertiles.

Le poirier Beurré Burnicq est très propre à la haute tige; c'est une bonne acquisition pour les vergers abrités, et l'on ne saurait trop en recommander la culture.

Le Secrétaire du Congrès pomologique
et du Comité de rédaction,

C.-F^{né} WILLERMOZ.

PASSE-CRASSANE

PASSE CRASSANNE.

(82. BERGAMOTTE.)

SYNONYMES : *Passe Crassanne Boisbunel.*

ORIGINE. Obtenue par M. Boisbunel, pépiniériste à Rouen, d'un semis de pepins variés fait en 1845. Le premier rapport a eu lieu en 1855.

AUTEURS DESCRIPTEURS :

Boisbunel. *Bulletin du Cercle pratique d'Horticulture de Rouen*, page 199. 1859.
Annales de Pomologie Belge, page 11. 1858.
A. Dupuis. *Revue Horticole*, page 657. 1859.
J. de Liron d'Airoles. *Notice Pomologique*, page 29. 1858.

DESCRIPTION. Arbre pyramidal, assez vigoureux, se mettant promptement à fruit.

BRANCHES de grosseur moyenne, assez longues, bien espacées, obliques, garnies d'épines qui disparaissent avec le temps.

RAMEAUX de l'année moyens ou gros, assez longs, droits à leur sommet, coudés à leur base, obliques ascendants, brun rougeâtre du côté du soleil, brun verdâtre du côté opposé, ponctués abondamment vers le bas de lenticelles blanchâtres, rondes, proéminentes, très nombreuses et très peu apparentes vers le haut.

Entre-feuilles assez réguliers, plus courts cependant au sommet qu'à la base; leur longueur varie entre vingt et trente millimètres.

Boutons a feuilles gros, courts, apprimés, anguleux, coniques, pointus, écartés du rameau par leur sommet, supportés par des consoles saillantes, brun marron ombré gris cendré; le terminal, rougeâtre, pyramidal, conique, renflé, est recouvert d'écailles brunes.

Boutons a fruits assez gros, ovales, arrondis, recouverts d'écailles brunes, blanchâtres au sommet; portés par des dards coudés, minces, bosselés et par de petites bourses fauve grisâtre, renflées et articulées à leur base.

Feuilles d'un vert foncé brillant, épaisses, grossièrement fibrées, elliptiques, lancéolées, aiguës, horizontales, pendantes, arquées et en gouttière, à bords entiers, sauf à leur sommet où ils sont finement dentés (on trouve quelques feuilles très ondulées et même tourmentées chez les jeunes sujets de pépinière); leur longueur est de huit à neuf centimètres.

Pétioles gros, vert blanchâtre, canaliculés, dressés, longs de quinze à vingt millimètres.

Stipules filiformes, courtes, vert clair, dressées et arquées du côté du rameau, très souvent caduques.

Fruit assez gros ou gros, tantôt solitaire, tantôt par paire et en trochet, bien attaché à l'arbre, inodore, ventru, arrondi, bosselé et irrégulier du côté de la tête où il est tronqué, souvent plus large que haut, affectant généralement la forme de bergamotte; sa hauteur moyenne est de sept centimètres, et son diamètre de huit.

Œil moyen et grand, tantôt ouvert et régulier, tantôt irrégulier et demi-clos, placé dans une cavité infundibuliforme, évasée, régulière, parfois au contraire irrégularisée par des bosses inégales.

Sépales gros, contournés en tous sens, brun fauve, à pointes aiguës et grises.

Pédicelle gros, ligneux, renflé à ses extrémités, arqué, brun roux ombré gris, planté dans l'axe du fruit, au milieu d'une petite cavité assez profonde, peu évasée et irrégularisée par des plis; sa longueur est de vingt à quarante millimètres.

Peau rude, épaisse, brillante, vert terne foncé passant au jaune clair à la maturité, granitée et tachée fauve clair, rayée et maculée brun roux fortement ombré gris autour du pédicelle et sur les bosses qui l'environnent; une couche concentrique rousse règne autour de l'œil.

Chair très blanche, très fine, serrée, fondante, beurrée, pourvue d'une eau abondante, sucrée, bien parfumée, relevée, vineuse, exquise.

Cœur central, moyen, ovoïde, renflé, aigu à ses deux extrémités, parfois large et arrondi, environné de très petites concrétions pierreuses, peu abondantes.

Pépins plutôt moyens que petits, droits, très aigus, mal nourris, renflés d'un côté, convexes de l'autre, presque arrondis à leur base, brun marron, placés dans des loges moyennes et perpendiculaires; plusieurs sont avortés.

Maturité. Cette précieuse variété, d'un grand avenir, particulièrement pour le midi de la France, où elle est encore très peu répandue, mûrit pendant les quatre premiers mois de l'année. Les fruits récoltés en espalier, ou sur les arbres greffés sur coignassier et plantés à une exposition chaude, mûrissent dans le courant de janvier; dans une partie du centre et de l'est, la maturité commune a lieu de février à mars; dans le nord et le nord-ouest, elle se prolonge facilement jusqu'à la fin d'avril.

Le fruit se conserve parfaitement au fruitier sans blettir; toutefois il faut peu le déranger de place, car les pressions trop fortes ou trop multipliées le font noircir comme le *Colmar d'Arenberg*. Vu sa longue conservation, il est très propre à l'exportation et peut être expédié à de grandes distances, même lorsqu'il est déjà un peu avancé.

CULTURE. L'arbre peut être greffé indistinctement sur coignassier et sur franc; il s'accommode aussi de la greffe intermédiaire sur un sujet vigoureux; cultivé sur coignassier, il réclame un terrain généreux et ne convient que pour les petites formes, telles que cordons, fuseaux, buissons, etc. Cultivé en pyramide ou en espalier à bonne exposition, il réclame une taille courte et des pincements sévères pour garnir complètement ses branches, surtout lorsqu'il est en rapport; on le maintient ainsi en vigueur et en état de rapporter des fruits beaucoup plus beaux que ceux qui sont récoltés sur la haute tige, forme plus propice au midi et au centre qu'au nord de la France. Dans les terres fortes, humides et aux expositions ombragées, les fruits perdent tout leur mérite.

Cette variété nouvelle, très épineuse à l'origine, a presque perdu totalement ses épines par une culture raisonnée; cependant il existe encore des sujets greffés primitivement qui en sont pourvus, à tel point, qu'ils ont une physionomie différente de ceux greffés plus récemment; le bois est moins gros, les feuilles et les fruits plus petits.

Cette description est due à M. Boisbunel fils, pépiniériste à Rouen et membre de la Commission de Pomologie de la Société impériale et centrale d'Horticulture de la Seine-Inférieure.

Le Secrétaire du Congrès pomologique
et du Comité de rédaction,
C.-F^{né} WILLERMOZ.

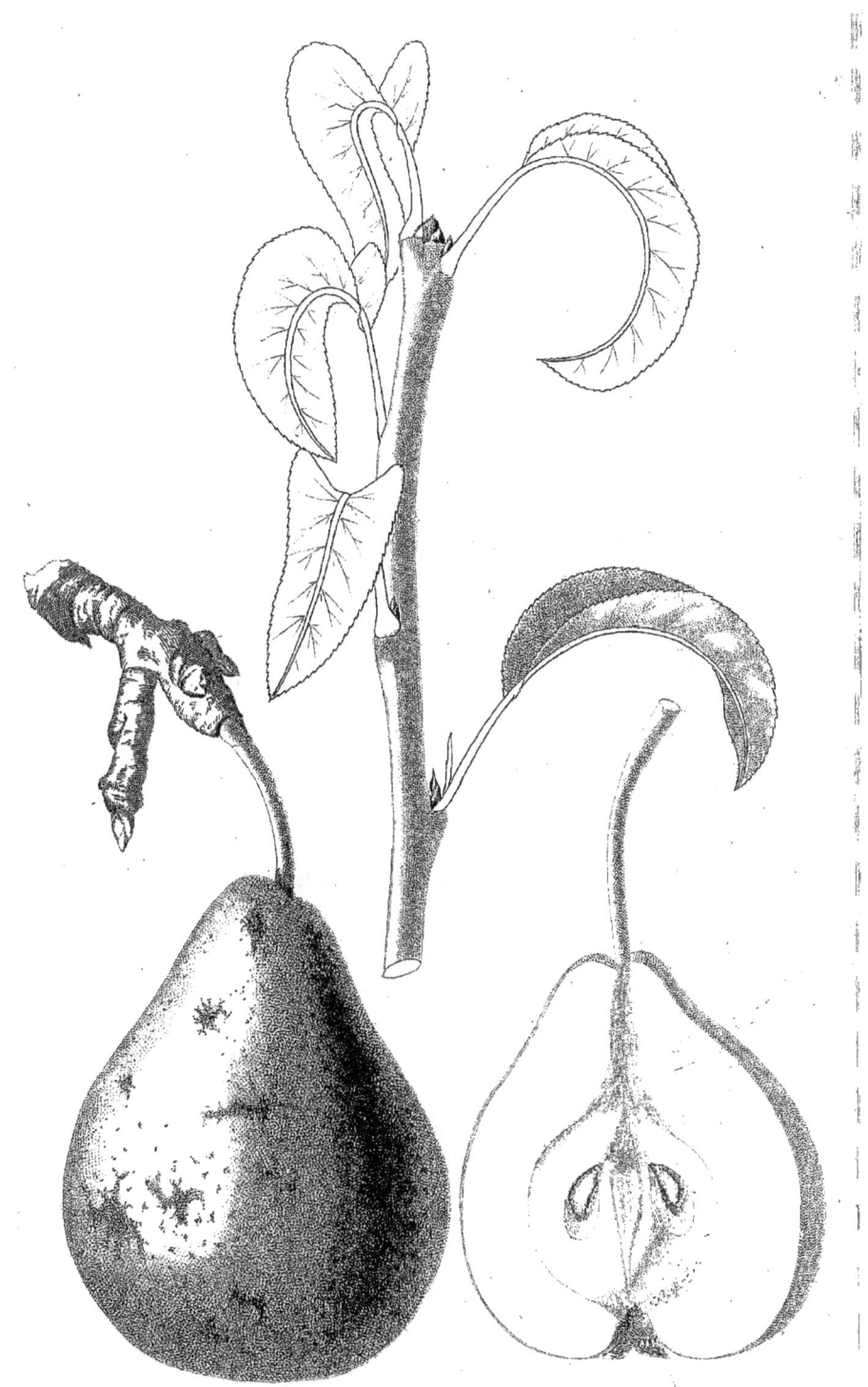

ROUSSELET D'AOUT

ROUSSELET D'AOUT.

(83. ST-GERMAIN.)

Synonymes : *Gros Rousselet d'Août.*

Origine. Gain de Van Mons, adressé par l'obtenteur, sous le n° 201, à son ami M. Milliot, pomologue très distingué à Nancy. On ignore la date du semis et l'époque de la première fructification. A. Bivort, qui a acquis les pépinières de Van Mons, n'a connu le fruit qu'en 1851.

Auteurs descripteurs :

A. Bivort. *Album de Pomologie*, tome IV, page 129.

Société Van Mons. Page 39. 1854.

J. de Liron d'Airoles. *Notice Pomologique*, page 19. 1854.

Thuillier Aloux. *Bulletin Pomologique de la Société d'Horticulture de la Somme*, page 21. 1855.

Description. Arbre pyramidal, d'une grande vigueur et d'une grande fertilité sur franc, très fertile sur coignassier, avec lequel cependant il s'allie fort bien.

Branches formant un angle ouvert avec le tronc, espacées sans confusion, fortes, peu droites, sans épines, ombrées par places d'une teinte grise argentée, remarquable.

Rameaux de l'année gros, forts, de moyenne longueur, coudés, arqués et striés sous les consoles; l'épiderme, blond olivâtre du côté de l'ombre, brun fauve du côté du soleil, légèrement teinté de rouge au sommet, est très abondamment recouvert de lenticelles rondes groupées, gris blond et saillantes.

Entre-feuilles très inégaux; les petits sont mélangés avec les grands de la base au milieu, et du sommet au milieu ils sont presque égaux et petits; leur longueur varie entre quinze et quarante millimètres.

Boutons a feuilles de deux sortes : ceux du sommet sont petits, triangulaires, apprimés à leur base, à pointe aiguë, à peine écartée du rameau, brun noirâtre; ceux de la base, plus gros, sont coniques, saillants, brun fauve parfois coloré de rouge brun, portés par des consoles mamelonnées et bien prononcées; le terminal est petit, conique, obtus, recouvert d'écailles brunes, mal appliquées; souvent il est caché par la base des trois ou quatre feuilles qui l'accompagnent.

Boutons a fruits gros, coniques, pointus, à écailles brun foncé ombré noir et gris argentin, supportés par des dards courts, renflés à leur base, fortement articulés, brun verdâtre, et par des bourses grosses, courtes, voûtées et renflées dans leur milieu, blond olivâtre du côté de l'ombre, brun noisette ombré roux du côté du soleil, lisses à leur sommet, ridées à leur base, ponctuées gris blond sur toute leur surface.

Feuilles vert très clair, peu épaisses, finement fibrées, elliptiques allongées et ovales lancéolées, pointues, quelques-unes planes, les autres arquées, en gouttière, contournées, ondulées et crispées, à serrature surdentée, profonde et régulière. Leur longueur est de cinq à neuf centimètres et leur largeur de deux à quatre. Celles qui accompagnent les rameaux fruitiers sont d'un vert plus foncé; toutes sont lancéolées et presque entières, sauf à leur extrémité où il existe quelques petites dents; les secondaires, nombreuses, sont très étroites, dressées, arquées, en gouttière et finement dentées.

Pétioles moyens et grêles, d'inégale longueur, à peine canaliculés, quelques-uns ne le sont pas, surtout ceux du sommet du rameau qui sont les plus gros; tous sont d'un vert jaunâtre légèrement teinté de rose pâle; leur longueur varie entre quinze et trente-cinq millimètres; ceux des feuilles florales sont plus jaunes, plus gros et plus longs.

Stipules filiformes, très minces, allongées, ondulées, de la couleur des pétioles.

Fruit moyen, très rarement solitaire, bien attaché à l'arbre, même à l'époque de la maturité, odorant, à surface unie, ovale, allongé et pointu à ses deux extrémités lorsqu'il est récolté sur un arbre à son premier rapport, prenant ensuite sa forme normale, qui est celle d'une *Louise Bonne d'Avranches*. Sa hauteur moyenne est de neuf à dix centimètres et son diamètre de six à sept.

Œil grand, ouvert, rarement irrégulier, teinté de brun dans son intérieur, placé à fleur du fruit ou dans une très légère dépression.

Sépales grands, longs, lancéolés, soudés à leur base, étalés en forme d'étoile, aigus, rosés sur leur surface, parfois caducs lorsque l'œil perd sa régularité.

Pédicelle gros, arqué, tortueux, ligneux, renflé et charnu à sa base, blond verdâtre du côté de l'ombre, blond brunâtre du côté opposé, long de cinq à six centimètres, implanté à fleur du fruit avec lequel il fait corps quelquefois.

Peau fine, lisse, mince, vert tendre, passant au jaune clair, granitée de roux, de gris et de vert, marbrée de fauve du côté de l'ombre et autour du pédicelle, le plus souvent lavée de rouge carmin du côté du soleil.

Chair blanche, citrine, fine, fondante, pourvue d'une eau abondante, sucrée, vineuse, délicieusement et agréablement relevée d'un arôme tout particulier.

Cœur moyen, plus rapproché de l'œil que du pédicelle, cordiforme, allongé, aigu vers sa base, plein d'une substance fine, blanche, qui se confond avec la chair.

Pépins assez gros, longs, aigus, éperonnés, renflés d'un côté, marron clair, brun foncé à leur base et à leur sommet, placés dans des loges spacieuses, perpendiculaires.

Maturité. Cette jolie et bien bonne poire, encore peu connue et peu répandue, mûrit du commencement à la fin du mois d'août, selon la latitude ; comme tous les fruits précoces, elle demande à être entre-cueillie et à être touchée avec précaution. Après dix à douze jours de fruitier, c'est vraiment un fruit de toute première qualité et bien digne de succéder au *Beurré Giffard*.

Culture. L'arbre se greffe indistinctement sur coignassier et sur franc ; il est même plus important de le cultiver sur ce dernier sujet. On peut l'élever sous toutes les formes, mais particulièrement en haute-tige, forme sous laquelle il est appelé à rendre de grands services dans les vergers ; il réussit très bien en cordon, fuseau et pyramide, qu'on taille courts pour obtenir, après la troisième ou quatrième année de plantation, un arbre bien formé et pour maintenir l'équilibre dans la fertilité. On pince le jeune rameau sur la deuxième ou troisième feuille ; s'il émet, après cette opération, des bourgeons anticipés, ce qui manque rarement, il faut les casser très tardivement. Il arrive souvent que les ramifications fruitières placées sur la partie la plus éclairée des branches prennent un très fort développement ; on évite cet inconvénient en les retranchant sur l'empâtement lors de la taille. Pour former une pyramide régulière, il est nécessaire d'apporter quelques soins à la direction des branches charpentières, qui souvent ont une tendance à se diriger en sens divers.

L'arbre prospère à toutes les expositions éclairées, mais il craint singulièrement les terres argileuses et humides ; il craint davantage encore celles qui sont maigres et peu profondes. Dans ces circonstances, l'arbre se chancre et les fruits sont insipides.

Le Secrétaire du Congrès pomologique
et du Comité de rédaction,
C.-F^{né} WILLERMOZ.

P. PÊCHE

POIRE PÊCHE.

(84. DOYENNÉ.)

SYNONYMES : *Peach* par les Anglais.

ORIGINE. Variété obtenue par le major Esperen, d'un semis fait vers 1835 ou 1836. Son premier rapport date de 1845.

AUTEURS DESCRIPTEURS :
A. Bivort. *Album de Pomologie*, tome III, page 111.
Société Van-Mons, page 85. 1855.
Thuillier Aloux. *Bulletin Pomologique de la Société d'Horticulture de la Somme*, page 45. 1855.
J. de Liron d'Airoles. *Notice Pomologique*, page 44. 1855.
C. Baltet. *Les Bonnes Poires*, page 11. 1859.
Robert Hogg, sous le nom de *Peach. The Fruit Manual*, 2ᵉ édition. 1860.

DESCRIPTION. Arbre pyramidal, vigoureux et d'une fertilité moyenne sur franc, moins vigoureux et plus fertile sur coignassier, avec lequel il ne prospère que dans les sols de première nature.

BRANCHES formant avec le tronc un angle aigu, d'inégale longueur et grosseur, clairement espacées, arquées et sinueuses; épines très rares sur franc, jamais apparentes sur coignassier.

Rameaux de l'année moyens ou assez gros, très inégaux dans leur longueur, ascendants, arqués, lisses, striés dessous et de chaque côté des consoles, blond olivâtre du côté de l'ombre, brun roux et teintés de rouge du côté du soleil, clairement parsemés de petites lenticelles grises, les unes rondes, les autres ovales et concaves.

Entre-feuilles inégaux, mais assez réguliers; les plus petits se trouvent placés alternativement entre deux plus grands; leur longueur varie entre vingt-cinq et trente-cinq millimètres.

Boutons a feuilles moyens et gros, selon la vigueur de l'arbre; les plus gros sont coniques, allongés, très aigus et écartés du rameau par leur sommet, brun foncé tirant sur le noir, ombré gris sale; les plus petits se trouvent sur les gros rameaux; ils sont moins foncés, déprimés à leur base, anguleux, pointus et presque entièrement appliqués contre le rameau; le terminal, assez gros, est pyramidal, aigu ou très court, conique et fauve.

Boutons a fruits gros, longs, ovoïdes, très aigus, marron ombré noir et gris, portés par de petits dards courts, très articulés et par des bourses assez grosses, assez longues, amincies à leur extrémité, profondément ridées à leur base, de la couleur des rameaux, parsemées de lenticelles petites, brunes et rondes.

Feuilles d'un vert clair, assez épaisses, finement fibrées, la nervure médiane très développée, ovales lancéolées, acuminées, dressées, faiblement arquées, à bords relevés en tuile, finement et régulièrement dentés; leur longueur est de six centimètres et leur largeur de trois à quatre. Celles des rameaux fruitiers sont très grandes (dix centimètres), ovales lancéolées, presque planes et entières, très longuement pétiolées.

Pétioles moyens, droits, jaune verdâtre, profondément canaliculés, longs de quinze à vingt millimètres.

Stipules linéaires, courtes, jaunâtres, aiguës, écartées.

Fruit petit et moyen, parfois assez gros, rarement en trochet, le plus souvent solitaire et par paire, bien attaché à l'arbre, très peu odorant, affectant tantôt la forme ovale irrégulière, tantôt celle de *Bergamotte* à surface unie, et plus fréquemment celle de *Doyenné*, un peu bosselé vers la tête et autour du pédicelle; sa hauteur moyenne est de sept centimètres et son diamètre de six et demi.

Œil moyen, régulier, couronné, ouvert ou clos, placé dans une cavité peu profonde, très évasée, irrégularisée par des plis et des bosses peu sensibles.

Sépales petits, charnus, vert clair à leur base, secs et noirs à leur sommet, tantôt dressés et déjetés en dehors, tantôt chiffonnés et couchés en dedans.

Pédicelle moyen, ligneux, droit, lisse, brillant, blond verdâtre à l'ombre, brun clair au soleil, long de vingt à vingt-cinq millimètres, implanté parfois à fleur du fruit, d'autres fois dans une cavité assez profonde, évasée et irrégularisée par quelques bosses, dont une plus sensible que les autres; une large tache frangée brun fauve règne à sa base (caractère constant comme dans le *Beurré Boisbunel*).

Peau fine, lisse, mince, vert bronzé, passant au jaune verdâtre à la maturité, rarement teintée de roux au soleil, ponctuée et marbrée de brun fauve, particulièrement à la base du pédicelle.

Chair blanche, citrine, fine, très fondante, pourvue d'une eau abondante, sucrée, vineuse, douée d'un parfum délicieux de toute première qualité.

Cœur moyen, central, ovale, arrondi, confondu avec la chair.

Pépins assez gros, ovales, pointus, convexes d'un côté, aplatis de l'autre, brun ombré marron, placés dans des loges assez grandes, un peu obliques.

Maturité. Cette délicieuse poire, encore fort peu connue, mûrit ordinairement du commencement d'août au commencement de septembre ; parfois on en mange de parfaites pendant la dernière semaine de juillet. Elle demande à être entre-cueillie et à être surveillée au fruitier, où elle se fait successivement sans blettir; toutefois, si on laisse passer le degré de maturité convenable, elle perd beaucoup de ses bonnes qualités.

Culture. L'arbre se greffe indistinctement sur franc et sur coignassier, et peut s'élever sous toutes les formes. On recommande spécialement le franc pour les grandes formes; le coignassier ne convient qu'aux petites; il s'épuise d'ailleurs trop promptement sur ce dernier sujet par ses rapports jamais alternes ; il aime les sols riches, profonds et drainés et réussit à toutes les expositions. Lorsque l'arbre est greffé sur franc ou sur greffe intermédiaire, la flèche et les branches supérieures ont une tendance à s'élancer verticalement et vigoureusement, ce qui nuit à la croissance des branches inférieures ; cette particularité existe également lorsque l'arbre est greffé sur coignassier, mais elle est infiniment moins sensible. On remédie à cette organisation par une taille courte de la flèche et des branches du haut, par la conservation de leurs boutons floraux et par des crans exécutés à propos et avec discernement; on y remédie également en taillant les branches inférieures un peu long et en les soulageant de la surabondance des boutons à fleurs, qui souvent sont au nombre de sept ou huit sur chaque courson. Les jeunes bourgeons doivent être pincés sur la deuxième ou troisième feuille et de bonne heure.

Le Secrétaire du Congrès pomologique
et du Comité de rédaction,
C.-F^{né} WILLERMOZ.

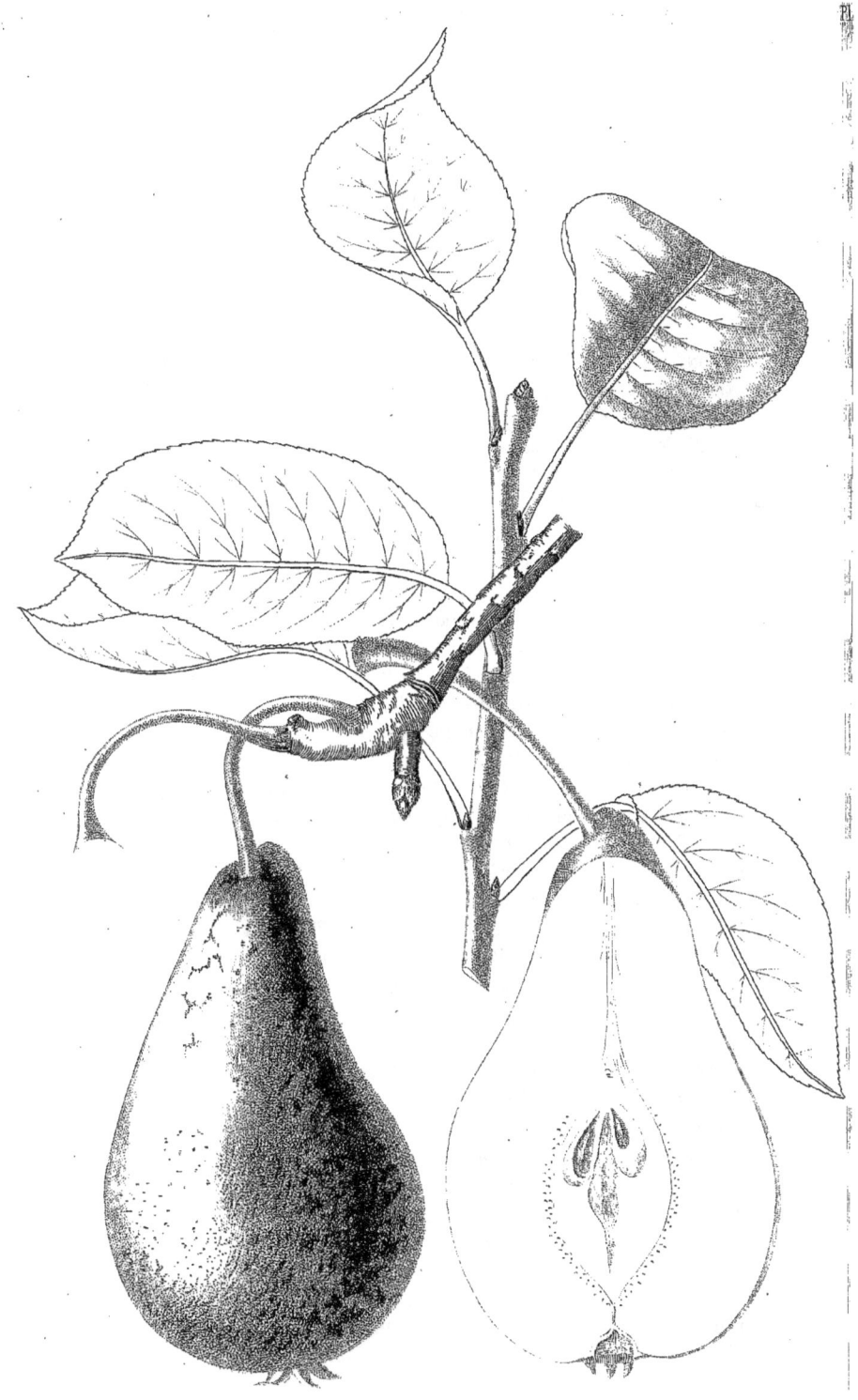

EPARGNE

ÉPARGNE.

(85. SAINT-GERMAIN.)

Synonymes : *Beau-Présent. — Beau-Présent d'été. — Belle-Verge. Beurré de Paris. — Chopine. — Cueillette* (à Rouen), par erreur *Cuisse-Dame. — Cuisse-Madame. — Grosse-Cuisse-Dame* (Poiteau.) *Grosse-Madeleine* (à Troyes). — *Jargonelle* (des Anglais). — *Marion-Jassol. — Poire à la Flûte. — Poire de la table des Princes. — Saint-Lambert. — Saint-Samson. — Seigneur* (Jard. Franç.).

Origine. Très ancienne variété citée par les auteurs du XVIIe siècle.

Auteurs descripteurs :

Nicolas Bonnefons. *Jard.-Franç.*, page 62, 1675.

Merlet. *Abrégé des Bons-Fruits*, page 65. 1690.

Liger. *Cult. parf. des Jard. Fruit.*, page 440. 1702.

J. Pitton Tournefort. *Inst. Rei Herb.*, tome I, page 629. 1719.

Laquintinie. *Inst. sur les Jard. Fruit.*, tome I, page 275. 1730, cite le nom de *Saint-Sansom* comme synonyme d'*Epargne*, et n'en fait pas une variété distincte.

Duhamel. *Trait. des Arb. Fruit.*, tome II, page 133, tab. 7. 176'.

Herman Kenoop. *Pomol. des Pays-Bas*, page 102, tab. 5. 1771.

De La Bretonnerie. *Ecole du Jard. Fruit.*, tome II, page 420. 1784.

Le Berryais. *Traité des Jard.*, page 312, 1788.

Pomona Austriaca, tome II, page 19, tab. 77. 1797.

Poinsot. *L'Ami des Jardiniers*, tome I, page 178. 1804.

E. Calvel. *Traité gén. des Pépin.*, pages 284 et 301. 1805.

T. Y. Catros. *Traité raison. des Arb. Fruit.*, page 295. 1810.

G. L. M. du Mont de Courset. *Le Botaniste-Cultivateur*, tome V, page 437. 1811.

L. Noisette. *Le Jard. Fruit.*, page 117, tab. 38. 1839.

Couverchel. *Traité des Fruits*, page 465. 1839.

Poiteau. *Pomolog. Franç.*, tab. 38 et 38 bis.

Journal d'Horticulture-Pratique Belge, tome III, page 302. 1846.

C.-F[né] Willermoz. *Bulletin Soc. Hort. du Rhône*, page 158. 1848.

Annales de Pomologie Belge, tome I, page 115.

Thuillier Aloux. *Bulletin Pomol. Société Hort. de la Somme*, page 11. 1855.

Dubreuil. *Traité d'Arbor.*, page 601, tab. 1. 1857.

J. de Liron d'Airoles. *Liste synonym.*, page 72. 1857.

Ch. Baltet. *Les Bonnes Poires*, page 10. 1859.

Decaisne. *Jardin Fruitier du Muséum*, tome II.
P. de Mortillet. *Les Quarante Poires*, page 25, 1860.
Robert Hogg. *The Fruit Manual*, 2me édition. 1860.

DESCRIPTION. Arbre très vigoureux et très fertile, peu propre à la forme pyramidale, formant un nodus considérable à l'endroit de la greffe lorsqu'il repose sur coignassier.

BRANCHES inégalement espacées, diffuses, divariquées, tortueuses, sans épines.

RAMEAUX de l'année gros, assez longs, légèrement renflés et rugueux à leur extrémité, arqués et contournés, donnant à l'arbre un aspect peu agréable; leur épiderme, rougeâtre teinté de pourpre du côté du soleil, fauve olivâtre teinté de gris du côté opposé, est parsemé de lenticelles grises, arrondies, saillantes, très abondantes sur la partie renflée du sommet.

ENTRE-FEUILLES inégaux : la longueur de ceux de la base au milieu du rameau est de 35 à 45 millimètres; celle du milieu au sommet est de 15 à 30.

BOUTONS A FEUILLES petits et moyens, déprimés à leur base, anguleux, pointus, presque entièrement appliqués contre le rameau, portés par de larges consoles peu saillantes, recouverts d'écailles brunes, ombrées gris; le terminal, gros, court, recouvert d'écailles brun fauve, duveteuses, mal appliquées, est souvent à fruit.

BOUTONS A FRUITS gros, ovales, ventrus, obtus, à écailles brun roux mêlé de fauve et de gris; portés par des dards courts, étranglés dans leur milieu, renflés et tronqués à leur sommet, fauve roux, ponctués finement de gris, et par des bourses courtes, renflées dans leur milieu, arrondies et articulées à leur base, brunes, en partie recouvertes d'une poussière grise. Lorsque l'arbre est greffé sur coignassier et qu'il manque de vigueur, il n'est pas rare de rencontrer ces sortes de boutons au nombre de quatre ou cinq à l'extrémité des rameaux faibles de l'année et sur les brindilles qui ont été pincées de bonne heure un peu longuement.

FEUILLES d'un beau vert foncé et sombre, épaisses, finement fibrées, arrondies, légèrement atténuées à leur base, longuement acuminées vers leur sommet qui est arqué, les unes presque planes, les autres légèrement tuilées, à serrature fine et peu profonde. Leur longueur est de sept à huit centimètres, et leur largeur de cinq. Celles qui accompagnent les productions fruitières sont ovales ou arrondies, planes, crénelées, acuminées et très longuement pétiolées.

PÉTIOLES gros, vert tendre, profondément canaliculés, plus

courts au sommet qu'à la base; leur longueur varie entre 10 et 20 millimètres.

Stipules filiformes, étalées, vert jaunâtre, aiguës, caduques.

Fruit rarement solitaire; le plus souvent par paire et en trochet, bien attaché à l'arbre, peu odorant, à surface unie ou très peu bosselée, renflé vers le milieu, parfois vers la tête qui est alors arrondie, toujours plus haut que large, diminuant en pointe vers le pédicelle, moyen, affectant rarement la forme de *Calebasse*, généralement celle de *Saint-Germain*. Sa hauteur moyenne est de 9 à 10 centimètres, et son plus grand diamètre de 5 1/2 à 6.

Œil assez grand, ouvert, couronné, régulier ou irrégulier, placé à fleur du fruit ou dans une très légère dépression.

Sépales renflés, comme charnus à leur base, longs, lancéolés, tantôt étalés en forme d'étoile ou chiffonnés, tantôt dressés et formant un tube, souvent duveteux et grisâtres, le plus souvent fauves et glabres.

Pédicelle de moyenne grosseur, plus mince dans son milieu qu'à ses extrémités, portant parfois quelques petites glandes, ligneux, blond jaunâtre du côté de l'ombre, fauve brillant du côté du soleil, arqué, long de 4 à 5 centimètres, implanté obliquement de côté, tantôt à fleur du fruit, tantôt au milieu de trois ou quatre petits plis; souvent l'un d'eux est si saillant, qu'il imite la tête d'un oiseau dont le pédicelle est le bec.

Peau rude, un peu épaisse, vert bronzé, passant au jaune herbacé à l'époque de la maturité, tachée et granitée de fauve du côté de l'ombre et de rouille vers le pédicelle, souvent marbrée de chamois et de rouge sombre du côté du soleil sur un fond rouge clair.

Chair blanche fine ou mi-fine, fondante ou mi-fondante, selon le sujet et le sol, pourvue d'une eau abondante, sucrée, finement acidulée, astringente et âpre si l'arbre est planté dans un sol fort.

Cœur moyen, elliptique, plus rapproché de l'œil que du pédicelle, entouré de concrétions pierreuses très nombreuses et assez grosses vers la base.

Pepins moyens, brun noirâtre, allongés, aigus, peu ou pas éperonnés, placés dans des loges moyennes et perpendiculaires, souvent avortés.

Maturité. Cette variété mûrit, dans le midi de la France, vers la fin de juin et pendant une partie du mois de juillet. Dans le nord, elle mûrit de la fin de juillet au commencement d'août; partout ailleurs, on la mange pendant le mois de juillet; elle demande à être entre-cueillie huit ou douze jours avant la maturité. Si on la laisse mûrir sur l'arbre, elle passe très promptement à un état de décomposition. Des spécimens, récoltés vers les premiers jours de juillet, ont été trouvés fort bons à la sortie du fruitier, le 17 du même mois; ils étaient bien supérieurs à ceux qui y avaient été apportés le 8.

CULTURE. Cette variété, très reconnaissable par son facies et par la grandeur de ses fleurs, les plus belles et les plus étalées du genre, ne prospère pas également partout et sous toutes les formes. Ainsi, dans la Seine-Inférieure, par exemple, il ne réussit pas en plein air à haute tige; on le greffe, dans cette partie de la France, sur tout sujet et on le dirige en espalier ou contre-espalier. Dans le centre de la France, depuis la Côte-d'Or jusqu'à la Lozère, l'arbre est spécialement greffé sur franc et cultivé très avantageusement en haute tige. Dans quelques départements de l'est, de l'ouest, du midi et du centre, on le greffe sur franc et sur coignassier et on le dirige en espalier, cordon et haute-tige.

Pour obtenir des hautes-tiges vigoureuses et productives, il importe de greffer en tête sur sujets forts, sains, droits et d'une vigueur exceptionnelle; la greffe près du sol ne convient que pour les espaliers et les petites formes.

Lorsqu'on cultive l'arbre en espalier, il faut avoir le soin de palisser régulièrement les rameaux de l'année, afin de leur faire prendre une position agréable; on les laisse un peu long pendant la première jeunesse si l'arbre est greffé sur franc, beaucoup plus court s'il est greffé sur coignassier. On supprime les brindilles trop abondantes et l'on pince celles qui s'emportent. Le pincement des bourgeons qui naissent sur les rameaux de l'année, doit être court, successif, et le cassement de même.

Le poirier *Epargne* craint les terres fortes, compactes et froides, sur lesquelles il se chancre et demeure infertile; il réclame les sols argilo-siliceux, chauds et aérés; il prospère à toutes les expositions, particulièrement à celles de l'est, du nord-est et du nord-ouest.

Le Secrétaire du Congrès pomologique
et du Comité de rédaction,
C.-F^{né} WILLERMOZ.

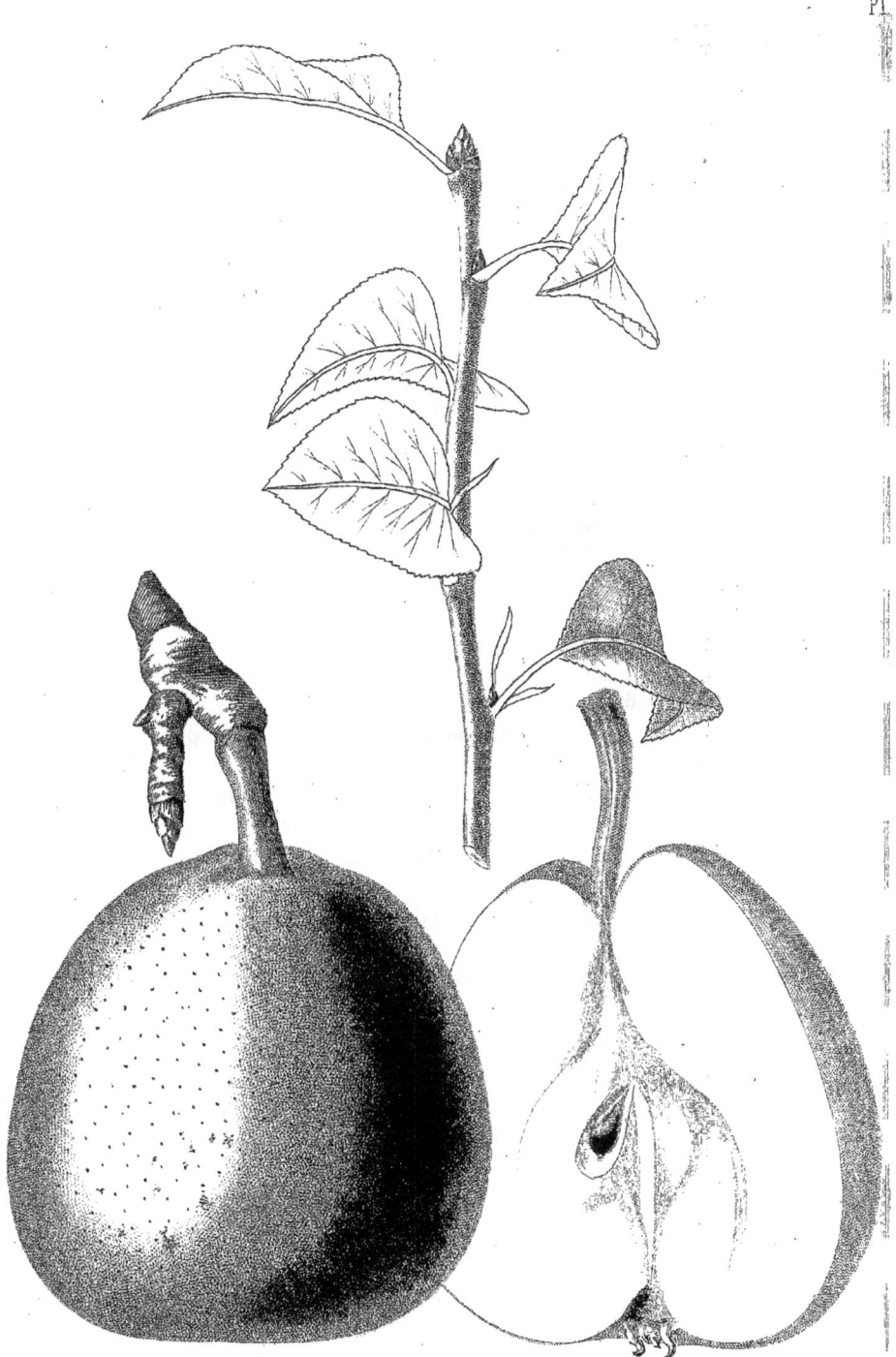
DOYENNÉ DE MÉRODE

DOYENNÉ DE MÉRODE.

(86. DOYENNÉ.)

~~~~~~~~~~~~~~~~~~~~~~~~

SYNONYMES : *Beurré de Mérode* (par erreur, car le fruit n'est pas beurré). — *Doyenné Boussoch*. — *Beurré de Westerloo*. — *Beurré Mérode Westerloo*. — *Poire de Mérode*. — *Philippe Double*. — *Double Philippe*. — *Nouvelle Boussoch*. — *Beurré Boussoch*.

ORIGINE. Cette variété est due à Van Mons, qui l'a dédiée au Comte de Mérode Westerloo. On ignore l'époque précise du semis et celle de la première fructification.

AUTEURS DESCRIPTEURS :

Prévost, sous le nom de *Doyenné Boussoch*. *Pomologie de la Seine-Inférieure*, page 165. 1850.

A. Bivort, sous le nom de *Philippe Double*. *Album de Pomologie*, tome I, page 99. 1847.

C.-F^{né} Willermoz, sous le nom de *Beurré de Mérode*. *Bulletin de la Société d'Horticulture du Rhône*, page 239, 1848, et 173, 1849.

Société Van Mons, sous le nom de *Beurré de Mérode*, page 30. 1854.

Annales de Pomologie Belge, sous le nom de *Beurré de Mérode*, tome V, page 81. 1857.

J. de Liron d'Airoles, sous le nom de *Philippe Double*. *Liste Synonymique*, page 89. 1857.

C. Baltet, sous le nom de *Doyenné Boussoch*. *Les Bonnes Poires*, page 12. 1859.

Robert Hogg, sous le nom de *Doyenné Boussoch*. *The Fruit Manual*, 2me édition. Londres, 1860.

Decaisne, sous le nom de *Double Philippe*. *Jardin Fruitier du Museum*, tome I. 1858.

Description. Arbre fertile ou très fertile, de vigueur moyenne, peu élancé, à large base, végétant à peu près comme le *Beurré Diel*, avec lequel il a de l'analogie.

Branches formant un angle ouvert avec le tronc, étalées, suffisamment espacées, peu droites, sans épines.

Rameaux de l'année assez gros, forts, peu allongés, légèrement arqués en dedans, obliques ascendants, un peu cotonneux à leur sommet, faiblement nervés sous les consoles, lisses, brun rougeâtre du côté du soleil, blond verdâtre nuancé gris du côté opposé, parsemés de larges lenticelles rondes et ovales, saillantes, gris blanchâtre et très apparentes sur la partie rouge, fauves et moins apparentes du côté de l'ombre.

Entre-feuilles assez réguliers; leur longueur varie entre vingt et trente millimètres. Les petits sont intercalés avec les longs.

Boutons a feuilles assez gros, coniques, aigus et saillants à la partie inférieure du rameau; ceux du haut sont apprimés, triangulaires, aigus et écartés; tous sont couverts d'écailles serrées, brun noir lavé gris; le terminal est conique, pointu et incliné de côté; souvent il est à fruit lorsque l'arbre pousse peu.

Boutons a fruits moyens, ovales, pointus, à écailles brun marron, ombrées et bordées gris argentin, supportés par des dards courts brun olivâtre, articulés et par des bourses moyennes, allongées, rugueuses, brun rougeâtre, parsemées de quelques petites lenticelles brunes.

Feuilles d'un beau vert, brillantes en dessus, pubescentes en dessous, épaisses, fibrées, ovales lancéolées, aiguës, ou ovales pointues, à serrature régulière, espacée et bien prononcée. Les inférieures sont planes, les bords des supérieures sont légèrement relevés en tuile. Leur longueur est de cinq et demi à sept centimètres, et leur largeur de trois et demi à quatre. Celles qui accompagnent les boutons à fruits sont d'un vert très foncé, beaucoup plus grandes et plus longuement pétiolées.

Pétioles gros, blanchâtres, ombrés de rouge violacé, profondément canaliculés, arqués en sens inverse, longs de quinze à vingt-cinq millimètres.

Stipules linéaires, dressées ou souvent embrassant le rameau, rougeâtres, longues, dentées en scie d'un côté.

Fruit gros ou assez gros, solitaire, très rarement par paire, assez bien attaché à l'arbre, odorant à l'époque de la maturité, presque aussi large que haut, à surface légèrement bosselée du côté de la tête, affectant généralement la forme de *Doyenné*, c'est-à-dire obtus des deux bouts; quelques fruits prennent parfois la forme d'un court *Bon Chrétien;* sa hauteur moyenne est de huit centimètres, et son diamètre de sept et demi à huit.

Œil moyen, ouvert, couronné, assez profond, rosé dans l'intérieur, placé dans une cavité peu profonde, évasée, irrégularisée par de petits plis inégaux.

Sépales assez grands, larges à leur base, en gouttière, dressés, obtus, à surface rose, bordés gris noir, jaune verdâtre extérieurement.

Pédicelle gros, charnu à sa base et à son sommet, brun foncé, arqué, oblique, long de six à vingt millimètres, implanté dans une cavité peu profonde, entourée partiellement de quelques gibbosités inégales et parfois d'une tache brune et large.

Peau fine sans être lisse, très mince, vert clair, passant au jaune de Naples ou au jaune vif à l'époque de la maturité, ponctuée et marbrée de lenticelles et de taches gris brun, lavée et granitée du côté du soleil de rouge carmin, relevée du même côté de petites ponctuations vertes avec auréoles jaunes.

Chair blanche, demi-fine, très tendre mais non beurrée; eau fort abondante, sucrée, vineuse, douée d'un acide légèrement astringent, agréablement parfumé.

Cœur plus rapproché de l'orifice que du pédicelle, assez grand, cordiforme, renversé, souvent confondu avec la chair.

PÉPINS moyens, longs, étroits, façonnés en lame de couteau pour la plupart, brun noirâtre, à peine éperonnés, obtus, placés dans des loges peu spacieuses, perpendiculaires.

MATURITÉ. Cette belle poire mûrit du commencement à la fin de septembre dans le midi et le centre de la France; dans le nord, elle se conserve parfois jusqu'à la fin d'octobre; elle ne se maintient saine au fruitier que lorsqu'elle a été entre-cueillie.

CULTURE. Greffé sur coignassier, l'arbre s'utilise pour fuseau, cordon et buisson; greffé sur franc, on l'élève en pyramide et haute tige abritées. Quel que soit le sujet sur lequel il soit greffé, il faut, de toute nécessité, le planter dans les sols légers, chauds et éclairés, attendu que dans les terres fortes, froides, humides et ombragées, le fruit est très médiocre et d'une courte conservation. Comme le poirier *Beurré Diel*, cette variété se prête peu à la forme pyramidale régulière, en compensation, elle réussit bien en cordon, espalier et buisson, formes d'ailleurs les plus propres à garantir les fruits des coups de vent qui, chaque année, abattent presque tous ceux des pyramides élevées.

On taille court l'arbre très fertile, un peu plus long celui qui l'est moins. Le pincement se pratique sur trois ou quatre feuilles, mais très alternativement. Il est à propos de supprimer à la taille une partie des boutons à fruits sur les branches fruitières, si l'on veut récolter davantage de beaux et bons fruits. Cette opération consiste à détruire le bouton seulement, ou quelques dards s'ils sont trop nombreux, mais toujours les plus éloignés de la branche charpentière.

Le Secrétaire du Congrès pomologique
et du Comité de rédaction,
C.-F^{né} WILLERMOZ.

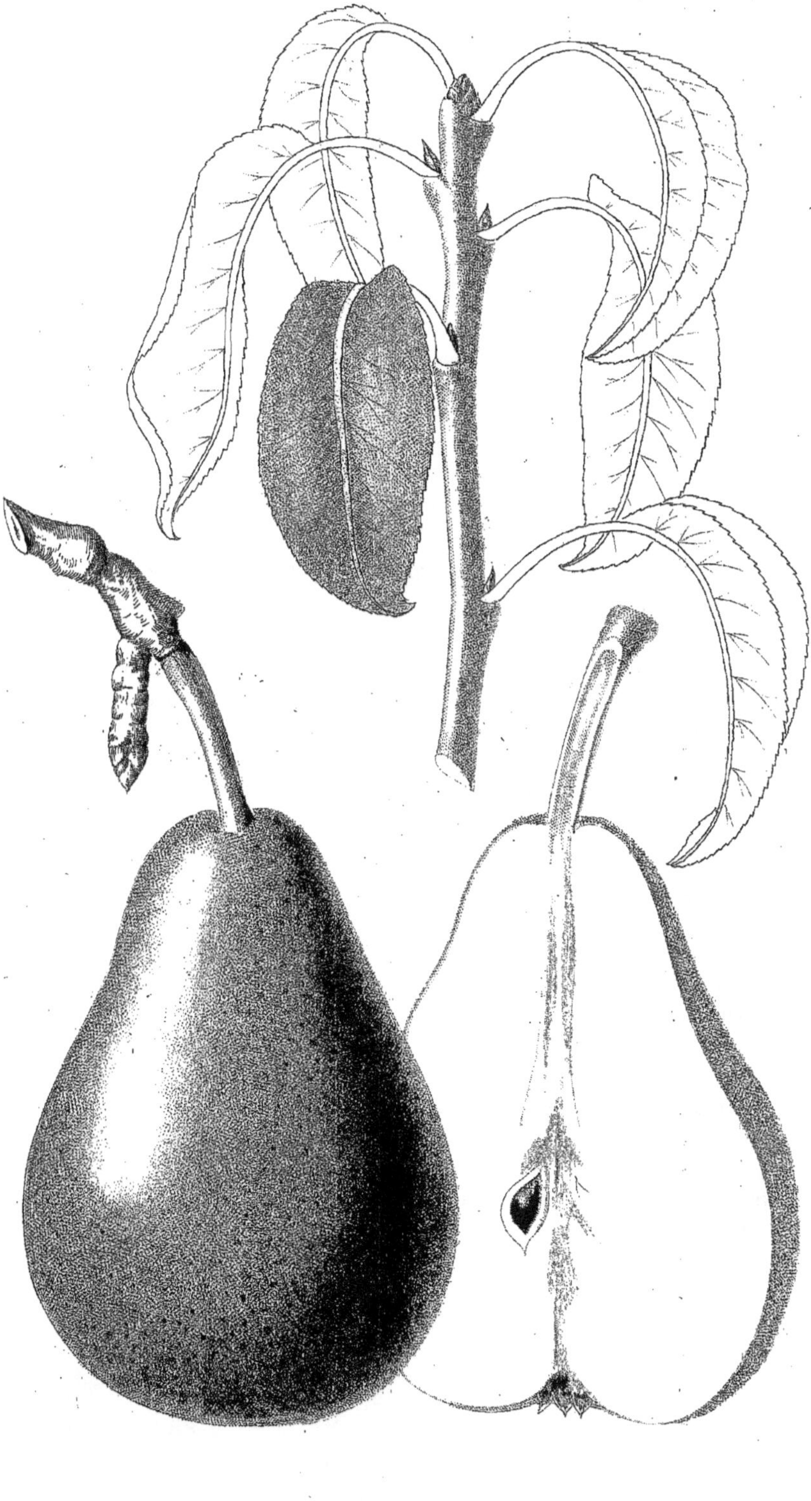

P. MONSALLARD

Beau sculp. Colorié par Mlle D.

Imp. Fugère. Lyon.

POIRE MONSALLARD.

(87. st-germain.)

Synonymes : *Monchallard.* — *Belle Epine Fondante.* — *Epine d'Été.* — *Epine Rose.*

Origine. Trouvée, vers 1820 ou 1825, par l'aïeul de M. Monsallard, à Valeuil, canton de Brantôme, arrondissement de Périgueux (Dordogne).

Auteurs descripteurs :

La Société d'Horticulture de la Gironde, par l'organe de sa Commission de Pomologie.

Decaisne. *Jardin Fruitier du Museum.*

Description. Arbre vigoureux, très fertile, d'un beau port et d'une bonne tenue, se prêtant bien à toute forme et faisant naturellement de belles pyramides.

Branches formant un angle peu ouvert avec le tronc, assez rapprochées, droites ou un peu arquées, sans épines.

Rameaux de l'année longs, forts, droits, ascendants, très duveteux à leur extrémité, brun clair verdâtre du côté de l'ombre, blond brunâtre teinté de rouge clair du côté opposé et particulièrement sous les consoles, parsemés de lenticelles petites et moyennes, rondes, blanc cendré : les plus grosses sont saillantes.

Entre-feuilles inégaux ; ceux de la partie supérieure sont longs de dix-huit à vingt millimètres, et ceux de la base de vingt-cinq à trente.

Boutons a feuilles petits, apprimés à leur base, aigus, appliqués contre le rameau, brun foncé presque noirâtre, recouverts en grande partie par la base du pétiole de la feuille ; le terminal est également petit, peu apparent au milieu des pétioles des dernières feuilles.

Boutons a fruits moyens, pointus, à écailles marron ombré brun foncé, bordées gris blanc ; supportés par des dards courts, renflés, articulés et par des bourses moyennes, peu allongées, tronquées, vert olivâtre, lisses à leur sommet, grossièrement ridées à leur base.

Feuilles d'un vert brillant en dessus, vert glauque en dessous, bien fibrées. Celles de la partie supérieure des rameaux sont ovales, lancéolées, aiguës, arquées, en gouttière, à serrature grossière et arrondie ; leur longueur est de huit centimètres, et leur largeur de quatre. Celles du milieu sont également ovales, lancéolées, très aiguës, les unes en tuile, les autres en gouttière ; leur longueur n'est que de six centimètres environ, et leur largeur de trois. Celles de la base sont remarquables par leur couleur plus foncée, leur grande dimension et leurs longs pétioles ; sept à neuf, de grandeur différente, accompagnent les boutons à fruits et forment par leur ensemble de jolies rosettes.

Pétioles très inégaux en grosseur et en longueur, flexueux, faiblement canaliculés, vert blanchâtre, légèrement teintés de rose carminé vers le sommet du rameau ; leur longueur varie entre deux et huit centimètres ; les plus courts sont dans le milieu, et les plus longs à la base.

Stipules linéaires, très courtes et rares.

Fruit solitaire ou très fréquemment par paire, rarement en trochet, tenant bien à l'arbre jusqu'au moment de la maturité, époque à laquelle il se détache facilement de la branche; à surface unie et assez régulière; variant parfois de forme : ainsi on le trouve tantôt sous celle d'un *Bon Chrétien Napoléon*, tantôt sous celle d'une *Bonne d'Ezée* et du *Besi de Montigny* (Duhamel); très souvent il affecte celle de la *Louise Bonne d'Avranches*; sa hauteur moyenne est de dix à onze centimètres, et son diamètre de six à sept.

Œil grand, ouvert, régulier, couronné, placé au milieu d'une légère dépression.

Sépales grands, soudés, raides, droits, aigus, verdâtres, bordés brun foncé.

Pédicelle fort, ligneux, renflé à sa partie supérieure, brillant, vert pâle dans l'ombre, roux clair opposé, portant vers son milieu deux petites glandes vertes, long de vingt-cinq à trente millimètres, implanté obliquement à fleur du fruit.

Peau fine, mince, vert pâle passant au jaune mat à la maturité, parsemée de nombreux points verts, quelquefois lavée de rouge clair du côté du soleil, ou le plus souvent relevée de nombreuses petites taches rondes carminées.

Chair blanc verdâtre près de la peau, demi-fine, fondante, pourvue d'une eau suffisante ou abondante, sucrée, très douce, avec un parfum léger, mais très agréable et fort bonne.

Cœur rapproché de l'œil, ovoïde, entouré de quelques petites concrétions roussâtres.

Pépins petits, courts, obtus, légèrement éperonnés, brun noirâtre, placés dans des loges perpendiculaires; beaucoup sont avortés.

Maturité. Cette belle et bonne poire mûrit, dans son pays natal et les environs de Bordeaux, dans la première quinzaine d'août; dans les environs de Lyon, où elle est assez répandue, elle mûrit du milieu à la fin d'août. Entre-cueillie, elle achève bien sa maturité au fruitier, et ne blettit pas aussi rapidement que la plupart des variétés de cette saison.

Culture. La variété se plaît également sur franc et sur coignassier, et se prête à toutes les formes ; sa fertilité est grande et constante, mais le fruit manque de parfum dans les terres froides et humides, ainsi qu'aux expositions ombragées ; il importe donc de planter l'arbre dans les terres légères, poreuses, saines et aux expositions éclairées. Arc-bouter les branches dans leur jeunesse, afin de les tenir éloignées du tronc, si l'on veut obtenir des pyramides régulières et airées ; tailler un peu long d'abord le jeune arbre, raccourcir la taille à mesure que se montre la fertilité ; pincer sur trois ou quatre feuilles et de bonne heure les jeunes rameaux. Quelques crans sont nécessaires sur le tronc pour fortifier ou faire développer les branches rétardataires.

On remarque que l'arbre a de l'affinité avec celui de la *Duchesse d'Angoulême* ; cependant le bois est plus rougeâtre, les feuilles plus pendantes et plus arquées ; de plus, à âge égal, l'arbre de pépinière est beaucoup moins élancé que celui de la *Duchesse*.

Cette description est due à la Commission de Pomologie de la Société d'Horticulture de la Gironde.

Le Secrétaire du Congrès pomologique
et du Comité de rédaction,
C.-F^{né} WILLERMOZ.

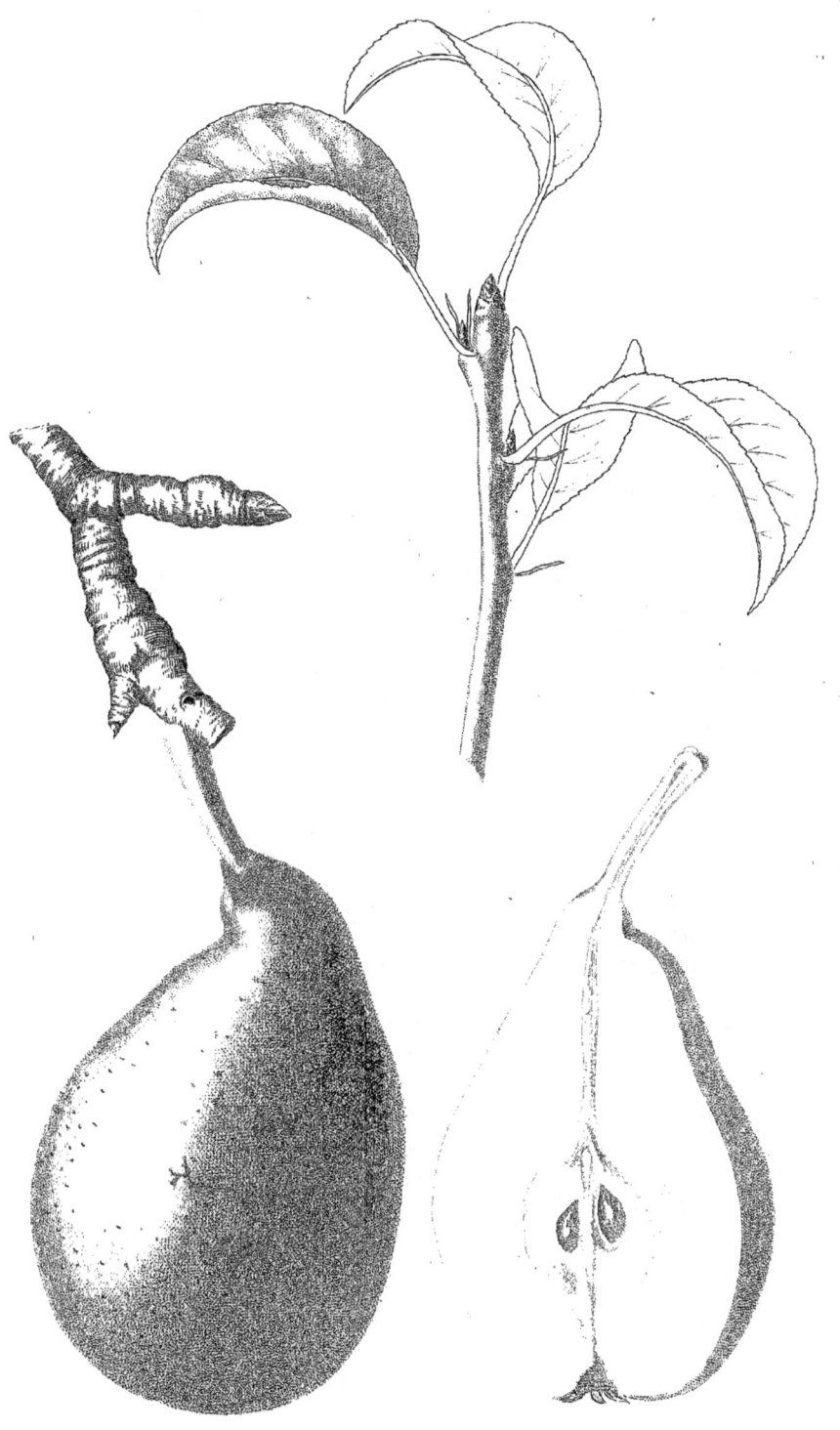

FIGUE D'ALENÇON.

FIGUE D'ALENÇON.

(88. ST-GERMAIN.)

SYNONYMES : *Figue d'hiver.* — *Figue d'hiver d'Alençon.* — *Sylvenge d'hiver.* — Par erreur *Bonnissime de la Sarthe.*

ORIGINE. Variété trouvée, vers 1820, dans une pépinière appartenant à M. Lecomte-Mortefontaine, aux environs d'Alençon, dans la commune de Cuissaie ou Cussay; confondue, sans doute par erreur, avec la *Poire-Figue*, décrite par Duhamel (*Traité des Arbres Fruitiers*, tome II, page 183, 1768), qui est la *Poire de Windsor* ou *Grosse Gargonnelle* des Anglais, et qui mûrit de la fin d'août au commencement de septembre.

AUTEURS DESCRIPTEURS :

Prévost. *Pomologie de la Société d'Horticulture de la Seine-Inférieure*, page 115. 1850.

A. Bivort. *Album Pomologique*, tome IV, page 109.

Société Van-Mons, page 89. 1855.

Thuillier Aloux. *Bulletin Pomologique de la Société d'Horticulture de la Somme*, page 77. 1855.

J. de Liron d'Airoles. *Liste des Fruits à l'étude*, page 48. 1857.

Ch. Baltet. *Les Bonnes Poires*, page 29. 1859.

Decaisne, qui la fait synonyme de *Poire-Figue* de Duhamel. *Jardin Fruitier du Museum*, tome III.

Robert Hogg. *The Fruit Manual*, 2me édition. 1860.

DESCRIPTION. Arbre vigoureux et fertile, qu'on greffe sur cognassier et sur franc et qu'on élève sous toutes les formes.

BRANCHES formant avec le tronc un angle peu ouvert dans leur jeunesse, mais qui s'en écartent progressivement avec le temps, sans toutefois devenir jamais horizontales.

Rameaux de l'année gros, obliques ascendants, droits ou légèrement coudés, rugueux sous les consoles, parfois duveteux vers leur sommet qui est souvent renflé, recouverts d'un épiderme lisse, brillant, brun olivâtre du côté de l'ombre, rouge obscur violacé du côté du soleil, parsemé de lenticelles brunes ou gris fauve, rondes ou ovales, saillantes.

Entre-feuilles courts et réguliers sur les rameaux forts, un peu plus longs et moins réguliers sur les plus faibles; leur longueur varie entre vingt et vingt-cinq millimètres.

Boutons a feuilles moyens, étroits, allongés, anguleux, aigus, écartés du rameau lorsque celui-ci est de moyenne longueur et bien aoûté; ils sont plus petits, plus généralement apprimés et appliqués contre le rameau très développé et mal aoûté; leurs écailles, brun violacé ombré gris, sont rougeâtres à leur sommet et parfois duveteuses; le terminal, assez gros, conique, obtus, est rarement bien conformé.

Boutons a fruits assez gros, ovales, allongés, aigus, brun fauve ombré marron et gris sale, portés par des dards de moyenne grosseur, un peu renflés dans leur milieu, peu ridés, et par des bourses courtes, ovoïdes, renflées, fauve verdâtre à l'ombre, brun fauve au soleil, peu profondément ridées à leur base.

Feuilles d'un beau vert brillant, peu épaisses, bien fibrées, ovales, lancéolées, aiguës ou très acuminées, arquées, à bords relevés en gouttière et légèrement ondulés. Celles de la partie supérieure des rameaux sont dentées assez régulièrement, les autres sont entières. Leur longueur est de sept centimètres et leur largeur de quatre. Celles des rameaux fruitiers sont grandes, ovales, arrondies, pointues, à bords denticulés et faiblement ondulés.

Pétioles gros et moyens, peu droits, canaliculés, vert jaunâtre lavé de rouge pâle, longs de vingt à trente millimètres.

Stipules linéaires, jaunâtres, fines, courtes et dressées.

Fruit moyen ou assez gros, rarement solitaire, souvent en trochet, assez caduc lorsque l'arbre n'est pas suffisamment abrité, inodore, à surface tantôt unie, tantôt bosselée, oblong, obtus et arrondi, vers la tête, se rétrécissant insensiblement vers le pédicelle et présentant assez bien la forme d'une figue allongée ; sa forme habituelle est celle du *Saint-Germain*. Sa hauteur moyenne est de dix à onze centimètres, et son diamètre de six à sept. Il est souvent plus petit et souvent plus gros, souvent il prend aussi des formes irrégulières et méconnaissables.

Œil petit, régulier, ouvert, couronné, placé tantôt à fleur, tantôt dans une cavité peu profonde et évasée.

Sépales grisâtres, obtus, le plus souvent caducs.

Pédicelle parfois court, gros et charnu, parfois plus long, ligneux à son sommet et charnu à sa base, faisant presque toujours entièrement corps avec le fruit ou d'un côté seulement, quelquefois cependant implanté à fleur ou dans une cavité étroite et peu profonde, verdâtre à l'ombre, brun olive au soleil, long de douze à vingt millimètres.

Peau unie sans être lisse, fine, très mince, vert bronzé d'abord, passant ensuite au jaune herbacé taché de vert tendre, maculée et marbrée de gris brun, de rouille et de verdâtre, souvent teintée de rouge obscur du côté du soleil, où elle est ponctuée de gris et de vert bronzé.

Chair blanche citrine, assez fine ou fine, fondante, pourvue d'une eau abondante, très sucrée, vineuse et bien parfumée, de toute première qualité dans les sols généreux et bien éclairés, mais de deuxième et même de troisième choix dans les sols peu fertiles, peu amendés et ombragés.

Cœur moyen, rapproché de l'œil, elliptique, allongé, entouré de concrétions pierreuses, souvent grosses et abondantes.

Pépins moyens, droits, aigus, éperonnés, brun noirâtre, placés dans des loges allongées et légèrement obliques.

Maturité. Cette poire mûrit ordinairement pendant les mois de novembre et décembre ; parfois, dans les années très chaudes, on en rencontre de parfaitement mûres vers la fin d'octobre. A Alençon on la conserve, dit-on, jusqu'en février, et à Rouen jusqu'en janvier.

Elle est d'une bonne conservation au fruitier, à la condition toutefois qu'on ne la dérange pas de place trop souvent, car les pressions un peu fortes la font bientôt corrompre; c'est par conséquent un fruit peu propre à l'exportation.

Culture. L'arbre se greffe sur coignassier et sur franc indistinctement, il se prête aussi à toutes les formes. Dans quelques pays privilégiés, il réussit dans tous les sols et à toutes les expositions; mais, dans d'autres moins favorisés, il n'en est pas de même, et les renseignements fournis par les Sociétés d'horticulture qui le connaissent en donnent la preuve. D'après l'expérience et ces renseignements, cette variété peut être classée parmi celles qui sont difficiles, délicates et douillettes. En effet, dans la Gironde, le fruit récolté sur des arbres plantés en terres humides est au-dessous du médiocre; dans le Loiret, sur les mêmes sols, il est froid et quelquefois amer; dans la Sarthe, on lui reconnaît des qualités très variables et on le dit très bon ou très mauvais; dans la Somme, on le classe parmi les fruits de deuxième ordre; dans le département du Rhône, dans les sols légers, riches et à l'exposition du levant et du midi, le fruit est de premier ordre; partout ailleurs il n'est que de deuxième ou troisième qualité.

Cultivé en cordon, espalier, fuseau ou pyramide sur coignassier, l'arbre exige une taille courte sur les rameaux de la partie supérieure qui tendent souvent à s'emporter, et une taille un peu longue sur ceux des branches latérales et inférieures. La taille de ces mêmes rameaux doit être plus longue encore si l'arbre est greffé sur franc; on ne la tient courte que lorsque l'arbre est en plein rapport. On pince sur la troisième ou quatrième feuille progressivement, et l'on casse les rameaux anticipés dès qu'ils sont aoûtés.

Le Secrétaire du Congrès pomologique et du Comité de rédaction,
C.-F^{né} WILLERMOZ.

ROUSSELET DE REIMS.

ROUSSELET DE REIMS.

(89. ROUSSELETS OU MICROPYRES (petites poires.))

SYNONYMES : *Petit Rousselet.* — *Rousselet Musqué.* — *Perdreau Musqué.*

ORIGINE. L'origine de cette poire, très répandue dans les environs de Reims, est très antique ; les auteurs des derniers siècles en parlent. Laquintinie, qui la vante beaucoup, dit que *tous les siècles l'ont connue pour être bonne, en quelque manière qu'on la puisse mettre.*

AUTEURS DESCRIPTEURS :
Nicolas de Bonnefons. *Le Jard. Français*, page 71. 1661.
Laquintinie. *Inst. Jard. Fruit.*, tome I, page 151. 1692.
Duhamel. *Traité des Arbres Fruitiers*, tome II, page 149. 1768.
J. Herman Kenoop. *Pomologie des Pays-Bas*, page 91. 1771.
De la Bretonnerie. *Ecole du Jardin Fruitier*, tome II, page 423. 1784.
Le Berryais. *Traité des Jardins*, tome I, page 316. 1789.
Pomona Austriaca, tome I, page 23, pl. 92. 1797.
Poinsot. *L'Ami des Jardiniers*, tome I, page 185. 1804.
E. Calvel. *Traité des Pépinières*, tome II, page 280. 1805.
T.-Y. Catros. *Traité rais. des Arbr. Fruit.*, page 318. 1810.
Loiseleur. *Nouveau Duhamel*, tome VI, page 198. 1815.
Poiteau. *Pomologie Française.* 1846.
L. Noisette. *Le Jardin Fruitier*, page 122, pl. XLII. 1839.

Couverchel. *Traité des Fruits*, page 466. 1839.
C.-F. Willermoz. *Bulletin de la Société d'Horticulture du Rhône*, page 19. 1848.
J. de Liron d'Airoles. *Liste des Fruits à l'étude*, page 21. 1857.
Thuillier Aloux. *Bulletin Pomolog. de la Société d'Horticulture de la Somme*, page 66. 1855.
Ch. Baltet. *Les Bonnes Poires*, page 15. 1859.
Société Van Mons, page 43. 1854.
Decaisne. *Jardin Fruitier du Museum*, tome II.
Robert Hogg. *The Fruit Manual*, 2me édition. 1860.
Annales de Pomologie Belge, tome I, page 97.

Description. Arbre spécialement destiné à la grande culture, poussant très bien sur franc et assez bien sur coignassier.

Branches formant un angle ouvert avec le tronc, assez espacées et sans épines, faibles et diffuses lorsque l'arbre est abandonné à lui-même.

Rameaux de l'année de moyenne grosseur, inégaux dans leur longueur qui n'est jamais bien considérable, légèrement arqués et coudés, très lisses, nervés, plus particulièrement sur les côtés des consoles qui sont très peu saillantes, blond rougeâtre du côté de l'ombre, brun ou rouge sombre du côté du soleil, ombrés grisâtre à leur base, vers la fin de l'automne; abondamment parsemés de petites lenticelles grises et rondes.

Entre-feuilles assez réguliers, longs d'environ vingt à vingt-cinq millimètres.

Boutons a feuilles petits, courts, aigus, triangulaires, très apprimés et comme pour ainsi dire collés sur le rameau, à écailles brun noirâtre, ombrées de gris cendré; le terminal est petit, conique, le plus souvent pyramidal, obtus, incliné de côté, presque noir.

Boutons a fruits moyens, allongés, coniques, aigus, anguleux, à écailles bien appliquées, chocolat, bordées brun, ombrées gris;

supportés par de petites bourses cylindriques, longues, arquées, écailleuses, brun noirâtre, parsemées de quelques petits points gris, ridées à leur base.

Feuilles d'un vert tendre et brillant, fibrées, planes, quelques-unes légèrement arquées et à bords relevés en gouttière, à serrature grande, obtuse, peu profonde, teintée de rouge; celles des rameaux à fruits sont en général d'un vert plus foncé, plus planes et plus finement dentées, plus arrondies et plus larges que les autres, qui sont ovales lancéolées et aiguës, longues de huit à dix centimètres et larges de quatre à cinq.

Pétioles moyens, un peu arqués, longs de vingt-cinq à quarante-cinq millimètres, jaune vert, abondamment ombrés de rouge pourpre sur leur face supérieure qui est à peine canaliculée.

Stipules filiformes, droites, arquées, teintées de rouge comme les pétioles.

Fruit par paire ou en trochet, rarement solitaire, bien attaché à l'arbre, petit, odorant, affectant la forme d'une pyramide à tête arrondie, sans bosselures; sa hauteur moyenne est de cinq à six centimètres, et son diamètre de quatre à cinq.

Œil grand, profond, évasé, régulier, couronné, placé à fleur du fruit.

Sépales soudés entr'eux par leur base qui est très large, roux, ombrés de gris argenté, étalés en forme d'étoile, à pointes tantôt aiguës tantôt obtuses.

Pédicelle petit, ligneux, brun verdâtre, arqué, long de deux à deux centimètres et demi, implanté à fleur dans l'axe du fruit.

Peau lisse sans être fine, assez épaisse, vert olive du côté de l'ombre, rouge brun du côté du soleil, partout lavée et tiquetée de gris; à l'époque de la maturité, la couleur verte passe au jaune tendre obscur.

Chair blanche jaunâtre, demi-beurrée, un peu crépitante; eau peu abondante, mais relevée d'un arôme particulier d'un goût agréable, fin et musqué.

Cœur plus rapproché de l'orifice que du pédicelle, assez grand et renflé.

Pépins gros, larges, renflés, éperonnés, aigus, brun fauve, placés dans des loges spacieuses et obliques.

Maturité. Ce délicieux petit fruit mûrit de la fin d'août au commencement de septembre ; il faut l'entre-cueillir de dix à douze jours, différemment il blettit vite. La confiserie en fait une très grande consommation.

Culture. La greffe réussit bien sur coignassier, mais l'arbre se prête peu à la forme pyramidale; il convient de le greffer sur franc, de l'élever en haute tige et de le planter à toutes les expositions, sauf à celle du midi direct. Cet arbre aime les sols légers et un peu frais ; planté dans un sol argileux et humide, il est bientôt attaqué de maladies et, ensuite, par les insectes et les plantes parasites ; ses rameaux alors se dessèchent, les boutons à fruits éclosent mal et les fleurs avortent.

La variété panachée se cultive de même, mais elle est plus délicate encore sur coignassier que le type.

Le Secrétaire du Congrès pomologique
et du Comité de rédaction,
C.-F^{né} WILLERMOZ.

BEURRÉ MILLET

BEURRÉ MILLET.

(90.)

~~~~~~~~~~~~~

Origine. Variété obtenue en 1847 par le Comice horticole de Maine-et-Loire, et dédiée par lui à M. Millet, alors son président.

Auteurs descripteurs :

Comice Horticole de Maine-et-Loire. *Pomologie de Maine-et-Loire*, page 10, planche 7. 1850.

Thuillier Aloux. *Bulletin Pomol. Société Hort. de la Somme*, page 18. 1855.

J. de Liron d'Airoles. *Liste Synonym.*, page 44. 1857.

Ch. Baltet. *Les Bonnes Poires*, page 33. 1859.

P. de Mortillet. *Les Quarante Poires*, page 79, 1860.

Description. Arbre naturellement pyramidal, mais spécialement destiné à la haute-tige pour être cultivé dans les vergers, de moyenne vigueur, mais très fertile sur cognassier, fertile et vigoureux sur franc.

Branches formant d'abord un angle peu ouvert avec le tronc, s'en écartant avec l'âge, bien espacées, droites et sans épines.

Rameaux de l'année petits, fluets, droits, ascendants, lisses, brillants, faiblement striés sous les consoles, blond grisâtre à l'ombre, brun roussâtre au soleil, clairement parsemés de très petites lenticelles rondes, gris blanc.

Entre-feuilles courts et assez réguliers. Leur longueur est de vingt à vingt-cinq millimètres.

Boutons a feuilles assez gros, coniques, légèrement anguleux, aigus, saillants, couverts d'écailles mal appliquées, brun marron foncé, abondamment ombré gris argentin; le terminal, moyen, pyramidal, pointu, est souvent transformé en bouton à fruit.

Boutons a fruits assez gros, coniques, allongés, aigus, recouverts d'écailles rousses fortement ombré gris cendré, portés par des dards très courts, renflés, olivâtres et par des bourses de même couleur, petites, presque cylindriques, largement striées de chamois à leur base, finement ponctuées de gris brun.

Feuilles d'un vert jaunâtre, épaisses, grossièrement fibrées, ovales, oblongues, courtement acuminées, à bords relevés en gouttière et généralement entiers, sauf au sommet où on remarque parfois quelques dentelures peu prononcées; celles qui accompagnent les rameaux fruitiers sont un peu plus grandes, plus arrondies et entières.

Pétioles gros, faiblement canaliculés, arqués, jaune verdâtre, teintés rose à leur base, longs de huit à douze millimètres.

Stipules filiformes, de la couleur des pétioles, courtes, aiguës et écartées.

Fruit petit ou moyen, parfois assez gros, selon le sujet, le sol et la culture, rarement solitaire, assez souvent en trochet, le plus généralement par paire, solidement attaché à l'arbre, inodore, à surface bosselée, tantôt turbiné ou courtement pyriforme, tantôt arrondi ou doliforme, c'est-à-dire qu'on le trouve sous plusieurs formes, dont aucune n'est encore bien déterminée ; il est très probable qu'il prendra définitivement celle de la *Bonne de Malines*, avec laquelle il a de l'analogie. Sa hauteur moyenne est de sept centimètres et son diamètre de six et demi.

Œil grand, ouvert et régulier, parfois difforme et clos, placé dans une cavité large, profonde, dont les rebords sont irrégularisés par des bosses saillantes.

Sépales larges et soudés à leur base, étalés et pointus lorsque l'œil est régulier, en cornet et obtus lorsqu'il est irrégulier, gris sur leur surface et duveteux sur leurs bords.

Pédicelle mince, ligneux, arqué, blond verdâtre dans l'ombre, noisette du côté du soleil, long de vingt à trente millimètres, implanté dans l'axe du fruit, tantôt au milieu d'une cavité souvent large, profonde, dont les rebords se terminent en plusieurs bosses arrondies et saillantes, tantôt à fleur du fruit et accompagné à sa base de petits plis ou de petites gibbosités.

Peau fine mais un peu rude, mince, vert roussâtre, passant au jaune olivâtre à la maturité, lavée de rouge obscur du côté du soleil, relevée de ce côté de quelques taches carminées, abondamment granitée de roux ou de gris roussâtre, particulièrement vers la tête et près du pédicelle.

Chair blanche, citrine, fine, fondante, beurré, pourvue d'une eau assez abondante, sucrée, relevée d'un parfum très agréable, excellente.

Cœur assez grand, plus rapproché de l'œil que du pédicelle, ovoïde, renflé, plein d'une substance blanche très fine.

Pepins longs, étroits, aigus, arrondis à leur base, brun rougeâtre, bien nourris, placés dans des loges étroites et obliques.

Maturité. Cette très bonne poire, d'une conservation parfaite, encore peu répandue et par conséquent peu connue, mûrit ordinairement de la fin de novembre à la fin de janvier. Dans le nord et le nord-est, elle se conserve, dit-on, jusqu'en mars; cette conservation prolongée a lieu, en effet, lorsque le fruit a été récolté de bonne heure, ou qu'il n'est pas suffisamment développé. Elle ne veut pas être dérangée au fruitier; les trop fortes pressions portent atteinte à la chair qui, dans cette circonstance, se tache et noircit.

CULTURE. En générale, toutes les Sociétés qui connaissent cette variété sont d'accord pour recommander sa culture en haute-tige, et toutes reconnaissent qu'elle est de vigueur moyenne lorsqu'elle est greffée sur coignassier. Toutefois, greffé sur ce sujet et planté dans les sols de premier choix et aux expositions éclairées et chaudes, l'arbre pousse assez vigoureusement et rapporte des fruits d'une belle grosseur et surtout d'un goût parfait. L'arbre, ainsi greffé et ainsi cultivé, réclame une taille courte, un pincement exécuté progressivement sur la seconde ou la troisième feuille des bourgeons, et la suppression, à la taille, de toutes les brindilles et de tous les boutons à fruits inutiles; il réclame, en outre, une distribution, au moins quinquennale, d'engrais liquide ou pulvérulent, qui ne nuit jamais aux arbres très fertiles.

*Le Secrétaire du Congrès pomologique
et du Comité de rédaction*,
C.-F^{ué} WILLERMOZ.

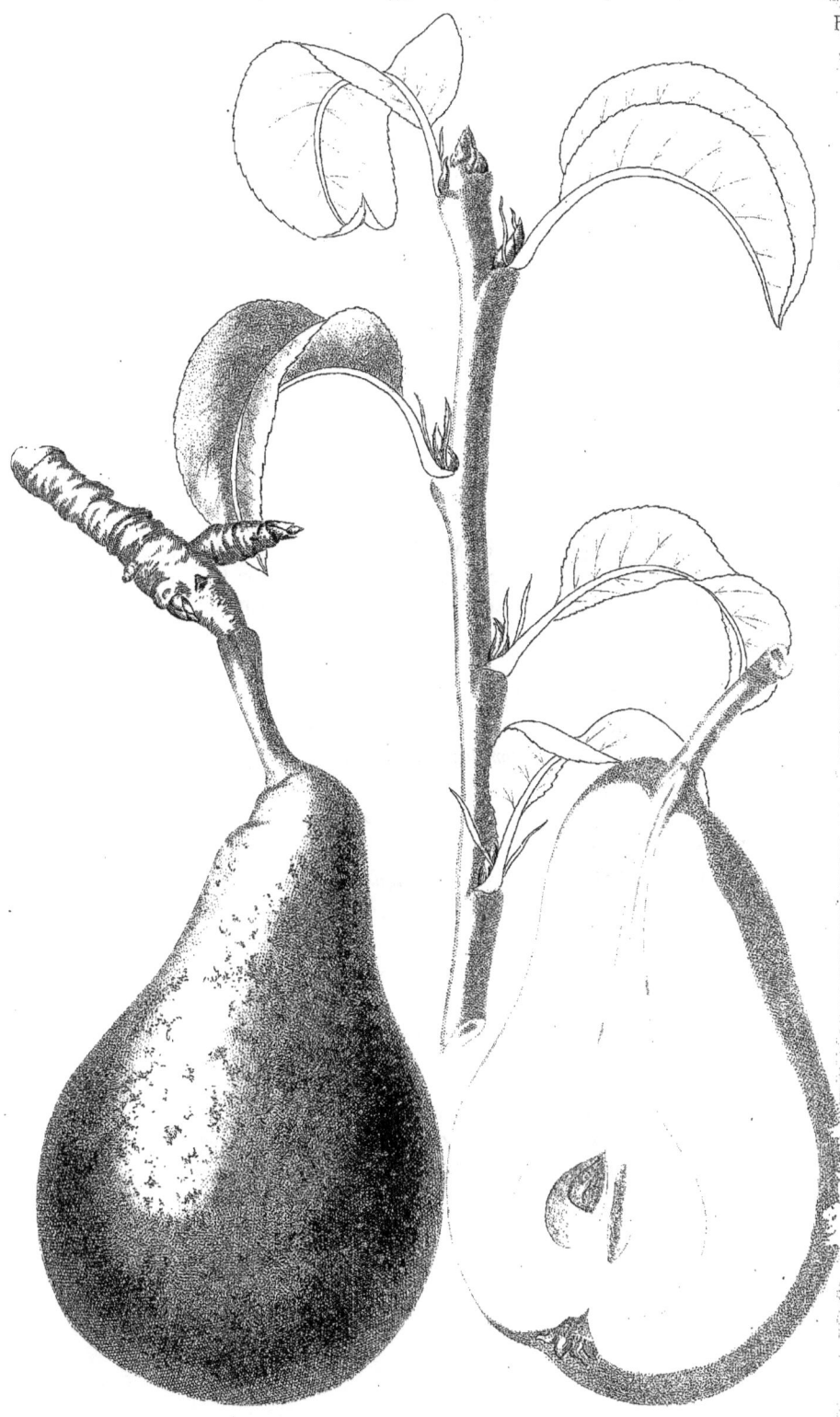

CALEBASSE TOUGARD

CALEBASSE TOUGARD.

(91.)

Variété nouvelle.

Origine. Gain posthume de Van Mons. Semis fait, en 1840, de pépins mélangés. Premier rapport en 1845. Dédié par M. Bivort à feu Tougard, alors président de la Société d'Horticulture de la Seine-Inférieure.

Auteurs descripteurs :

A. Bivort. *Album de Pomologie*, tome I, page 59.

Le même. *Annales de Pomologie Belge*, tome III, page 95.

Société Van-Mons. Page 34. 1854.

Thuillier Aloux. *Bulletin Pomologique de la Société d'Horticulture de la Somme*, page 18. 1855.

J. de Liron d'Airoles. *Notice Pomologique*, page 25. 1855.

Le même. *Liste Synonymique*, page 49. 1857.

Decaisne. *Jardin Fruitier du Museum*, tome V.

Description. Arbre pyramidal, vigoureux, fertile, d'un beau port, mais délicat et sujet aux chancres lorsqu'il est greffé sur coignassier planté dans les sols forts.

Branches formant un angle demi-ouvert avec le tronc, fortes, droites ou cintrées, suffisamment espacées, souvent épineuses dans leur jeunesse; leurs coursons sont forts, courts et épaissis à leur base.

Rameaux de l'année gros, d'inégale longueur, obliques ascendants, droits ou arqués, faiblement striés dessous et de chaque côté des consoles, blond brunâtre du côté de l'ombre, brun rougeâtre violacé du côté du soleil, clairement parsemés de lenticelles blanc jaunâtre et grises, rondes et ovales, très distinctes.

Entre-feuilles inégaux, plus courts et plus réguliers sur les forts rameaux que sur les faibles; leur longueur varie entre vingt et quarante millimètres.

Boutons a feuilles gros, longs, tantôt triangulaires pointus, tantôt coniques, écartés du rameau; quelques-uns forment avec lui un angle droit; tous sont portés sur un renflement conique; leurs écailles, bien appliquées, sont d'un brun foncé, teinté de violet sombre, lavé de gris argenté; le terminal, assez gros, conique, aigu, brun fauve, est en partie caché par la base des pétioles des feuilles.

Boutons a fruits moyens, ovales, allongés, aigus, brun clair ombré marron et gris cendré, portés par des dards peu longs, grêles, voûtés, étranglés à leur sommet, profondément ridés, brun grisâtre, et par des bourses moyennes, courtes, ovales, brun olivâtre, peu ridées; le dard qui leur donne naissance devient avec l'âge à peu près de leur grosseur, tout en conservant ses rides bien caractérisées.

Feuilles d'un beau vert foncé, épaisses, finement fibrées, avec la nervure médiane très peu apparente en dessus et très apparente en dessous, ovales ou ovales elliptiques, acuminées ou cordiformes, allongées, pointues, les unes légèrement arquées et en gouttière, les autres à peu près planes. Celles de la partie inférieure sont régulièrement et profondément dentées; celles du sommet le sont à peine et semblent entières. Leur longueur est de huit à neuf centimètres, et leur largeur de trois et demi à cinq. Les courtes sont au sommet et les longues à la base; les florales sont entières et portées par de longs pétioles; les secondaires sont petites, ovales lancéolées, aiguës et entières.

Pétioles gros, vert jaunâtre, teintés de rose à leur base, très inégaux, canaliculés, dressés; ils diminuent insensiblement de longueur du sommet à la base ; leur longueur est de quinze à cinquante millimètres.

Stipules linéaires, courtes, jaunâtres, écartées.

Fruit gros ou assez gros, solitaire et par paire, rarement en trochet, caduc, inodore, plus haut que large, prenant parfois la forme de *Calebasse* à surface légèrement bosselée, le plus souvent celle de *Saint-Germain* bosselée autour du pédicelle et de la tête. Sa hauteur moyenne est de douze centimètres et son diamètre de huit.

Œil petit, régulier, ouvert, couronné, placé à fleur du fruit ou dans une petite dépression évasée.

Sépales assez grands, charnus et soudés à leur base, allongés, aigus, étalés en forme d'étoile, parfois tronqués, brun noirâtre sur leur surface, gris extérieurement.

Pédicelle gros, ligneux, courbé, verdâtre à l'ombre, brun olivâtre au soleil, long de quinze à vingt-cinq millimètres, implanté tantôt obliquement et accompagné à sa base par une gibbosité, tantôt à fleur ou dans une petite cavité étroite et à bords plissés.

Peau fine, mince, rendue rugueuse par ses macules, vert tendre, passant au jaune herbacé à la maturité, abondamment maculée et marbrée de gris et de rouille, panachée de brun fauve ; les taches et les marbrures sont plus abondantes du côté de la tête que du côté du pédicelle.

Chair tantôt rose saumoné dans le centre et blanche verdâtre vers la circonférence, tantôt blanche citrine seulement, fine, fondante, demi-beurrée, pourvue d'une eau très abondante, sucrée, douée d'un parfum très agréable.

Cœur assez grand, arrondi, placé très près de l'œil lorsque le fruit est en *Calebasse*, plus ovale et plus éloigné lorsqu'il est sous la forme de *Saint-Germain*, entouré de quelques concrétions pierreuses.

Pépins petits, ovales, pointus des deux bouts, assez bien nourris, marron clair ombré brun foncé, placés dans des loges spacieuses, concaves et perpendiculaires.

Maturité. Cette excellente poire mûrit du milieu d'octobre au commencement de novembre; elle blettit souvent au fruitier avant d'avoir acquis son degré de maturité. Lorsque l'arbre n'est pas cultivé dans de bonnes conditions, le fruit reste petit, se gerce et pourrit avant la récolte.

Culture. Le poirier *Calebasse Tougard* est un arbre très délicat sur la nature du sujet, du sol et de l'exposition. Greffé sur coignassier et planté dans un bon sol, rarement ses fruits sont tous beaux et sains; greffé sur le même sujet et planté dans un sol un peu fort, l'arbre se chancre, perd insensiblement ses branches et ne donne que quelques fruits passables; greffé sur franc et planté dans un sol léger, profond, chaud et riche, il pousse bien, rapporte lentement, mais ses fruits sont en général beaux et bons. Cette variété ne prospère bien que sur greffe intermédiaire et dans les sols de première nature, de préférence en espalier à l'est, au sud-est et au sud-ouest; on peut l'élever en cordon, fuseau, buisson et pyramide. On taille long pendant les trois ou quatre premières années de la plantation; on pratique quelques crans afin de faire sortir les yeux lents à paraître. On pince sur la troisième ou quatrième feuille, plutôt moins que plus, et l'on casse les rameaux anticipés dès qu'ils sont aoûtés; lorsque les coursons les plus éclairés, c'est-à-dire ceux qui se trouvent placés sur les branches et non dessous ou de côté, prennent trop de développement à leur base, et qu'ils s'épaississent trop, on les coupe sur leur couronne dans le milieu de juillet, afin de faire passer à leur place une ou deux petites brindilles.

Le Secrétaire du Congrès pomologique
et du Comité de rédaction,
C.-Fnd WILLERMOZ.

FONDANTE DU PARISEL

FONDANTE DU PARISEL.

(92. BERGAMOTTE.)

SYNONYMES : *Délices d'Hardenpont d'Angers.* — *Délices d'Angers.* — *Fondante du Pariselle.* — *Fondante du Paniselle.*

ORIGINE. Variété obtenue par l'abbé Hardenpont, dans son jardin situé près de Mons, au pied de la colline du Parisel. On présume que ce gain, baptisé par l'obtenteur, est contemporain des *Beurré d'Hardenpont*, de la *Délices d'Hardenpont* et du *Passe-Colmar*, sortis du même jardin. C'est donc à tort qu'on a donné à ce fruit les noms de *Délices d'Hardenpont d'Angers* et de *Délices d'Angers*, puisque ni les catalogues angevins, ni les travaux pomologiques du Comice horticole de Maine-et-Loire ne la reconnaissent pour une poire angevine, et qu'aucun n'en réclame la primeur. L'altération des noms donnés par Hardenpont à ses gains provient de ce qu'en 1817 presque tous les jardins de Mons disparurent, et avec eux les arbres fruitiers, pour faire place aux fortifications de la ville, et que les amateurs, découragés, ne tentèrent aucun effort pour conserver les variétés obtenues aux environs de leur cité. Ainsi le *Beurré d'Hardenpont* a été rebaptisé sous le nom de *Beurré d'Arenberg*; la *Délices d'Hardenpont* a reçu celui d'*Archiduc Charles*; et le *Passe-Colmar*, combien de fois n'a-t-on pas essayé de le débaptiser aussi ?

AUTEURS DESCRIPTEURS :

Annales de Flore et Pomone (septembre 1844), sous le nom de *Délices d'Hardenpont*.

A. Bivort, sous le nom de *Délices d'Hardenpont*. *Album de Pomologie*, tome III, page 31.

C.-F. Willermoz, sous le nom de *Délices d'Hardenpont*. *Bulletin de la Société d'Horticulture du Rhône*, page 199. 1848.

Prévost, sous le nom de *Délices d'Hardenpont*. *Bulletin Pomologique de la Société d'Horticulture de la Seine-Inférieure*, pages 23 et 82. 1850.

Thuillier Aloux, sous le nom de *Délices d'Angers*. *Bulletin Pomologique de la Société d'Horticulture de la Somme*, page 10. 1855.

Société Van-Mons, sous le nom de *Délices d'Hardenpont d'Angers*, page 37. 1855.

J. de Liron d'Airoles, sous le nom de *Délices d'Hardenpont d'Angers*. *Tab. des Fruits à l'étude*, page 42. 1857.

Ch. Baltet, sous le nom de *Délices d'Hardenpont*. *Les Bonnes Poires*, page 29. 1859.

Robert Hogg, sous le nom de *Délices d'Hardenpont d'Angers*. *The Fruit Manual*, 2me édition. 1860.

Decaisne, sous le nom de *Délices d'Angers*. *Jardin Fruitier du Museum*, tome III.

Description. Arbre pyramidal, fertile, d'une vigueur moyenne sur coignassier, plus vigoureux, mais un peu moins généreux sur franc.

Branches formant avec le tronc un angle ouvert, assez nombreuses, suffisamment espacées, assez droites et sans épines.

Rameaux de l'année moyens ou grêles, obliques ascendants, flexueux, légèrement coudés, renflés à leur sommet, fauve verdâtre à l'ombre, brun clair ou noisette au soleil, nuancés gris, parsemés de lenticelles grises, ovales, saillantes au sommet du rameau, peu apparentes à sa base.

Entre-feuilles irréguliers, serrés sur les arbres âgés; leur longueur varie entre quinze et vingt-cinq millimètres.

Boutons a feuilles gros, élargis à leur base, ovales, coniques, allongés, aigus, saillants, brun marron marbré noir et gris cendré, accompagnés à leur base et de chaque côté d'un petit bouton rudimentaire brillant, ce qui, avec la console souvent bombée et saillante, forme assez bien la face de la tête d'un oiseau; le terminal, de même couleur, court, renflé et conique, est souvent à fruit.

Boutons a fruits moyens, très allongés, ovales, aigus, brun fauve ombré de brun marron foncé et de gris cendré, portés par des dards longs de deux centimètres, minces, articulés, brun ombré gris, et par des bourses grosses, courtes, presque arrondies, lisses, brun olivâtre à l'ombre, brun clair au soleil, ridées à leur base.

Feuilles d'un vert clair, épaisses, bien fibrées surtout en dessous, tantôt ovales, obtuses ou se terminant en pointe arrondie, tantôt lancéolées, très aiguës ou acuminées, recourbées à leur extrémité, arquées ou planes, à bords ondulés ou légèrement relevés en tuile, entiers ou finement dentés vers la pointe. Leur longueur est de cinq à six centimètres, et leur largeur de deux et demi à trois. Celles des rameaux fruitiers, un peu plus grandes, sont ovales, cordiformes, planes ou crénelées.

Pétioles petits ou assez gros, légèrement canaliculés, formant à leur base une courbe ouverte, vert jaunâtre, longs de douze à vingt millimètres.

Stipules linéaires, courtes, aiguës, vert jaunâtre, étalées, placées à deux ou trois millimètres au-dessus de la base du pétiole.

Fruit moyen ou assez gros, rarement en trochet et par paire, le plus souvent solitaire, assez caduc, inodore, à surface bosselée, particulièrement autour du pédicelle et vers la tête, où il est parfois tronqué, arrondi ou ovale arrondi, plus large que haut, prenant parfois la forme d'une pomme, souvent celle d'un *Doyenné* ou d'une *Bergamotte*. Sa hauteur moyenne est de sept centimètres et son diamètre de huit.

Œil petit ou moyen, régulier, ouvert, placé dans une cavité assez profonde, large, évasée, régulière ou irrégularisée par quelques bosses.

Sépales petits, canaliculés, gris blanchâtre, aigus, tantôt divergents et réfléchis, tantôt dressés, souvent caducs.

Pédicelle gros, charnu, renflé à ses deux extrémités, particulièrement à sa base, où il est accompagné de plis, fauve clair brillant, long de dix à quinze millimètres, implanté ou dans une cavité large et peu profonde, ou à fleur, au sommet d'une gibbosité.

Peau rude, épaisse, vert tendre, presque entièrement recouverte de granitures et de marbrures gris olivâtre et vert terne; à la maturité, la peau passe au jaune d'or, et les taches au jaune fauve à l'ombre et au roux fauve du côté du soleil; parfois elle se couvre de rouge brun lorsque l'arbre n'est pas suffisamment vigoureux.

Chair blanche citrine, fine ou demi-fine, ferme ou tendre et fondante, selon le sujet, le sol et l'exposition; pourvue d'une eau abondante, sucrée, d'un parfum agréable, plus ou moins prononcé et relevé ; le fruit, récolté à propos et dans de bonnes conditions de culture, est de toute première qualité.

Cœur grand, central, arrondi, renflé, entouré de concrétions pierreuses, nombreuses et assez sensibles.

Pépins gros, larges, convexes d'un côté, concaves de l'autre, obtus, arrondis à leur base, noir acajou, placés dans des loges spacieuses, obliques.

Maturité. Cette bien bonne poire, très répandue, mûrit ordinairement pendant les mois de novembre et décembre. Il arrive parfois qu'on en mange dès le commencement de la seconde quinzaine d'octobre, comme il arrive aussi qu'on la conserve jusqu'au milieu de janvier ; ces maturités hâtives ou tardives tiennent à la latitude ou ne sont qu'accidentelles. Le fruit se conserve bien au fruitier s'il a été récolté à propos et par un temps sec.

Culture. L'arbre se greffe sur coignassier et sur franc, de préférence sur ce dernier sujet pour être dirigé sous toutes les formes ; il réussit très bien sur greffe intermédiaire pour cordon, fuseau, buisson, espalier et pyramide ; il réclame sur cette greffe, comme sur le franc, une taille longue pendant sa jeunesse ; une fois l'arbre formé et la fructification acquise, on devient plus sévère, comme lorsqu'il est greffé sur coignassier, c'est-à-dire qu'on taille court ; on supprime les boutons à fruits trop abondants et mal placés, ainsi que les brindilles inutiles ; on ne laisse qu'un fruit à chaque dard ou à chaque bourses. On pince les jeunes bourgeons sur la deuxième ou troisième feuille, et l'on casse les anticipés toujours progressivement et avec prudence.

L'arbre aime les terres meubles, saines, fertiles et les expositions éclairées et aérées ; dans de telles conditions, le fruit acquiert un plus fort développement, sa chair devient fine, fondante, vineuse et son eau prend un parfum relevé d'un acide fin très agréable.

Le Secrétaire du Congrès pomologique
et du Comité de rédaction,
C.-Fnd WILLERMOZ.

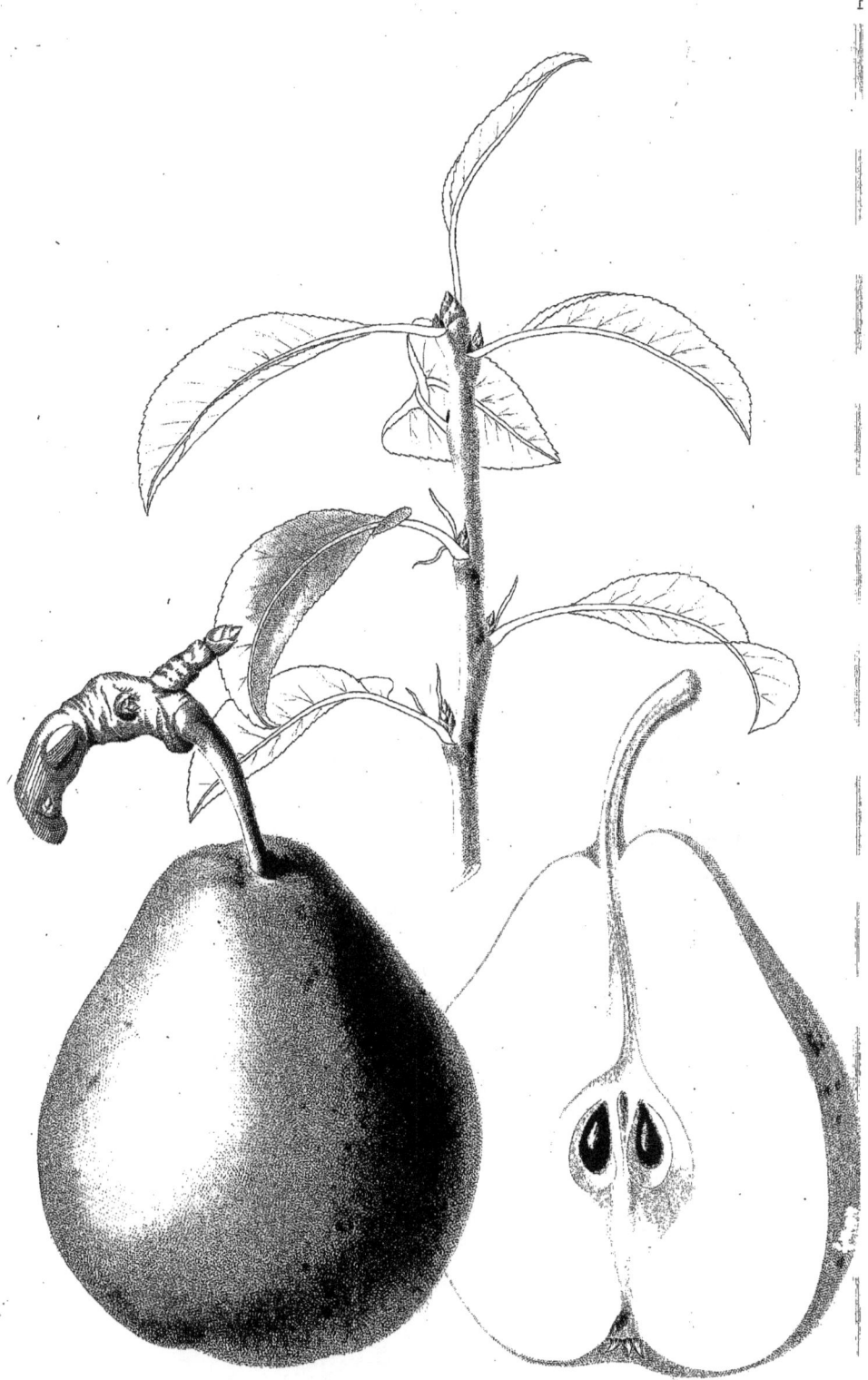
FONDANTE DU COMICE

FONDANTE DU COMICE.

(93. COLMAR.)

~~~~~~~~~~~~~~~~~

Synonymes : Variété nouvelle.

Origine. Variété obtenue par le Comice Horticole de Maine-et-Loire, à la suite de semis surveillés par M. Milliet, son président. Premier rapport en 1849.

Auteurs descripteurs :

Milliet. *Pomologie de Maine-et-Loire*, page 9, plan 5. 1853.

Thuillier Aloux. *Bulletin Pomologique de la Société d'Horticulture de la Somme*, page 12. 1855.

J. de Liron d'Airole. *Liste Synonymique*, page 73. 1857.

A. Bivort. *Annales de Pomologie Belge*, tome VII, page 23.

Description. Arbre pyramidal, fertile, mais de vigueur moyenne sur coignassier, prospérant bien sur franc et pouvant avec lui s'élever sous toutes les formes.

Branches formant un angle ouvert avec le tronc, de moyenne grosseur et longueur, droites et sans épines.

Rameaux de l'année moyens, d'inégale longueur, obliques ascendants, coudés à leur base, un peu renflés à leur sommet, flexueux ou arqués, striés sous les consoles, blond verdâtre à l'ombre, brun noisette teinté de roux et ombré gris du côté du soleil, finement et inégalement parsemés de petites lenticelles gris blanc, réunies et massées au sommet sous forme de graniture.

Entre-feuilles irréguliers, plus courts sur les rameaux faibles et aoûtés de bonne heure que sur les forts. Leur longueur varie entre dix et vingt-cinq millimètres.

Boutons a feuilles petits et moyens, les uns triangulaires, les autres coniques, pointus, apprimés à leur base, écartés du rameau par leur sommet; quelques-uns sont très saillants, brun ombré brun noir et gris; ceux du bas sont portés sur des consoles renflées; le terminal, gros, conique, obtus, est recouvert d'écailles mal appliquées, brun roux et gris cendré.

Boutons a fruits moyens, ovales, allongés, pointus, brun clair ombré marron et grisâtre, portés par des dards courts, voûtés, plus renflés à leur base qu'à leur sommet, blond brun, et par des bourses moyennes ou petites, ovales allongées, blondes à l'ombre, gris roux du côté du soleil, parsemées de grosses lenticelles grises, ridées peu profondément à leur base.

Feuilles d'un vert tendre et brillant, blanchâtres en dessous, minces, finement fibrées, ovales, lancéolées, pointues, arquées, ondulées et crispées, planes et en tuile; leur serrature est fine, irrégulière et peu profonde. Leur longueur est de sept à huit centimètres, et leur largeur de trois à quatre. Celles des rameaux fruitiers sont plus foncées, plus grandes, entières, planes et longuement pétiolées.

Pétioles grêles, inégaux, vert clair jaunâtre, légèrement canaliculés, sinueux, longs de vingt à cinquante millimètres.

Stipules linéaires, jaunâtres, longues, courbées et embrassant le rameau.

Fruit assez gros et gros, solitaire et par paire, rarement en trochet, assez bien attaché à l'arbre, odorant, à surface bosselée, plus particulièrement du côté de la tête, plus haut que large, prenant parfois les formes de *Doyenné* et de *Colmar*, plus généralement celle de *Saint-Germain* renflé vers la tête. Sa hauteur moyenne est de neuf à dix centimètres, et son diamètre de huit à neuf.

Œil petit, irrégulier, clos ou demi-ouvert, placé dans une cavité tantôt grande, profonde et irrégulière, tantôt peu profonde, évasée, plissée, environnée de bosses inégales et peu saillantes.

Sépales larges et soudés à leur base, longs, brun grisâtre, aigus, dressés les uns contre les autres.

Pédicelle moyen ou gros, ligneux, renflé à son sommet, cintré, oblique, jaune verdâtre à l'ombre, fauve roux et brillant au soleil, long de vingt à vingt-cinq millimètres, implanté parfois à fleur du fruit, le plus souvent dans une petite cavité peu profonde, environnée de petites bosses interrompues.

Peau fine, mince, onctueuse, vert blanchâtre, passant au jaune serin foncé, relevée de ponctuations et de granitures verdâtres et fauves, peu abondantes; quelques taches rousses, assez grandes, se montrent parfois du côté du soleil.

Chair blanche, neigeuse, teintée jaunâtre, fine ou demi-fine, très fondante, pourvue d'une eau abondante, sucrée, légèrement vineuse, parfumée.

Cœur petit, ovoïde, placé plus près de l'œil que du pédicelle, environné de fines concrétions peu abondantes.

Pépins gros, courts, obtus, arrondis à leur base, bien nourris, marron foncé, placés dans des loges moyennes et perpendiculaires; plusieurs sont avortés.

MATURITÉ. Cette poire, encore très peu répandue et fort peu connue, mûrit habituellement en octobre, plutôt à la fin qu'au commencement. Dans le nord, elle se conserve jusqu'à la mi-novembre; elle ne se conserve bien au fruitier qu'autant qu'elle a été entre-cueillie et qu'elle provient d'un arbre sain et planté dans de bonnes conditions.

CULTURE. L'arbre se greffe sur coignassier et sur franc, de préférence sur ce dernier sujet; on le dirige plus particulièrement en espalier et en pyramide que sous les autres formes; il réclame un sol léger, perméable, substantiel et une exposition éclairée et aérée. Dans les sols trop forts, trop compactes, et aux expositions ombragées, le fruit reste vert et n'a aucune saveur. On allonge un peu la flèche de l'arbre greffé sur coignassier; on taille court les branches supérieures et un peu long les inférieures; on pince à quatre feuilles au plus les jeunes bourgeons; on soulage les bourses des boutons et des brindilles auxquels elles donnent naissance, et l'on casse les anticipés dès l'aoûtement. L'arbre sur franc se taille long pendant sa jeunesse; lorsqu'il est suffisamment fertile, on le traite comme celui qui est greffé sur coignassier.

Le Secrétaire du Congrès pomologique
et du Comité de rédaction,
C.-F^{né} WILLERMOZ.

MESSIRE JEAN

MESSIRE JEAN.

(94. BERGAMO-COLMAR.)

Synonymes : *Messire-Jean Gris.* — *Messire-Jean Doré.* — *Messire-Jean Blanc.* — *Messire-Jean Romain.* — *Monsieur John.* — *John.* — *John Dory.* — *Coulis.* — *Chaulis.* — *Poire de la Communauté.* — *Poire du Couvent.* — *Emmiliacour.* — *Marion.*

Origine. Très ancienne.

Auteurs descripteurs :
Olivier de Serres. *Théâtre d'Agricult.*, page 629. 1600.
Mollet. *Théâtre des Jardiniers*, page 33, 1652.
Le Rév. Père Triquet, *prieur de Saint-Marc*, page 232. 1653.
Merlet. *Abrégé des Bons Fruits*, page 90, 2me édition. 1675.
Le Jardinier Français, page 170, 1679.
Laquintinie. *Inst. pour les Jard. Fruit.*, page 158, 1692.
L. Liger. *Cult. Parf. des Jard. Fruit.*, page 442. 1702.
J. Collomb. *Obs. sur la Cult. des Arbres Fruit.*, page 75. 1718.
J. Pitton Tournefort. *Inst. Rei Herb.*, tome I, page 630. 1719.
Duhamel. *Traité des Arb. Fruit.*, tome II, page 173, plan 26. 1768.
J. Herman Kenoop. *Pomol. des Pays-Bas*, page 84, tab. 2, fig. 6. 1771.
De La Bretonnerie. *Ecole du Jard. Fruit.*, tome II, page 429. 1784.
Miller. *Dictionnaire des Jard.*, tome VI, page 164, 1788.
Le Bon Jardinier, page 121, 1796.
Pomona Austriaca, tome II, page 7, tab. 161. 1797.
Forsyth. *Traité de la Cult. des Arbres Fruit.*. page 112. 1803.
Poinsot. *L'Ami des Jardiniers*, tome I, page 182. 1804.
E. Calvel. *Traité des Pépin.*, tome II, page 323. 1805.
Du Mont de Courset. *Le Botan.-Cult.*, tome V, page 437. 1811.
J.-Y. Catros. *Traité rais. des Arbres Fruit.*, page 355. 1810.
Louis Noisette. *Le Jardin Fruitier*, page 142, tab. 67. 1839.
Couverchel. *Traité des Fruits*, page 484. 1839.
Poiteau. *Pomologie Française.* 1846.
C.-F. Willermoz. *Bulletin de la Société d'Horticulture du Rhône*, page 13. 1849.

Thuillier Aloux. *Bulletin Pomologique de la Société d'Horticulture de la Somme*, page 66. 1855.
J. de Liron d'Airoles. *Table des Fruits à l'étude*, page 61. 1857.
Ch. Baltet. *Les Bonnes Poires*, page 24. 1859.
Decaisne. *Jardin Fruitier du Museum*, tome II.
Robert Hogg. *The Fruit Manual*, 2me édition. 1860.

Description. Arbre fertile, de vigueur moyenne, qu'on greffe sur coignassier et sur franc, selon la forme qu'on veut lui imposer et la qualité du sol où l'on veut le planter, se prêtant assez bien à la pyramidale.

Branches formant un angle presque droit avec le tronc, un peu diffuses, peu droites, rarement épineuses dans leur vieillesse.

Rameaux de l'année assez gros et assez longs, s'amincissant de la base au sommet, où ils sont renflés d'une manière sensible ; obliques ascendants, arqués, coudés, ornés à leur base, comme ceux de la Bergamotte d'Esperen, de dards rudimentaires et de lambourdes ; striés et fortement nervés de chaque côté des consoles, lesquelles sont larges et brusquement détachées du rameau ; leur épiderme violet noirâtre brillant sur les arbres bien portants, brun noirâtre ombré gris cendré sur ceux d'une végétation ordinaire ou faible, gris cendré au sommet, est parsemé de lenticelles peu abondantes, grises, gercées, rondes et ovales, dont quelques-unes se tranforment en longues stries grises.

Entre-feuilles inégaux ; les plus courts sont à la partie supérieure ; leur longueur varie entre 25 et 45 millimètres.

Boutons a feuilles petits, apprimés et anguleux au sommet, à pointe émoussée et écartée du rameau ; ceux du milieu à la base, plus gros, courts, coniques, obtus, très saillants, sont accompagnés à leur base et de chaque côté, de petits yeux rudimentaires brun roux, brillants ; leurs écailles, brun roux, sont duveteuses et ombrées gris. Le terminal, petit ou moyen, incliné de côté, est court, conique, obtus, recouvert d'écailles brunes ou fauves, duveteuses.

Boutons a fruits moyens, ovales, très aigus, recouverts d'écailles chocolat, très bien appliquées, portés par des dards courts, petits, bruns, ridés et par des bourses assez grosses, assez longues, renflées, brun noir du côté de l'ombre, recouvertes d'une poussière fauve du côté du soleil, ridées, articulées et chagrinées.

Feuilles d'un vert foncé, brillantes dessus, vert grisâtre et comme duveteuses dessous, épaisses, bien fibrées, ovales lancéolées, très aiguës, à bords relevés en tuile, obtusement mais régulièrement dentées, comme festonnées, légèrement cintrées et gaufrés en dessous près la nervure médiane. Leur longueur est de 8 à 9 centimètres, et leur largeur de 3 à 4. Celles qui accompagnent les rameaux fruitiers sont plus grandes, ovales cordiformes, obtuses ou mucronées, planes, un peu denticulées sur leurs bords ; quelques-unes sont presque entières ; les secondaires, lancéolées, sont festonnées, planes et dressées.

Pétioles gros, arqués, faiblement canaliculés, vert jaunâtre, teintés de rose à leur base, longs de 10 à 15 millimètres; ceux des autres feuilles sont grêles et d'inégale longueur.

Stipules en alène, verdâtres et courbées.

Fruit moyen et assez gros, solitaire et par paire, rarement en trochet, bien attaché à l'arbre lorsque celui-ci est vigoureux, inodore, à surface un peu bosselée, particulièrement sur la partie la plus renflée, affectant tantôt la forme de *Bergamotte*, tantôt celle de *Colmar*; cette forme est assez générale sur les arbres en pyramide et en espalier bien venant; la première est plus commune sur les hautes tiges. Sa hauteur moyenne est de 7 à 8 centimètres, et son diamètre de 6 à 7.

Œil moyen ou assez grand, ouvert, régulier, placé dans une cavité étroite, évasée, infundibuliforme, au fond de laquelle on remarque parfois de petites glandes.

Sépales étroits, assez longs, lancéolés aigus, recourbés sur le fruit, brun gris, parfois caducs.

Pédicelle mince, ligneux, souvent renflé à sa base, droit ou arqué, brun fauve, implanté dans l'axe du fruit, à fleur ou au milieu d'une petite cavité peu profonde, peu large et plissée. Sa longueur est de 23 à 30 millimètres.

Peau rugueuse, assez épaisse, vert bronzé, passant au chamois ou jaune nankin, lavée quelquefois de rouge foncé obscur ou de brun orangé du côté du soleil, parsemée de granitures fauves et rousses, entières et crevassées; striée de roux brun vers le pédicelle.

Chair blanche, citrine, granuleuse, crépitante ou cassante, parfois assez fine; eau abondante ou seulement suffisante, sucrée, parfumée, relevée, très agréable, souvent astringente.

Cœur plus rapproché de l'œil que du pédicelle, petit, cordiforme, renflé, entouré de concrétions pierreuses peu abondantes, mais grosses.

Pépins petits ou moyens, obtus, arrondis à leur base, bombés d'un côté, déprimés de l'autre, marron foncé, placés dans des loges moyennes, obliques perpendiculaires.

Maturité. Cette poire, bonne crue, très bonne cuite, mûrit du milieu d'octobre à la fin de novembre selon les latitudes. Il arrive très souvent qu'elle est blette dans le centre, bien qu'elle semble encore très ferme et être de longue garde. On a cru remarquer que des fruits, tombés dans la première quinzaine de septembre, s'étaient conservés sains jusqu'à la fin de novembre, et qu'ils étaient bien moins pierreux que ceux du même arbre qui avaient été récoltés tard. On remarque aussi et l'on a toujours remarqué que la grosseur, la couleur, la saveur et la conservation du fruit étaient relatives à la santé de l'arbre, à la nature du sujet, du sol et de l'exposition. Le fruit demande à être récolté plus tôt qu'il ne l'est habituellement;

profiter, pour faire la récolte, d'un temps sec et apporter une grande surveillance au fruitier.

CULTURE. L'arbre se greffe sur coignassier et sur franc; il est fertile, mais de vigueur moyenne sur le premier; la fertilité se fait attendre un peu plus longtemps sur le second de ces sujets; mais il est bien plus vigoureux et atteint un âge très avancé, surtout lorsqu'il est planté dans de bonnes conditions. Sa culture est un peu négligée dans une partie du midi de la France et le sud-ouest; dans le nord-ouest, sur les bords de la Seine, par exemple, il réussit en espalier et non en haute-tige; aux environs de Paris, dans une partie du nord, dans le centre et l'est, il est cultivé au contraire spécialement en haute-tige. Sur tous ces points, on rencontre des arbres plus que séculaires et d'une grande fertilité.

Le greffe en haute-tige la plus favorable est celle qui se pratique en tête sur sujets forts et vigoureux.

L'arbre qui est cultivé sous de petites formes, se taille selon sa vigueur et sa fertilité. On tient la flèche courte pour les pyramides pendant les premières années de la plantation. Lorsque les fruits commencent à se montrer, on l'allonge davantage; mais, en toutes circonstances, on doit traiter les branches charpentières et les ramifications fruitières, de manière que les fruits ne soient pas trop nombreux et qu'ils soient bien éclairés, c'est dire qu'on doit, autant que possible, éviter la confusion et proscrire le superflu, deux choses funestes à tous les arbres fruitiers en général et en particulier au *Messire Jean*. Tous les sols et toutes les expositions ne sont pas favorables à cette variété, qui cependant n'a pas plus dégénéré que ses contemporaines, mais qui de tout temps a été reconnue comme difficile. Elle aime les sols chauds, riches, un peu frais et les expositions bien éclairées. Dans les sols secs et pierreux, comme dans les sols compactes et humides, la poire prend une couleur anormale: tantôt elle est grise, tantôt blanchâtre ou d'un brun bronzé. Dans ces conditions, elle est ou très pierreuse ou très sèche et insipide. Le fruit, pour être bon, doit être de la couleur qui est indiquée dans la description, et c'est une erreur de croire qu'il n'est bon et ne prend cette couleur que lorsqu'il est greffé sur coignassier.

Le Secrétaire du Congrès pomologique et du Comité de rédaction,
C.-F^{né} WILLERMOZ.

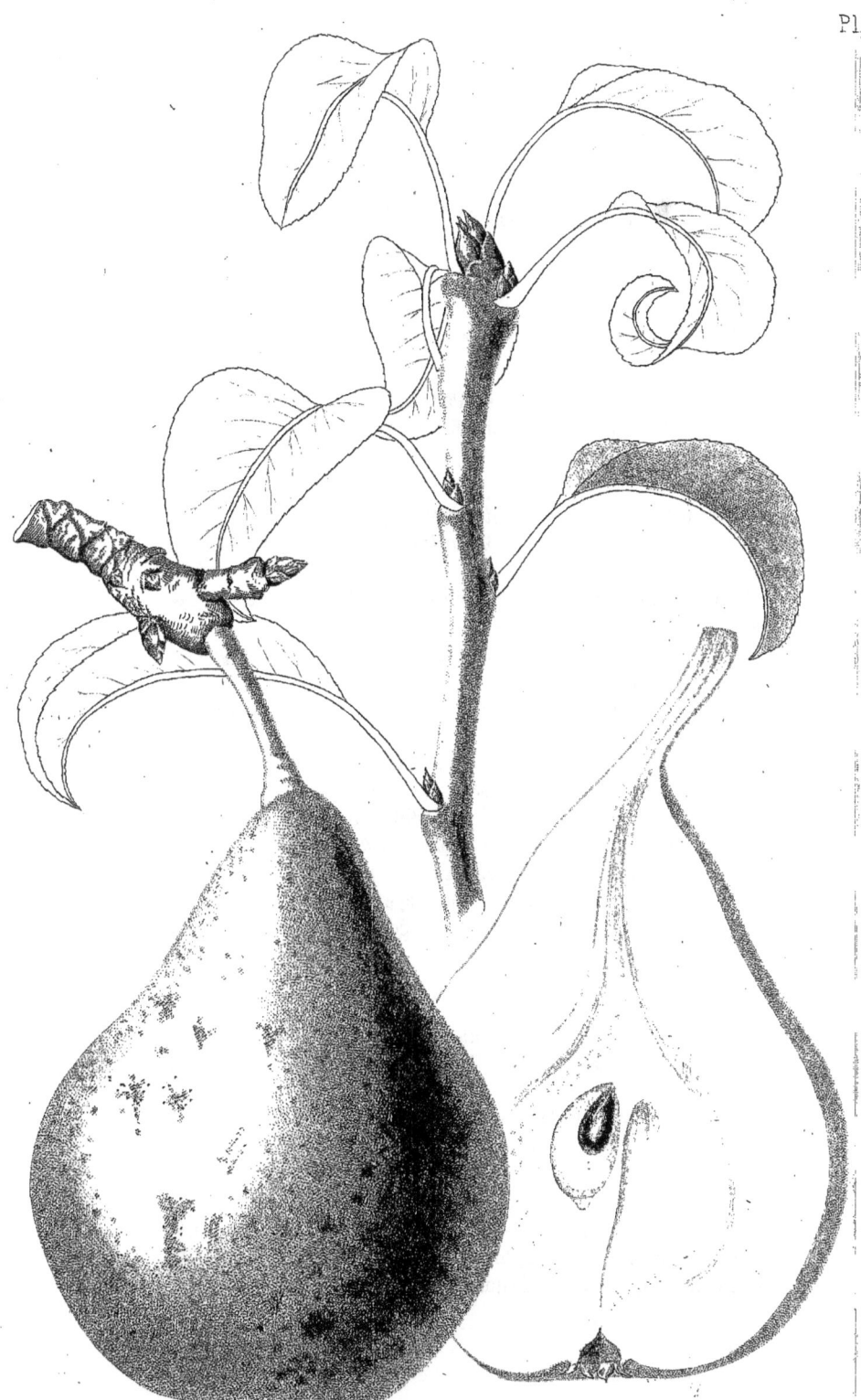

FRÉDÉRIK DE WURTEMBERG

FRÉDÉRIC DE WURTEMBERG.

(95. COLMAR.)

SYNONYMES : *Médaille d'or*. — Par erreur, on a donné le nom de *Frédéric de Wurtemberg* à la poire *Beurré de Montgeron*.

AUTEURS DESCRIPTEURS :

A. Bivort. *Album de Pomologie*, tome I, page 75.

A. Royer, sous le nom de *Médaille d'or*. *Annales de Pomologie Belge*, tome I, page 91.

J. de Liron d'Airoles, sous le nom de *Médaille d'or*. *Premier cahier de Pomologie*, page 14. 1854.

Le même, sous le nom de *Frédéric de Wurtemberg. Liste synonymique*, page 74. 1857.

Poiteau. *Annales de la Société d'Horticulture de Paris*, page 369. 1837.

L. Noisette, sous le nom de *Frédéric de Wurtemberg*. *Le Jardin Fruitier*, page 137, tab. LXI. 1839.

Couverchel. *Traité des Fruits*, page 496. 1839.

Société Van Mons, sous le nom de *Médaille d'or*, page 84. 1855.

Ch. Baltet. *Les Bonnes Poires*, page 17. 1859.

P. de Mortillet. *Les Quarante Poires*, page 49. 1860.

Robert Hogg. *The Fruit Manual*, 2me édition, 1860 ; 3me édition, 1862.

F.-J. Dochnahl. *Der Sichere Fuhrer in der Obstkunde*, tome II, page 107. 1856.

Decaisne. *Jardin Fruitier du Museum*, tome II.

Société impériale et centrale d'Horticulture de la Seine-Inférieure. 1864.

Prévost a décrit sous le nom de *Frédéric de Wurtemberg* la Poire *Beurré de Montgeron*. *Pomologie de la Seine-Inférieure*, page 97. 1850.

ORIGINE. Van Mons affirme positivement, dans les *Annales générales des Sciences physiques*, tome 7, page 315, avoir obtenu cette poire dans un de ses semis de quatrième renouvellement ; c'est donc par erreur qu'elle a été répandue de nouveau en 1853, sous le nom de *Médaille d'or*.

DESCRIPTION. Arbre assez vigoureux, droit, s'élançant beaucoup pendant les premières années sans se ramifier d'une manière normale, car les bourgeons latéraux se mettent presque toujours à fruit.

BRANCHES de moyenne grosseur et de moyenne longueur, inégalement espacées, arquées, sans épines; leur épiderme est vert jaunâtre, nuancé de brun et marbré gris, quelquefois légèrement rugueux.

RAMEAUX de l'année inégaux, les uns faibles, les autres forts, plutôt herbacés que ligneux, presque cassants ou flexueux, renflés au sommet, lisses, très luisants, jaune nankin un peu verdâtre, parsemés de nombreuses lenticelles grises, assez grandes, ovales à la base des rameaux, plus rares et plus allongées au sommet; une strie peu apparente règne sous la plupart des consoles. Les rameaux de deux ans sont de couleur noisette, pâles, transversalement gercés et rendus rugueux par la saillie des lenticelles.

ENTRE-FEUILLES inégaux: ceux du milieu du rameau ont vingt-cinq millimètres de longueur, ceux de la base et du sommet en ont cinquante.

BOUTONS A FEUILLES moyens, courts, aigus, appliqués contre le rameau; ceux du milieu sont renflés, ceux du sommet triangulaires, aplatis; ils sont pubescents, jaunâtres, nuancés de brun et de roux, portés par des consoles larges et renflées; le terminal est recouvert d'écailles herbacées.

BOUTONS A FRUITS gros et moyens, courts, coniques, obtus, anguleux à leur base, jaune foncé nuancé brun, portés par des dards renflés, de couleur noisette roux, et par des bourses courtes, cylindriques, renflées à leur base, ridées, jaune olivâtre.

FEUILLES vert clair, peu épaisses, à fibres plus prononcées en dessous qu'en dessus, glabres sur leurs deux faces, elliptiques, effilées aux deux extrémités, rarement cordiformes, habituellement planes à la base du rameau, arquées et repliées en gouttière à la partie supérieure, peu profondément et inégalement dentées; on en remarque quelques-unes qui sont frangées. Leur longueur est de cinq et demi à six centimètres, et leur largeur de deux et demi à trois.

Pétioles inégaux, les uns gros, courts, les autres menus et longs, cylindriques, jaune herbacé, légèrement pourpré, longs de quinze à trente millimètres.

Stipules caduques.

Fruit assez gros et gros, parfois très gros, solitaire et par paire, souvent en trochet de trois, quatre et cinq fruits, bien attaché à l'arbre, odorant, affectant généralement la forme du *Passe Colmar*, à tête plus arrondie et moins bosselée, très renflé vers le milieu et diminuant insensiblement vers le pédicelle, où il se termine en pointe tantôt obtuse, tantôt aiguë. Sa hauteur moyenne est de onze centimètres, et son diamètre de neuf.

Œil moyen, souvent irrégulier, à fleur du fruit ou dans une cavité très peu profonde.

Sépales recourbés en dehors, gris obscur, obtus, rarement caducs.

Pédicelle gros, charnu et renflé à ses deux extrémités, ligneux et parfois coudé dans le milieu, olivâtre du côté de l'ombre, blond verdâtre marbré gris du côté opposé, implanté obliquement à fleur au milieu de trois ou quatre petits plis, le plus souvent soudé avec le fruit par une gibbosité charnue.

Peau d'abord rude, mince, jaune verdâtre, passant au jaune clair à la maturité, devenant onctueuse et brillante, marbrée de vert très pâle du côté de l'ombre, parsemée de fines tiquetures roussâtres, granitée de rouille, lavée et rubanée de rouge carminé du côté du soleil.

Chair blanche, fine, fondante, pouvue d'une eau très abondante, très sucrée et parfumée.

Cœur plus rapproché de l'œil que du pédicelle, ovale, renflé dans son milieu, plein d'une chair légèrement jaunâtre, très fine, traversée longitudinalement par une cloison bien caractérisée.

Pepins moyens ou assez gros, longs, tantôt obtus, renflés et arrondis vers la base, tantôt aigus et mal nourris, brun roux ombré noir, placés dans de grandes loges perpendiculaires, souvent avortés.

Maturité. Cette belle et bonne poire mûrit, dans le midi, vers la fin d'août; dans le centre, elle mûrit dans la première quinzaine de septembre; dans le nord, le nord-ouest et la Belgique, on la mange dans la seconde quinzaine de septembre et la première quinzaine d'octobre. Elle demande, comme tous les fruits de cette saison, à être entre-cueillie et portée avec soin au fruitier, où elle achève sa maturation sans blettir.

Culture. L'arbre greffé sur coignassier pousse très rapidement l'année de la greffe, mais cette pousse si belle ressemble à ces lampes qui donnent momentanément un jet vif de lumière et qui s'éteignent instantanément après ; en effet, cette pousse languit tout-à-coup, jaunit et perd ses feuilles; au printemps suivant, elle fait encore une très faible pousse et meurt avec le pied sur lequel elle est greffée. Il est nécessaire, pour obtenir un arbre fort, robuste et de longue durée, de greffer sur franc, mieux encore sur greffe intermédiaire. Pour obtenir une pyramide régulière, il importe de favoriser le complet développement des rameaux latéraux, soit par une taille courte de la flèche, soit par des crans, soit enfin par la suppression des boutons à fruits sur ceux qui en se développant prennent une position horizontale et même pendante. On peut conduire l'arbre sous toutes les formes, particulièrement en cordon et en espalier; on pince court afin d'obtenir des ramifications fruitières fortes, les longues et les minces étant très sujettes à se rompre sous le poids du fruit.

Cette description est due à la Commission de Pomologie de la Société impériale et centrale d'Horticulture de la Seine-Inférieure.

Le Secrétaire du Congrès pomologique
et du Comité de rédaction,
C.-F^{né} WILLERMOZ.

BEURRÉ BOISBUNEL

BEURRÉ BOISBUNEL.

(96. COLMAR.)

Origine. Variété obtenue par L. M. Boisbunel père, pépiniériste à Rouen, d'un semis fait en 1835. Son premier rapport a eu lieu en 1846.

Auteurs descripteurs :
Boisbunel. *Bulletin Pomologique de la Société d'Horticulture de la Seine-Inférieure*, page 197. 1850.
Thuillier Aloux. *Bullet. Pomolog. de la Société d'Horticult. de la Somme*, page 26. 1855.
J. de Liron d'Airoles. *Notice Pomologique*, page 49. 1859.

Description. Arbre pyramidal élancé, dans le genre du *Poirier Curé*, vigoureux, rustique et très fertile.

Branches formant un angle peu ouvert avec le tronc, longues, de moyenne grosseur, ascendantes, droites et sans épines.

Rameaux de l'année assez gros, longs, flexueux, légèrement coudés à chaque bouton, striés sous les consoles, à épiderme vert jaunâtre à l'ombre, brun olivâtre au soleil, rendu plus gris par une légère fleur ou poussière glauque répandue sur la surface du rameau, mais surtout abondante à ses extrémités, parsemé de lenticelles d'un blond sale.

Entre-feuilles courts, généralement égaux, sauf à l'extrémité du rameau où ils sont très courts. Leur longueur est de vingt à vingt-cinq millimètres.

Boutons a feuilles petits, apprimés à leur base, les uns coniques, les autres anguleux, peu écartés du rameau par leur sommet qui est pointu, presque entièrement cachés par la base du pétiole, brun marron ombré gris ; le terminal, également petit, conique, aigu, est recouvert d'écailles mal appliquées, brun noir, abondamment ombré gris argentin.

Boutons a fruits gros, coniques, aigus, bruns, ombrés marron et gris cendré, portés par des dards courts, renflés, articulés et par des bourses courtes, moyennes ou grosses, cylindriques ou renflées, ridées à leur base, brun olivâtre, parsemées de lenticelles blondes et saillantes.

Feuilles vert clair, brillantes en dessus, glauques en dessous, minces, finement fibrées, lancéolées, aiguës, dressées, un peu arquées à leur sommet, planes ou en tuile, à bords presque entiers et légèrement ondulés ; leur longueur est de huit à neuf centimètres, et leur largeur de trois et demi à quatre ; celles des rameaux fruitiers sont plus foncées, plus grandes et plus planes.

Pétioles assez gros, blanc verdâtre, cannaliculés, dressés, longs de deux à quatre centimètres.

Stipules filiformes ou spatulées, courtes, aiguës, verdâtres, arquées.

Fruit moyen, rarement solitaire et par paire, le plus souvent par trochets de trois à cinq, bien attaché à l'arbre, odorant à l'époque de la maturité, à surface légèrement bosselée sur la partie la plus renflée, turbiné, aplati vers la tête, renflé dans son milieu, affectant presque toujours la forme de *Colmar* court. Sa hauteur moyenne est de huit centimètres, et son diamètre de sept.

Œil grand, ouvert, régulier, placé dans une cavité très évasée, unie, légèrement marbrée de gris.

Sépales grands, longs, aigus, étalés en étoile, brun roux, à pointe noire.

Pédicelle moyen, ligneux, brun roux, long de vingt à trente millimètres, implanté obliquement dans une petite cavité irrégulière, entourée de légères bosses, dont une plus saillante que les autres.

Peau fine, mince, vert pomme, jaunissant fortement à la maturité, irrégulièrement pointillée de fauve, de gris et de brun, maculée de taches rousses, dont une très forte couvre la partie située au dessous du pédicelle, jusqu'à une distance de dix à vingt millimètres (caractère constant).

Chair blanche, fine ou très fine, fondante, pourvue d'une eau abondante, sucrée, parfumée, relevée d'un acide fin, assez prononcé, passant parfois à l'astringent.

Cœur central, grand, arrondi, entourré de quelques concrétions pierreuses, souvent très fines et fort peu abondantes.

Pépins assez gros, larges, obtus, non éperonnés, renflés d'un côté, brun foncé ombré noir, placés dans des loges grandes, obliques, perpendiculaires.

Maturité. Cette bonne poire, très peu répandue d'après les notes des Commissions de pomologie des Sociétés d'horticulture, mûrit pendant le mois de septembre. Comme tous les fruits d'été, elle demande à être entre-cueillie et portée au fruitier, où elle se conserve sans blettir.

Culture. Cette variété vigoureuse, peut être greffée indistinctement sur franc ou sur coignassier; cependant, eu égard à sa fertilité qui est très grande, il est à craindre qu'elle ne s'épuise trop vite sur le dernier sujet. Elle réussit très bien greffée sur intermédiaire ou sur franc, pour être élevée en pyramide; on aura soin alors de tailler les branches charpentières un peu plus long pendant la première jeunesse. Celles du haut de l'arbre et la flèche seront taillées un peu court. Comme les boutons sont assez rapprochés sur le bois, un pincement court et quelques crans exécutés à propos suffiront pour faire sortir les productions fruitières qui se trouveraient en retard.

L'arbre s'accommode aisément de toutes les expositions et de tous les sols (toujours choisir les plus sains et les plus fertiles).

Greffé en haute-tige sur franc, l'arbre est très propre à être cultivé dans les vergers; il est rustique en plein air et manque rarement de fructifier abondamment tous les ans.

La culture en espalier offre peu d'avantage, attendu que le fruit ne devient jamais gros et qu'il se colore rarement.

Cette description est due à M. Boisbunel, pépiniériste à Rouen, fils de l'obtenteur et Membre de la Commission de Pomologie de la Société impériale et centrale d'horticulture de la Seine-Inférieure, chargée de l'étude du fruit. Le Comité de rédaction n'a ajouté que quelques mots de plus sur les qualités du fruit.

Le Secrétaire du Congrès pomologique
et du Comité de rédaction,
C.-F^{né} WILLERMOZ.

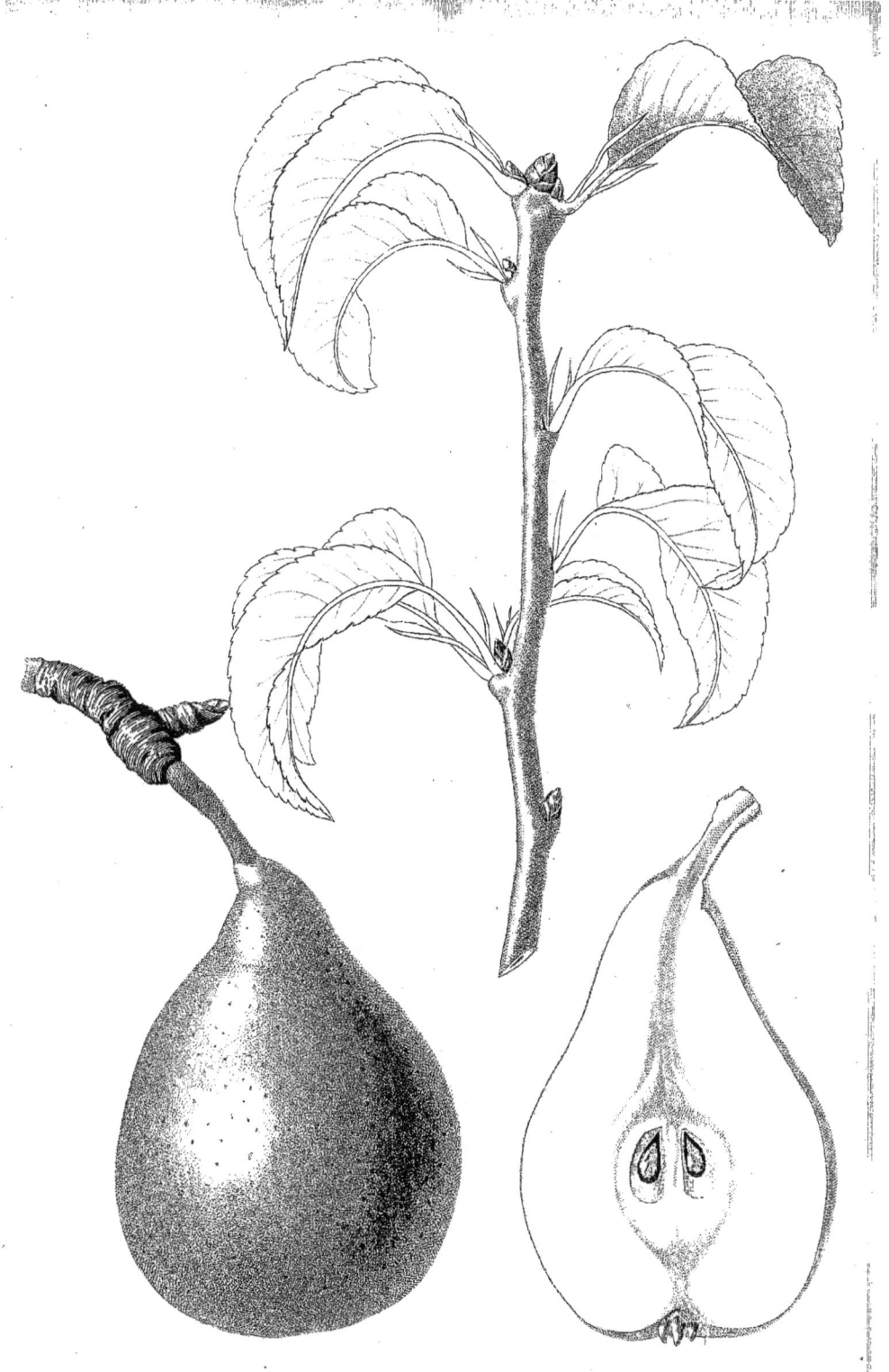
PROFESSEUR DUBREUIL

PROFESSEUR DUBREUIL.

(97. ST-GERMAIN.)

ORIGINE. Cette variété a été obtenue par M. A. Dubreuil, alors professeur d'arboriculture à Rouen, d'un semis de la *Louise Bonne d'Avranches* fait en 1840. Son premier produit a eu lieu en 1851, et le Cercle l'a dédiée à son obtenteur la même année; on peut se convaincre, en comparant la figure du premier produit avec celle ci-contre, que ce fruit a changé de forme et se rapproche de plus en plus de la variété dont il est sorti. Il est difficile aujourd'hui de trouver un fruit semblable à ceux qui servirent alors pour la description (1).

AUTEURS DESCRIPTEURS :

Prévost. 7me *Bulletin Pomologique du Cercle pratique d'Horticulture de la Seine-Inférieure*, année 1851.

DESCRIPTION. Arbre vigoureux, très fertile sur coignassier, peu fertile sur franc dans sa jeunesse.

BRANCHES petites ou moyennes, très garnies de brindilles et de lambourdes, adoptant ordinairement la position horizontale; leur épiderme est gris, très rugueux, parsemé de lenticelles irrégulières, de couleur rouille et complètement déformées sur les branches de trois ans.

RAMEAUX de l'année moyens, légèrement flexueux, les terminaux ascendants, les latéraux courts, petits, divergents, pubescents au sommet; leur épiderme est lisse, luisant, rouge brun au soleil,

---

(1) Ce qui prouve une fois de plus qu'il ne faut jamais se prononcer sur un fruit de semis les premières années du rapport de l'arbre. (*Note de la Rédaction.*)

brun verdâtre à l'ombre, parsemé de petites et nombreuses lenticelles orbiculaires, d'un gris roux; ordinairement ils sont striés finement sous chaque console.

Entre-feuilles égaux, d'une longueur d'environ vingt-cinq à trente millimètres.

Boutons a feuilles gros, coniques, pointus, brun rougeâtre nuancé de noir et de cendré, portés sur des consoles saillantes, légèrement apprimées à leur base, écartés du rameau par leur sommet; le terminal, gros, conique, obtus, est recouvert d'écailles bien appliquées, de la couleur des autres boutons.

Boutons a fruits assez gros, ovales, coniques, aigus, de couleur fauve, nuancés brun noir et gris argenté, portés tantôt par des dards courts, étranglés, fortement articulés, gris brun, tantôt à l'extrémité de petites brindilles, ou par des bourses très courtes, peu volumineuses, brunes ridées fauve.

Feuilles d'un vert foncé en dessus, vert blanchâtre en dessous, un peu épaisses, finement fibrées, lancéolées et acuminées ou ovales lancéolées pointues, les unes arquées et à bords relevés en gouttière, les autres étalées ou presque planes, à serrature obtuse et irrégulière. Leur longueur est de six centimètres environ et leur largeur de trois et demi. Celles qui accompagnent les rameaux fruitiers sont un peu plus grandes et plus larges.

Pétioles grêles, blanc verdâtre, diminuant de longueur en approchant du sommet des rameaux, canaliculés, inclinés; leur longueur varie entre quinze et trente millimètres; ceux des feuilles florales sont plus minces et plus longs.

Stipules très longues, les unes linéaires, les autres en alène et très légèrement dentées, droites ou ondulées, de la couleur des pétioles.

Fruit moyen, rarement solitaire, souvent par paire, et en trochet assez bien attaché à l'arbre jusqu'à l'époque de la maturité, très odorant, bosselé à ses extrémités, parfois côtelé vers l'œil, se terminant ordinairement par un bourrelet, affectant généralement la forme d'un petit *Passe Colmar* à tête arrondie. Sa hauteur moyenne est de sept à huit centimètres et son diamètre de cinq à six.

Œil petit, clos, placé dans une cavité petite, évasée, entourée de petites bosses ou seulement de petits plis.

Sépales assez longs lorsqu'ils sont entiers; souvent l'extrémité se dessèche avant la maturité; ils sont épais, charnus, appliqués les uns contre les autres et souvent brun pourpré.

Pédicelle moyen, charnu à sa base, blond à l'ombre, roux fauve marbré de gris au soleil, long de douze à vingt millimètres, implanté obliquement, faisant souvent corps avec le fruit auquel il est alors réuni par des gibbosités plus ou moins charnues.

Peau lisse, fine, onctueuse, très mince, se détachant de la chair comme celle d'une pêche fine, jaune verdâtre, passant au jaune citron, rouge et quelquefois fouettée de pourpre foncé du côté du soleil, finement pointillée de vert clair à l'ombre et fortement granitée de gris verdâtre sur le pourpre.

Chair blanche, fine, cassante ou crépitante, quelquefois fondante, souvent pâteuse (lorsque le fruit n'est pas pris à point), pourvue d'une eau suffisante, sucrée, parfumée et légèrement musquée.

Cœur petit, plus rapproché de l'œil que du pédicelle, tantôt elliptique, rétréci et allongé, aigu, tantôt ovoïde et pointu, plein d'une substance fine, très blanche, entouré de petites concrétions fines.

Pépins moyens, courts, obtus, quelques-uns bien nourris, d'autres bombés d'un côté et anguleux de l'autre, à peine éperonnés, fauves ombrés de noir et de brun, placés dans des loges petites, étroites, très rapprochées.

Maturité. Cette variété, encore peu répandue, à en juger d'après les renseignements fournis par les Commissions de pomologie des

Sociétés, mûrit en août et septembre. Elle demande à être entrecueillie, comme tous les fruits d'été ; si on la laisse jaunir sur l'arbre, elle n'a ni eau, ni sucre, ni parfum; dans son pays natal, elle n'est réellement bonne que récoltée sur les arbres plantés en terres humides. Il n'en est pas de même partout ailleurs, et les amateurs de fruits feront bien d'essayer sa culture sur les terres saines, comme elle est pratiquée avec avantage dans quelques contrées, particulièrement dans le département du Rhône, où elle est assez connue.

CULTURE. L'arbre se greffe sur tous sujets et se cultive sous toutes les formes; il réussit à toutes les expositions et dans tous les sols : tels sont les renseignements reçus sur son compte, auxquels il faut ajouter cependant que les bons sols et les bonnes expositions sont bien préférables, attendu surtout que le fruit n'est pas d'un mérite extraordinaire, et qu'au lieu de l'amoindrir encore il vaut mieux l'améliorer. La place la mieux choisie pour la culture de cette variété serait le verger. Si l'on veut obtenir une pyramide élancée et vigoureuse, on greffera sur franc et l'on plantera dans les terres chaudes et légères. Greffé sur coignassier, les branches sont flexibles et se laissent entraîner par les fruits lorsqu'on abandonne l'arbre à lui-même. On force la pyramide sur franc à prendre un diamètre convenable, en tenant la flèche et les branches supérieures courtes pendant quelques années ; on empêche celles du coignassier à s'incliner, au moyen de tuteurs qu'on leur laisse jusqu'à ce qu'elles aient acquis une force suffisante pour se soutenir.

A la taille, on retranche les brindilles et les dards toujours superflus sur les branches de cette variété.

Cette description, à laquelle le Comité de rédaction a cru devoir ajouter les renseignements fournis sur la maturité et sur la culture, est due à M. F. Mauduit, chef de culture aux pépinières Prévost et secrétaire de la Commission de pomologie de la Seine-Inférieure, chargée de l'étude de la variété.

Le Secrétaire du Congrès pomologique
et du Comité de rédaction,
C.-F^{né} WILLERMOZ.

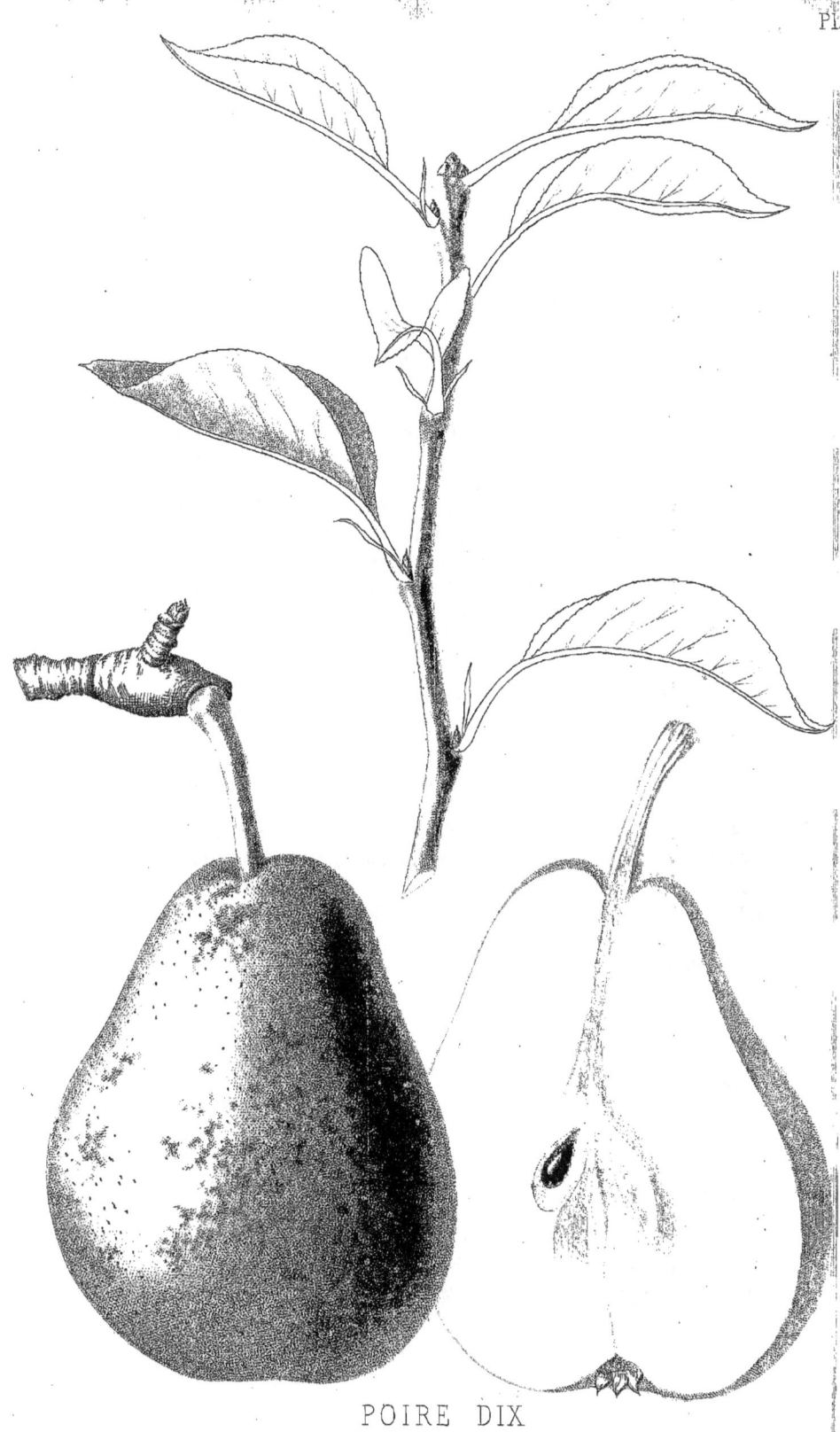

POIRE DIX

P. DIX.

(98. saint-germain.)

Synonymes : *Madame Dix.* D'après quelques pomologues, *Poire Louis.* — *Leurs.* — *Leur.* — *Louis.* — *Lewis Pear.* D'autres auteurs prétendent que *Poire Dix* et *Poire Louis* sont deux variétés distinctes. Cette question ne sera tranchée que lorsque la *P. Louis* sera plus connue ; en attendant, il est aujourd'hui certain que sous le nom de *Leurs* ou de *Louis*, on cultive généralement la *Dix.* Il n'est pas douteux que sous le nom de *Leurs*, Prévost décrive la *P. Dix ;* comme il est indubitable que sous le nom de *Dix*, A. Bivort décrive la poire *Leurs.*

Origine. *Poire Dix* obtenue par Mme Dix, de Boston (Etats-Unis d'Amérique), d'un semis fait en 1801. Premier rapport en 1826. Envoyée en France, vers 1830, par Dearborn.

Quelle origine donne-t-on à la *Poire Leurs* ? Prévost dit : « In-
» troduite en France par Dearborn, en avril 1830; provenant d'un
» semis de poires sauvages fait en 1801. »

Sur quoi repose l'opinion de A. Bivort, qui opine pour deux variétés ? Sur une traduction, traduction très incomplète et très brève, dans laquelle on retrouve cependant quelques traits qui ont rapport à la *Dix* : comme par exemple l'épiderme du fruit, sa saveur, son époque de maturité, la structure et la couleur des rameaux; enfin le lieu de naissance.

Dans cette traduction on lit : « Dowing dit qu'il a reçu la poire de
» John Lewis, de Roxbury, à l'époque de son apparition, et qu'elle
» fut décrite par Samuel Downer, Esq. à Dorchester, près Boston. »

Auteurs descripteurs :

Prévost, sous le nom de *Leurs. Pomologie de la Seine-Inférieure*, page 101. 1850.

A. Bivort, sous le nom de *Lewis Pear. Album de Pomologie*, tome III, page 133.

A. Bivort décrit la même variété sous le nom de *Dix. Annales de Pomologie Belge*, tome IV, page 47.

Société Van Mons, sous le nom de *Lewis Pear.* Elle décrit la *Poire Dix*, chose importante à signaler. Page 44. 1854.

Thuillier Aloux, sous le nom de *Lewis Pear*. Poire Louis. *Bulletin pomologique de la Société d'Horticulture de la Somme*, page 21. 1855.

J. de Liron d'Airoles sous le nom de *Dix*, d'après Bivort. *Liste Synonymique*, page 66. 1857.

Le même sous le nom de *Lewis Pear*. *Liste Synonymique*, page 82. 1857.

Description. Arbre pyramidal, vigoureux sur franc, peu fertile dans sa jeunesse, moins vigoureux et plus fertile sur coignassier avec lequel il sympathise très bien.

Branches formant des angles inégaux avec le tronc, bien espacées, assez fortes, droites, épineuses lorsque l'arbre a été greffé sans discernement sur franc.

Rameaux de l'année d'inégale grosseur et longueur, généralement moyens ou assez gros et longs, les uns droits et verticaux, les autres coudés, arqués et flexueux, tous lisses et sans stries, sauf à leur sommet où ils sont un peu duveteux ; leur épiderme, blond verdâtre du côté de l'ombre, légèrement teinté de roux du côté du soleil, est clairement parsemé par groupe, vers la base seulement, de petites lenticelles fauves et rondes, dont quelques-unes saillantes.

Entre-feuilles inégaux ; leur longueur varie entre vingt et quarante millimètres ; les plus longs se trouvent plutôt au sommet qu'à la base.

Boutons a feuilles petits, courts, anguleux, très aigus ; ceux de la base sont apprimés et appliqués contre le rameau ; ceux du sommet, plus gros, plus coniques, sont saillants et écartés ; tous sont recouverts d'écailles brun noir ombré gris cendré. Ceux qu'on trouve sur les arbres d'une moyenne vigueur sont plus gros, coniques et saillants. A la base de quelques rameaux vigoureux, plusieurs de ces boutons sont supportés par des rudiments de dards, longs de cinq à dix millimètres, qui forment un angle droit avec le rameau. Le bouton terminal, petit, conique, obtus, est recouvert d'écailles ridées, brun grisâtre ; quelques consoles ont un caractère particulier, rare sur les autres variétés, c'est celui d'être arrondies en forme d'un mamelon court et conique.

Boutons a fruits de deux sortes : les uns petits et coniques, les autres moyens, ovales, renflés ; tous sont pointus et recouverts d'écailles brun marron nuancé gris argenté ; portés par des dards de diverses longueurs, en général plutôt longs que courts, tronqués et renflés à leur sommet, fauve roux, et par des bourses de moyenne longueur, voûtées et renflées vers leur base où elles sont arrondies et finement ridées, blondes du côté de l'ombre, rousses du côté du soleil.

Feuilles d'un vert jaunâtre, épaisses, finement fibrées en dessus, lancéolées aiguës ou acuminées, étroites à leur base, légèrement arquées, à bords relevés en tuile ou en gouttière ouverte; la serrature est fine et régulière sur quelques feuilles, sur d'autres elle est à peine visible; leur longueur varie entre six et huit centimètres, et leur largeur entre trois et quatre. Celles qui accompagnent les rameaux fruitiers sont plus grandes, d'un vert plus foncé; toutes sont entières et assez longuement pétiolées; les secondaires sont étroites et très atténuées à leurs deux extrémités.

Pétioles moyens, vert clair, profondément canaliculés, inégaux dans leur longueur qui est de dix à vingt millimètres.

Stipules tantôt très petites, filiformes et dressées, tantôt très longues, en alêne et écartées de côté (caractère assez rare).

Fruit rarement en trochet, le plus souvent solitaire et par paire, bien attaché à l'arbre, inodore, très irrégulier dans sa forme: il prend parfois celle d'un petit *Doyenné* longuement pédicellé, parfois il affecte une forme cylindrique, dont le milieu est déprimé d'un côté et voûté de l'autre. Sa forme la plus typique est celle de *Saint-Germain*; sa hauteur moyenne dans cet état est de dix centimètres, et son diamètre de sept à sept et demi.

Œil petit, ouvert, régulier, placé dans une cavité peu profonde et à peine sensible, parfois environné de très petits plis peu apparents.

Sépales courts, obtus, dressés, séparés les uns des autres, brun noirâtre.

Pédicelle moyen ou assez gros, ligneux, gris brun dans l'ombre, brun fauve du côté opposé, long de vingt à trente millimètres, droit ou légèrement arqué, implanté dans l'axe du fruit au milieu d'une cavité peu profonde, évasée et irrégularisée par quatre ou cinq petites bosses.

Peau rude, brillante, fine, épaisse, vert grisâtre, passant au jaune d'or foncé à l'époque de la maturité, grossièrement et abondamment granitée de fauve roux sur toute sa surface, plus cependant du côté de la tête que du côté du pédicelle; des taches verdâtres et brunes sont disséminées sur la graniture; souvent le côté frappé par le soleil est lavé de rouge pâle marbré de rouge vif.

Chair blanche citrine, assez fine ou demi-fine, fondante ou demi-fondante, selon le sujet et le sol, pourvue d'une eau abondante, sucrée, relevée, acidulée, très agréablement parfumée, fort bonne.

Cœur elliptique, allongé, étroit, occupant le milieu de la partie la plus renflée du fruit, entouré de concrétions pierreuses, tantôt grosses et nombreuses, tantôt fines et peu abondantes.

Pépins moyens ou petits, marron clair passant au brun foncé presque noir, aigus, légèrement éperonnés, bien nourris, placés dans des loges grandes, longues et obliques; souvent ils sont en partie avortés.

Maturité. Cette belle et bonne poire, encore peu répandue, mûrit pendant les mois d'octobre à décembre, selon les latitudes. Prévost dit qu'il en a mangé dès la fin de septembre. A. Bivort dit qu'elle se conserve jusqu'en décembre, et qu'en Amérique, son pays natal, elle atteint le mois de février. Cela pouvait être dès l'origine du fruit; mais il est arrivé maintes fois qu'à son début, un fruit qui s'annonçait pour être de la fin de l'automne et une partie de l'hiver, mûrit aujourd'hui dès les premiers jours de l'automne : c'est ce qui a lieu sans doute pour la *Poire Dix*, qui, dans le Lyonnais et les environs de Paris, ne dépasse pas le milieu de novembre. On peut toutefois la conserver jusqu'à la fin du mois, car elle a le mérite de se maintenir assez longtemps mûre sans se gâter.

Culture. L'arbre se greffe indistinctement sur franc et sur coignassier, de préférence sur ce dernier sujet pour obtenir plus promptement du fruit; il réclame sur l'un et sur l'autre une taille longue pendant sa jeunesse. Si l'arbre est greffé sur franc, il faut pincer les bourgeons sur la deuxième ou troisième feuille; s'il est greffé sur coignassier, on pince un peu plus long. Dans le premier cas, le bourgeon pincé émet habituellement deux ou trois brindilles, dont une reste petite, courte, mince et pointue; la seconde année, cette brindille se tuméfie à son sommet et donne naissance à de petits dards; on supprime alors ou l'on conserve, selon le besoin, les autres brindilles. Dans le second cas, le pincement ne produit pas le même effet : le rameau pincé n'émet ordinairement qu'une brindille, qu'on casse lors de l'aoûtement, et les boutons inférieurs se transforment insensiblement en boutons à fruit, dont on supprime l'excédent lorsque les circonstances l'exigent.

L'arbre se prête à toutes les formes, particulièrement à l'espalier et à la pyramidale; il se plaît dans les sols légers, riches en matières azotées, et aux expositions éclairées et aérées.

Le Secrétaire du Congrès pomologique
et du Comité de rédaction,
C.-F^{né} WILLERMOZ.

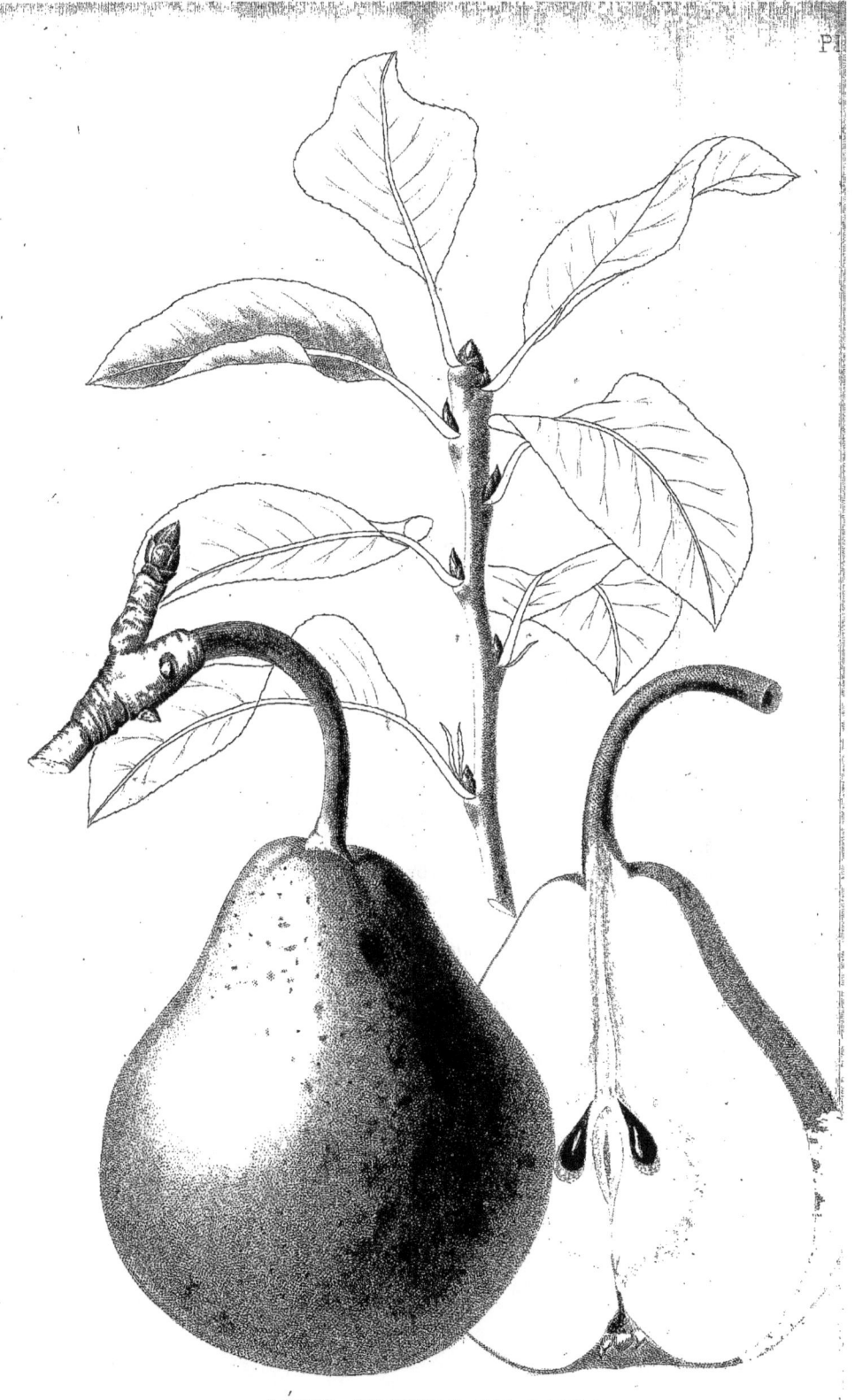

LÉON LECLERC DE LAVAL

LÉON LECLERC DE LAVAL.

(99. COLMAR.)

Synonymes : *Léon Leclerc*. — *Besi de Caen*. — *Monarch Knight d'Hiver*.

Origine. Cette variété a été gagnée en 1816 par Van Mons, qui l'a dédiée à son ami Léon Leclerc, pomologue distingué à Laval et ancien député de la Mayenne. Le premier rapport date de 1825.

Auteurs descripteurs :
Van Mons. *Revue des Revues*, 1830.
Prévost. *Pomologie de la Seine-Inférieure*, page 69. 1850.
L. Noisette. *Bulletin de la Société d'Horticulture de Paris*, tome XV. 1834.
Le même. *Jardin Fruitier*, page 162. 1839.
A. Bivort. *Album de Pomologie*, tome I, page 83.
Société Van-Mons, page 55. 1854.
Thuillier Aloux. *Pomologie. Bulletin de la Société d'Horticulture de la Somme*, page 65. 1853.
J. de Liron d'Airoles. *Liste Synonymique*, page 81. 1857.
Annales de Pomologie Belge, tome IV, page 55.
Robert Hogg. *The Fruit Manual*, 2me édition. 1860.
Decaisne. *Jardin Fruitier du Museum*, tome II.

Description. Arbre d'un beau port, vigoureux et très fertile sur coignassier, très vigoureux et fertile sur franc, spécialement destiné à l'espalier, mais qu'on peut cependant cultiver sous toutes les autres formes.

Branches formant avec le tronc un angle ouvert, également espacées, sans confusion, droites, parfois épineuses.

Rameaux de l'année gros, forts et longs, obliques ascendants, légèrement coudés à chaque console, gris verdâtre à l'ombre, teintés de roux du côté du soleil, lisses et sans stries, ponctués abondamment de petites lenticelles gris pâle, plus saillantes à la base qu'au sommet.

Entre-feuilles courts à la partie supérieure, un peu plus longs à la partie inférieure ; leur longueur varie entre douze et vingt millimètres.

Boutons a feuilles gros, coniques, aigus, apprimés à leur base, écartés à leur sommet, portés par des consoles assez fortes ; leurs écailles, bien appliquées, sont d'un brun marron foncé lavé de gris cendré ; le terminal, moyen, pyramidal, aigu, a ses écailles mal appliquées.

Boutons a fruits gros, longs, pointus, recouverts d'écailles brun clair, lavées de brun marron, ombrées gris blanc ; supportés par des dards courts, étranglés à leur base, renflés à leur sommet, articulés, brun ombré gris, et par des bourses de diverses grosseur et longueur, plutôt minces et cylindriques que renflées et bombées, gris olivâtre du côté de l'ombre, brun grisâtre au soleil.

Feuilles d'un vert clair brillant, peu épaisses, finement et régulièrement fibrées, ovales pointues, quelques-unes obtuses, le plus souvent lancéolées ou effilées à leurs deux bouts ; à bords régulièrement et obliquement dentés ou entiers, tantôt relevés en tuile ou en gouttière, tantôt au contraire planes. Leur longueur est de six à sept centimètres et leur largeur de trois à quatre. Celles qui accompagnent les rameaux fruitiers sont ovales, arrondies, obtuses ou légèrement acuminées ; les secondaires, ovales, presque entières, sont portées par de longs pétioles.

Pétioles d'inégales grosseur et longueur, les uns assez gros, faiblement canaliculés, jaune verdâtre, longs de quinze à vingt millimètres ; ceux de la base sont grêles, cylindriques, arqués et longs de trente à quarante.

Stipules linéaires, arquées, obliques, très aiguës, jaunâtres.

Fruit gros ou très gros, le plus souvent solitaire, très solidement attaché à l'arbre, inodore, ventru, à surface bosselée, tronqué vers la tête, affectant généralement la forme du *Colmar d'Hiver*, mais plus étroite du côté du pédicelle. Sa hauteur moyenne est de dix centimètres et son diamètre de huit. Sur les arbres vigoureux et dirigés en espalier, on récolte souvent des fruits très gros.

Œil moyen, régulier, ouvert, couronné, placé dans une cavité peu profonde, régulière, assez large et évasée.

Sépales moyens, en gouttière, obtus, tantôt dressés, tantôt étalés en forme d'étoile, jaunâtres et renflés à leur base.

Pédicelle gros, ligneux, renflé à ses deux extrémités, rarement droit, le plus souvent très courbé, brun roux au soleil, blond brunâtre du côté opposé, implanté dans l'axe du fruit, à fleur ou au milieu d'une légère dépression, quelquefois poussé de côté par une bosse saillante.

Peau vert tendre, fine mais un peu rude, brillante, épaisse, prenant une teinte ocrée ou un peu dorée du côté du soleil à l'époque de la maturité, abondamment et finement granitée de brun verdâtre, marbrée et maculée de brun clair et de rouille sur les bosses, autour de l'œil et vers le pédicelle.

Chair blanche, neigeuse, ferme, compacte, assez fine, tendre, mais laissant du marc dans la bouche; pourvue d'une eau peu abondante, douce, assez sucrée, peu relevée et peu parfumée. Dans quelques sols légers et chauds, la chair devient plus tendre et plus succulente, mais jamais beurrée.

Cœur plus rapproché de l'œil que du pédicelle, grand, arrondi, élargi dans son milieu ou ovale, entouré de nombreuses petites concrétions, traversé longitudinalement par une lacune large, allongée.

Pépins moyens, bien nourris, voûtés, aigus, éperonnés, brun acajou ou brun noir, placés dans des loges longues, obliques, perpendiculaires.

MATURITÉ. Cette belle poire se conserve saine jusqu'à la fin d'avril et une partie de mai; elle est rarement bonne crue, c'est donc un fruit d'apparat pour dessert et mieux encore un fruit pour compote. Il n'en est pas de même partout, car dans l'Hérault et une partie du midi de la France, elle jouit d'une assez bonne réputation.

CULTURE. L'arbre se greffe indistinctement sur coignassier et sur franc; il peut s'élever sous toutes les formes, même en haute tige, quoique le fruit soit gros. Dans la Gironde, il manque de vigueur; dans la Seine-Inférieure, il est délicat et peu fertile. Il n'est pas cultivé dans beaucoup de départements, dans d'autres, au contraire, il est très répandu. Il se prête naturellement à la forme pyramidale, sous laquelle il est gracieux et majestueux tout à la fois. Il se prête aussi avec facilité au palissage en espalier ou contre-espalier. On le taille court dès qu'il se met à fruit. Le pincement se pratique très progressivement sur la troisième ou quatrième feuille des jeunes bourgeons; un ou deux boutons à fruits bien constitués suffisent sur chaque courson, qu'on tient éloignés les uns des autres de quinze à vingt centimètres. Lorsque deux fruits se touchent, on supprime le plus petit vers le milieu de juin.

L'arbre craint l'exposition du nord et celles qui sont mal éclairées; il n'aime que les sols légers, chauds, drainés et riches en matières azotées.

Le Secrétaire du Congrès pomologique
et du Comité de rédaction,
C.-F^{né} WILLERMOZ.

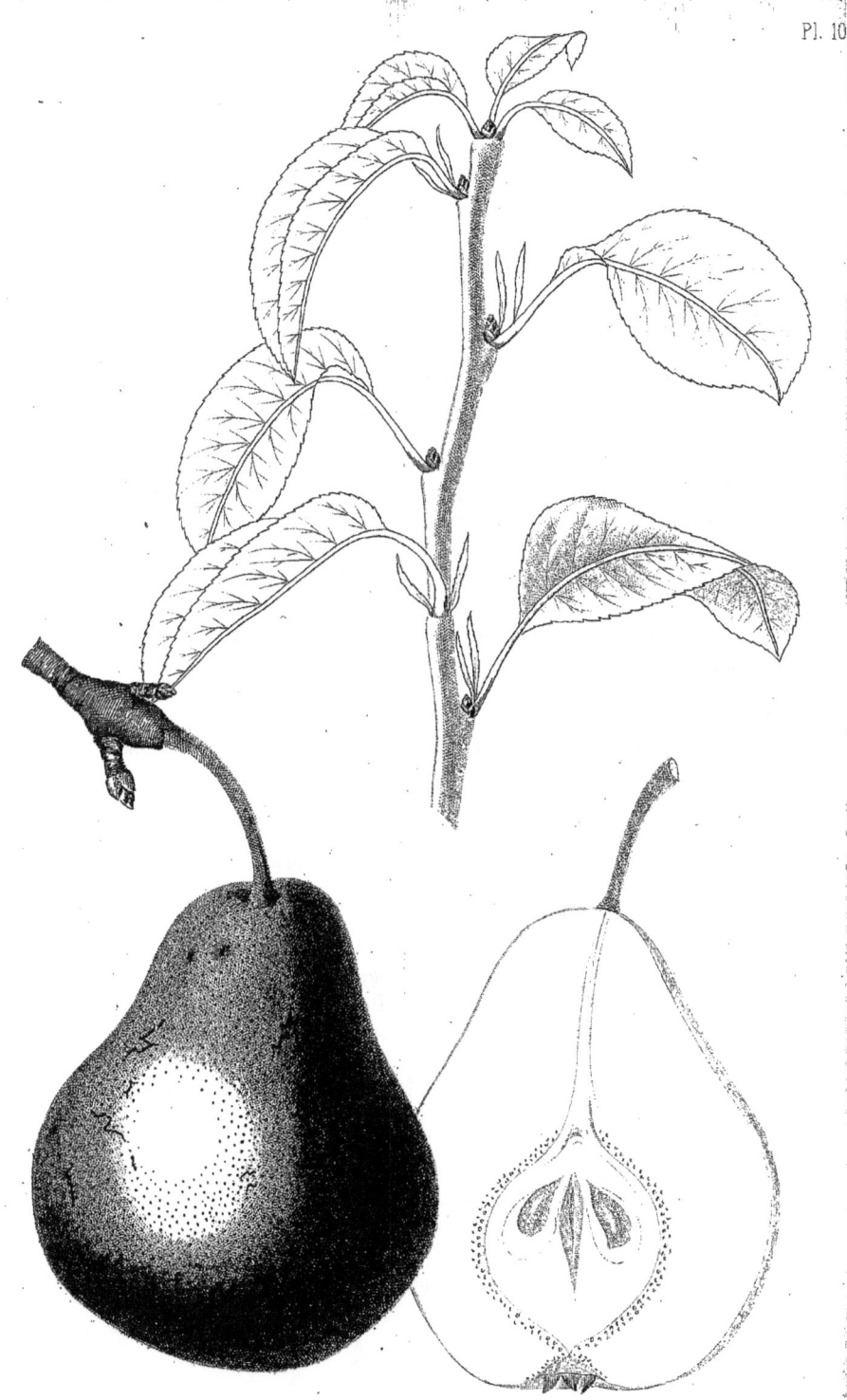

BEURRÉ DUMORTIER

BEURRÉ DUMORTIER.

(100. BON CHRÉTIEN.)

SYNONYMES. *Dumontier* ; *Dumoustier* ; peut-être aussi *Beurré Quetelet*.

ORIGINE. Cette variété est attribuée à Van Mons, qui l'aurait obtenue en 1817 ou 1818 et dédiée au naturaliste M. Dumortier de Tournay. On ignore l'époque de la première fructification.

En 1849, l'arbre a été expédié de Belgique en France sous le nom de *Beurré Quetelet*. En 1862, lors de l'exposition de Namur et pendant la session du congrès international de pomologie, la poire figurait dans presque tous les lots; mais, chose très remarquable, tandis qu'elle était exposée d'un côté sous le nom de *Beurré Dumortier*, elle l'était d'un autre sous celui de *Beurré Quetelet*. Simon Bouvier a-t-il obtenu une poire *Beurré Quetelet* en 1828 ? est-elle différente de la poire dédiée à Dumortier ? en un mot, qu'est devenue cette poire ? ou peut-être mieux encore, Simon Bouvier n'a-t-il pas par mégarde dédié à Quetelet le gain de Van Mons, pensant que ce gain était encore innommé ? Cela s'explique par les deux noms sous lesquels l'arbre a été vendu et les fruits exposés à Namur.

AUTEURS DESCRIPTEURS :

Prévost (sous les noms de *Dumontier* et de *Dumoustier*, tels qu'ils lui ont été indiqués). *Bulletin Pomologique de la Société d'Horticulture de la Seine-Inférieure*, page 166. Rouen, 1850.

A. Bivort. *Album de Pomologie*, tome Ier, page 21, sous le nom de *Beurré Quetelet*.

Le même, même volume, page 139, sous le nom de *Beurré Dumortier*.

J. de Liron d'Airoles reproduit ces deux descriptions dans sa Table des fruits à l'étude, pages 11 et 14. Nantes, 1857.

C. Baltet. *Les Bonnes Poires* (sous le nom de *Beurré Dumortier*), page 16. Troyes, 1859.

DESCRIPTION. Arbre pyramidal et fertile, d'un joli port, mais de petite dimension sur coignassier.

Branches formant avec le tronc un angle ouvert, étalées, assez régulièrement espacées, droites et sans épines si l'arbre est greffé sur coignassier, mais un peu épineuses lorsqu'il est sur franc.

Rameaux de l'année inégaux dans leur grosseur et leur longueur, un peu arqués et coudés, obliques-ascendants, renflés à leur sommet, nervés de chaque côté et sous le milieu de la console; leur épiderme est brun fauve du côté du soleil, brun olivâtre ou gris blond du côté de l'ombre, partiellement parsemée d'une poussière grise, maculée de petites lenticelles gris fauve, les unes rondes et les autres allongées. Vers la fin de juillet et le commencement d'août, les rameaux prennent une direction plus horizontale et la poussière disparaît presque entièrement.

Entre-Feuilles réguliers, longs de deux centimètres; sur les arbres vigoureux c'est le contraire, on trouve des entre-feuilles très variables.

Boutons a feuilles inégaux: ceux du sommet et de la base sont assez gros, ceux du milieu sont petits, tous sont apprimés à leur base, coniques, à pointe aiguë et écartée du rameau, recouverts d'écailles brun noirâtre ombré gris argentin. Le terminal est ordinairement à fruit lorsque les arbres sont âgés et faibles; mais il est très petit et semble caché par les pétioles des feuilles lorsque les arbres sont jeunes ou vigoureux.

Boutons a fruits moyens, ovales, coniques ou gros; allongés et pointus, à écailles marron foncé ombré gris, supportés par des dards moyens, fauves et articulés, et par des bourses assez grosses, coniques, gris fauve, grossièrement articulées à leur base, brun jaunâtre et lisses à leur sommet.

Feuilles d'un beau vert brillant, épaisses, ovales aiguës ou ovales lancéolées pointues, arquées à leur sommet et à bords relevés en tuile; les petites feuilles de la partie supérieure sont finement et régulièrement dentées; les dents des plus grosses sont partielles et irrégulières; quelques feuilles sont entières; leur longueur moyenne est de six à sept centimètres, et leur largeur de trois à trois et demi; celles qui accompagnent les rameaux fruitiers sont plus foncées, plus grandes et presque planes.
Lorsque cette variété est greffée sur franc et qu'elle pousse vigoureusement, l'épiderme des rameaux prend une teinte olive très foncée

et se recouvre considérablement de poussière grise; les feuilles revêtent alors une couleur vert foncé et elles gagnent en longueur et en largeur.

Pétioles moyens, jaune verdâtre, ombrés rose à leur base et gris sur les bords de la cannelure, qui est profonde, droits, raides, longs de vingt à quarante millimètres; ceux des feuilles fruitières sont minces, verdâtres, longs et divergents.

Stipules linéaires, longues, en alène, lancéolées, dentées, dressées, regardant et comme embrassant le rameau.

Fruit par paire ou en trochet, rarement solitaire, bien attaché à l'arbre, odorant à l'époque de la maturité, à surface bosselée, affectant généralement la forme de *Bon Chrétien*, parfois à tête un peu allongée; sa hauteur moyenne est de huit centimètres et son diamètre de six.

Œil très grand, irrégulier, ouvert, profond, placé dans une cavité peu profonde, évasée, irrégularisée par des plis qui se prolongent en bosses saillantes et inégales.

Sépales grands, soudés à leur base, en gouttière, dressés ou inclinés, aigus, jaune verdâtre, recouverts sur leur face supérieure d'un duvet grisâtre.

Pédicelle moyen ou assez gros, ligneux, verdâtre à la base et du côté de l'ombre, brun grisâtre au sommet, rugueux, implanté tantôt à fleur du fruit, tantôt dans une cavité rendue irrégulière par des plis inégaux, dont le plus élevé lui fait prendre une direction oblique.

Peau rude, brillante, mince, vert tendre, jaunissant à la maturité, maculée de grosses taches rouille, très finement granitée et marbrée de gris roux sur presque toute la surface, mais plus abondamment du côté du soleil (caractère du colmar d'Arenberg et de la calebasse Tougard; dans les sols humides et les années pluvieuses, la peau se gerce et se tavelle comme celle de ces deux variétés).

Chair blanchâtre, citrinée, fine, fondante ou demi fine et demi fondante, selon la nature du sol, pourvue d'une eau abondante, très sucrée, parfumée, relevée, rappelant l'arome du beurré gris.

Cœur presque central, très grand, ovale, renflé dans son milieu, entouré de petites concrétions pierreuses, jaunâtres.

Pépins assez gros, larges, bien nourris, droits, éperonnés, marron foncé ombré noir sur les bords, placés dans des loges grandes et obliques.

Maturité. Cette variété, encore peu répandue et par conséquent peu connue des Commissions de Pomologie des Sociétés, mûrit pendant les mois de septembre et d'octobre, selon la latitude; ainsi, dans le midi et le centre de la France, il est rare qu'elle dépasse le milieu de la seconde quinzaine de septembre, tandis que dans le nord elle se conserve jusqu'au commencement d'octobre. Elle demande à être entrecueillie et à être portée au fruitier, où il faut la surveiller de près, car elle est sujette à blettir, ou à perdre son eau et à devenir cotonneuse, particulièrement si elle a été récoltée trop tardivement et si l'année a été froide et humide.

Culture. L'arbre greffé sur coignassier prospère d'une manière convenable et produit beaucoup pendant les dix ou douze premières années de son existence; mais ensuite sa végétation s'arrête d'une manière sensible, son rapport diminue et ses fruits deviennent plus grossiers (ce qui est le contraire chez d'autres variétés); il conviendrait de le greffer sur franc, comme toutes les variétés qui s'épuisent promptement; on peut aussi le greffer sur greffe intermédiaire et l'élever sous toutes les formes. Le poirier *Beurré Dumortier* se plaît dans les sols silico-argileux un peu frais, à l'exposition de l'est, du nord-est et du nord-ouest; aux expositions du nord et du midi, le fruit réussit, mais il est plus susceptible de se gercer. L'arbre réclame une taille courte; on pince sur la troisième ou quatrième feuille les jeunes rameaux, qui rarement manquent de se mettre à fruit; lorsque ces rameaux se couvrent trop abondamment de boutons à fruits, il faut, à la taille, supprimer ceux qui sont les plus mal constitués et les plus éloignés de la branche charpentière.

Le Secrétaire du Congrès pomologique
et du Comité de rédaction,
C.-F^{né} WILLERMOZ.

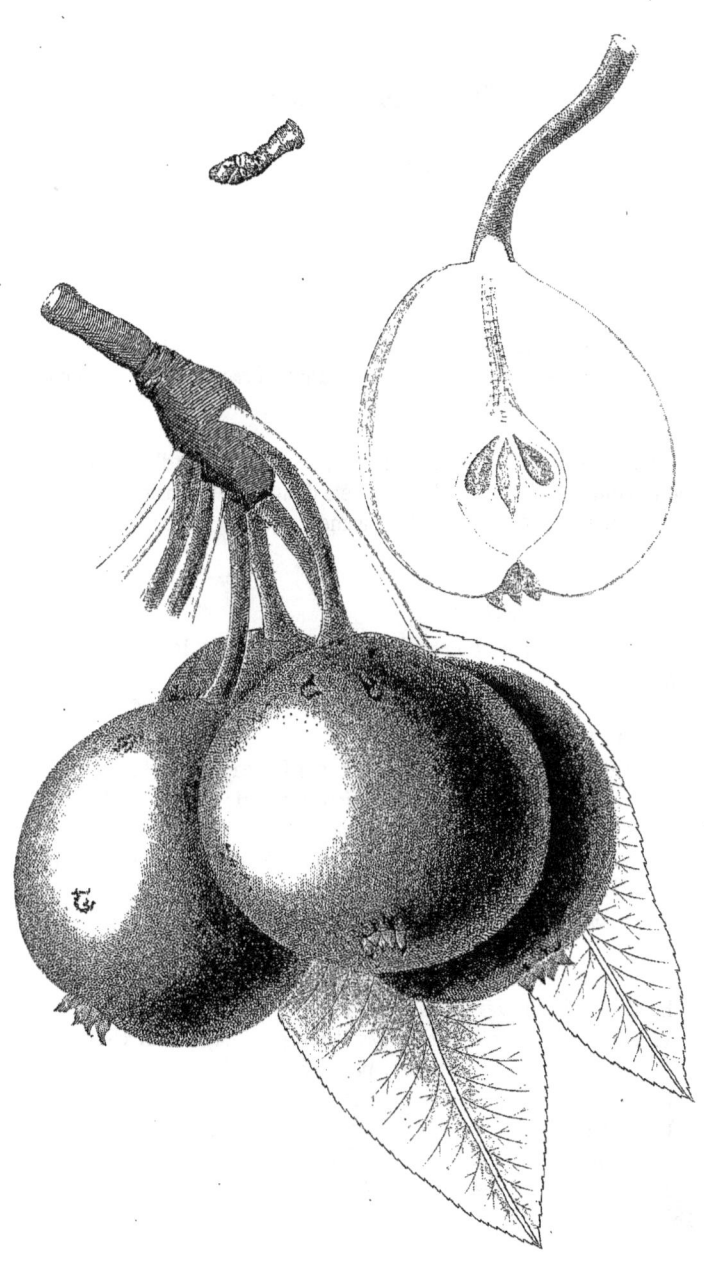

CITRON DES CARMES

CITRON DES CARMES.

(101. BÉSI.)

SYNONYMES : *Madeleine.* — *Petite Madeleine.* — *Sainte Madeleine.* — *Saint Jean.* — *Gros Saint Jean.* — *Poire Précoce.* — *Early Rose Angle.* — *Chissel Verte.*

ORIGINE ancienne. L'abbé Rozier dit, dans son cours d'agriculture, que le nom de *Citron des Carmes* a été donné à cette variété à cause de sa couleur et parce que les Carmes ont été les premiers à la cultiver.

AUTEURS DESCRIPTEURS:

Laquintinie. *Instruction pour les Jardins*, tome Ier, page 275. 1730.

J. Herman Kenoop. *Pomologie des Pays-Bas*, page 76, pl. 1, fig. 6. 1771.

J. Pitton Tournefort. *Rei. Herb.*, tome Ier, page 628. 1719.

Duhamel. *Traité des Arbres Fruitiers*, tome II, page 124. 1768.

F. Miller. *Dictionnaire des Jardiniers*, tome VI, page 158. 1788.

Forsyth. *Traité de la culture des Arbres Fruitiers (Chissel Verte)*, page 107. 1803.

De La Bretonnerie. *Ecole du Jardin Fruitier*, tome II, page 419. 1784.

Pomona Austriaca, tome Ier, page 18, pl. LXXIII, fig. 1. 1787.

E. Calvel. *Traité des Pépinières*, tome II, page 264.

T. Y. Catros. *Traité raisonné des Pépinières*, page 286. 1810.

Poinsot. *L'Ami des Jardiniers*, page 181. 1804.

Couverchel. *Traité des Fruits*, page 464, 1839.

L. Noisette. *Jardin Fruitier*, page 114, pl. XXXVI. 1839.

Thuillier-Aloux. *Pomologie de la Somme*, page 75. Amiens, 1855.

J. de Liron d'Airoles. *Liste des Fruits à l'étude*, page 36. Nantes, 1857.

Ch. Baltet. *Les Bonnes Poires*, page 9. Troyes, 1859.
Robert Hogg. *The Fruit Manual*, 2e édition. Londres, 1860.

DESCRIPTION. Arbre très fertile et vigoureux, essentiellement destiné à la haute tige, mais qu'on peut cependant cultiver sous les autres formes.

BRANCHES diffuses : les unes horizontales, pendantes ou inclinées vers le sol et assez fragiles; les autres droites, fortes et verticales, toutes sans épines.

RAMEAUX de l'année de moyenne grosseur, mais assez longs, prenant des directions diverses, à épiderme rouge brun tirant sur le violet du côté du soleil, brun olivâtre du côté opposé, un peu duveteux sur quelques places, particulièrement au sommet, striée, nervée, parsemée de lenticelles rondes et ovales, gris brun, saillantes.

ENTRE-FEUILLES assez réguliers, longs de trente à quarante millimètres.

BOUTONS A FEUILLES gros, anguleux, coniques, pointus et obtus, portés sur de larges consoles saillantes, légèrement écartés du rameau par leur sommet, recouverts d'écailles brun fauve ombré gris; le terminal est court, ses écailles duveteuses sont de couleur cannelle.

BOUTONS A FRUITS gros, coniques, obtus, recouverts d'écailles chamois ombré brun marron et gris, supportés par de petits dards courts, brun fauve olivâtre, très ridés, et par des bourses de même couleur, courtes, renflées, anguleuses, fortement annelées à leur base.

FEUILLES d'un vert terne et foncé, assez épaisses, fibrées, duveteuses en dessous; celles du sommet sont ovales, aiguës, en cuillère ou presque planes, avec des dents fines et régulières; leur longueur est de six centimètres, et leur largeur de quatre et demi à cinq; celles du milieu à la base sont ovales, lancéolées, pointues, à bords crénelés, très grossièrement et inégalement dentés et relevés en gouttière; leur longueur est de huit centimètres, et leur diamètre de quatre et demi.

Pétioles minces, canaliculés, arqués, vert tendre ou blanchâtre, teintés de roux à leur base, longs de quinze à trente millimètres.

Stipules caduques.

Fruit rarement solitaire et par paire, très fréquemment en trochet, bien attaché à l'arbre, odorant, à surface unie, parfois turbiné ou arrondi, affectant cependant plus généralement la forme de *Bési;* sa hauteur moyenne est de six centimètres, et son diamètre de cinq. Sur les arbres très vigoureux et cultivés en fuseau, cordon ou pyramide, on récolte des fruits plus gros, dont quelques-uns ont la forme de *Doyenné.*

Œil assez grand, bien ouvert, régulier, couronné, profond, fauve rougeâtre, placé à fleur du fruit au milieu d'une petite dépression plissée sous les sépales.

Sépales grands, longs, tantôt roulés en spirale ou réfléchis en forme d'étoile, tantôt droits et fermes, aigus, brun noirâtre, légèrement duveteux.

Pédicelle moyen ou assez gros, ligneux, arqué ou droit, renflé et vert jaunâtre à sa base, teinté brun à son sommet, implanté à fleur au milieu de quatre ou cinq petits plis, souvent faisant corps avec le fruit ; sa longueur est de trois à quatre centimètres.

Peau fine, mince, onctueuse, lisse, vert tendre passant au jaune citron à l'époque de la maturité, à peine ponctuée de gris cendré et de quelques taches d'un roux brunâtre, très rarement relevée de rose pâle du côté du soleil.

Chair blanche, neigeuse, mi fine ou assez fine, tendre, suffisamment pourvue d'une eau douce, sucrée, légèrement acidulée, mais ne possédant rien du parfum du citron.

Cœur central, petit, cordiforme, parfois environné de petites concrétions pierreuses.

Pepins petits ou moyens, aigus, arrondis à leur base, bien nourris, noirs, placés dans des loges assez grandes et obliques.

Maturité. Cette variété, dont la culture est pour ainsi dire abandonnée dans quelques départements du nord et du nord-ouest de la France, mais qui se maintient dans le centre et dans l'est, mûrit, selon la latitude, de la mi-juin à la fin de juillet et le commencement d'août. Dans le midi, on la mange à la mi-juin; dans le centre, elle mûrit dans le courant de juillet. En remontant au nord, elle atteint le milieu de la première quinzaine d'août. On l'estime peu, ou du moins on la trouve peu bonne, dans la Seine-Inférieure et une partie de l'ouest. Quelle que soit la latitude, il est très important de l'entrecueillir au moins huit à dix jours d'avance. Pour la manger bonne, il ne faut pas attendre qu'elle passe au jaune, mais la cueillir dès qu'elle commence légèrement à changer de couleur; récoltée dans ces conditions et prise à point, on lui trouve un goût particulier et agréable.

CULTURE. Lorsqu'on dit qu'un arbre peut être cultivé sous toutes formes, c'est dire qu'il peut se greffer sur tous sujets; mais comme le *Citron des Carmes* se prête peu à la forme pyramidale et qu'il est spécialement recommandé pour la haute tige, il est préférable de le greffer sur franc, pour obtenir des arbres sains, fertiles et de longue durée. On le plantera à toutes les expositions éclairées et abritées, dans les sols féconds reposant sur sous-sols légers et perméables. Il est très important de retrancher sur les jeunes arbres les rameaux qui font confusion, et d'enlever sur les arbres âgés les branches mortes. Si l'on veut élever l'arbre sous d'autres formes que la haute tige, on ne perdra pas de vue que quelques boutons de la base des rameaux et des branches ne se développent pas ou se développent imparfaitement, et qu'il faut avoir recours, dans cette circonstance, soit à une taille courte, soit à des crans, pour les faire pousser d'une manière convenable. On pince sur deux ou trois feuilles les jeunes pousses des rameaux latéraux, pour obtenir des dards ou de petites lambourdes; souvent cette opération ne suffit pas pour arrêter les rameaux qui s'emportent, et l'on est obligé de les retrancher sur leur empâtement, afin d'obtenir à leur place deux ou trois dards courts et bien constitués. Cette opération pratiquée du milieu de juin au milieu de juillet, donne presque toujours de bons résultats.

*Le Secrétaire du Congrès pomologique
et du Comité de rédaction,*

C.-Fnd WILLERMOZ.

ZÉPHIRIN GRÉGOIRE

ZÉPHIRIN GRÉGOIRE.

(102. BERGAMOTTE.)

ORIGINE. Variété obtenue, vers 1831, par M. Grégoire, pomologue à Jodoigne, de pépins présumés appartenir au *Passe-Colmar*. Premier rapport en 1843.

AUTEURS DESCRIPTEURS :
A. Bivort. *Album de Pomologie*, tome I, page 165.
Le même, *Annales de Pomologie Belge*, tome III, page 79.
Thuillier Aloux. *Bulletin Pomologique de la Société d'Horticulture de la Somme*, page 23. 1855.
J. de Liron d'Airoles. *Notice Pomologique*, page 22. 1855.
Société Van-Mons, page 45. 1854.
C. Baltet. *Les Bonnes Poires*, page 33. 1859.
Robert Hogg. *The Fruit Manual*, 2me édition. 1860.

DESCRIPTION. Arbre pyramidal, vigoureux et fertile sur franc, peu vigoureux et fertile sur coignassier, avec lequel il a peu de sympathie et dure peu.

BRANCHES formant avec le tronc un angle demi-ouvert, courtes, faibles, droites et sans épines.

RAMEAUX de l'année petits, grêles, assez longs, flexueux, obliques ascendants, coudés et cintrés, renflés à leur extrémité, faiblement striés sous les consoles qui sont brusquement saillantes, brun olivâtre à l'ombre, brun noisette au soleil, parsemés de lenticelles gris blanc, les unes rondes, les autres ovales, saillantes et concaves.

Entre-feuilles inégaux mais rapprochés, les plus courts au sommet; leur longueur varie entre vingt et trente-cinq millimètres.

Boutons a feuilles assez gros, tantôt ovales, allongés, tantôt coniques, aigus, écartés du rameau et comme saillants, brun clair, ombré marron foncé et gris; le terminal, moyen, pyramidal, obtus est recouvert d'écailles brunes, duveteuses à leur sommet; souvent il est à fruit, ainsi que les deux ou trois qui l'avoisinent.

Boutons a fruits moyens, ovales, allongés, pointus, brun clair tirant sur le chamois, abondamment ombrés marron et gris argenté, portés par des dards courts, étranglés à leur base, un peu renflés à leur sommet, de la couleur des rameaux, et par des bourses très courtes, presque rondes ou ovales arrondies, gris brun verdâtre, grossièrement tiquetées de grosses lenticelles fauves, inégalement ridées et renflées à leur base.

Feuilles d'un beau vert gai et brillant, peu épaisses, bien fibrées, ovales à la base, ovales lancéolées à la partie supérieure, pointues, planes ou en tuile, les unes entières, les autres finement dentées ou dentées à leur sommet et entières à leur base; leur longueur est de six centimètres et leur largeur de trois à quatre; celles qui accompagnent les rameaux fruitiers sont un peu plus grandes, légèrement ondulées et entières.

Pétioles grêles, inégaux, canaliculés, ondulés, vert jaunâtre, longs de vingt-cinq à quarante millimètres.

Stipules linéaires, de la couleur des pétioles, très fines, longues et écartées.

Fruit petit ou moyen, par paire et en trochet, assez rarement solitaire, bien attaché à l'arbre, à surface très bosselée, assez variable dans sa forme, qui est tantôt doliforme comme les *Doyennés*, tantôt turbinée ou colmariforme, tantôt enfin sphérique, obtus à ses ses deux extrémités; cette dernière forme semble dominer plus généralement que les deux premières. Sa hauteur moyenne sous cette forme est de sept centimètres et son diamètre de huit. On trouve des fruits turbinés et colmariformes dont la hauteur est de huit centimètres et le diamètre de six et demi.

Œil moyen, souvent irrégulier, couronné, placé dans une cavité peu profonde, irrégularisée sur ses bords par des plis et des bosses assez sensibles, mais terminées brusquement.

Sépales courts, dressés, obtus, soudés à leur base, gris jaunâtre, bordés brun.

Pédicelle moyen, ligneux à son sommet, renflé et charnu à sa base, arqué, long de dix-huit à vingt millimètres, verdâtre à l'ombre, brun roux au soleil, implanté à fleur à côté d'une gibbosité charnue.

Peau très fine, lisse, brillante, mince, se détachant de la chair comme celle des pêches fines, vert très tendre, passant au jaune citron clair, faiblement relevée de petites ponctuations vert grisâtre et de taches rousses et fauves qui s'étendent sur toute la surface, parfois teintée au soleil d'une légère couche de rose carminé.

Chair blanche, fine, fondante, beurrée, pourvue d'une eau abondante, sucrée, délicieusement parfumée, de toute première qualité.

Cœur grand pour la grosseur du fruit, presque central, ovale, renflé dans son milieu, sans accompagnement de concrétions bien apparentes.

Pépins moyens ou assez gros, convexes d'un côté, concaves de l'autre, obtus, légèrement éperonnés, fauve ombré marron clair, placés dans des loges grandes, concaves, obliques, perpendiculaires; plusieurs sont avortés.

Maturité. Cette variété, encore peu répandue dans une partie de l'ouest et du centre de la France, mûrit ordinairement de novembre à février; dans le midi, elle mûrit plus tôt et se conserve moins longtemps; dans le nord-ouest, elle se conserve parfois jusqu'en mars.

Elle se maintient saine au fruitier, et elle est même bonne après le degré de maturité passé; mangée à point, elle est égale, sinon supérieure, au meilleur *Passe-Colmar*, dont elle possède l'arôme fin et délicat.

CULTURE. L'arbre est vigoureux sur franc, sans toutefois l'être trop : c'est ce qu'on peut appeler une bonne vigueur tempérée; sur coignassier, cette vigueur est faible ou moyenne seulement dans les terres de première nature. Il réussit mieux sur greffe intermédiaire planté en cordon, espalier, fuseau et pyramide au nord-est, à l'est et au sud-est; le nord et le sud directs lui conviennent beaucoup moins. On peut également le greffer en tête sur sujet franc, fort et vigoureux, pour l'élever en haute-tige.

On taille court et de bonne heure, particulièrement l'arbre faible et trop fertile; on éclaircit les boutons à fruits et l'on écourte les coursons trop allongés; on pince sur la quatrième feuille très progressivement et l'on casse de même.

On a confondu cette variété avec le *Zéphirin Louis* du même obtenteur et avec la *Fondante du Parisel* : c'est par erreur, sans doute très involontaire, car ni les fruits ni les arbres n'ont de rapport entre eux.

Le Secrétaire du Congrès pomologique
et du Comité de rédaction,
C.-F^{né} WILLERMOZ.

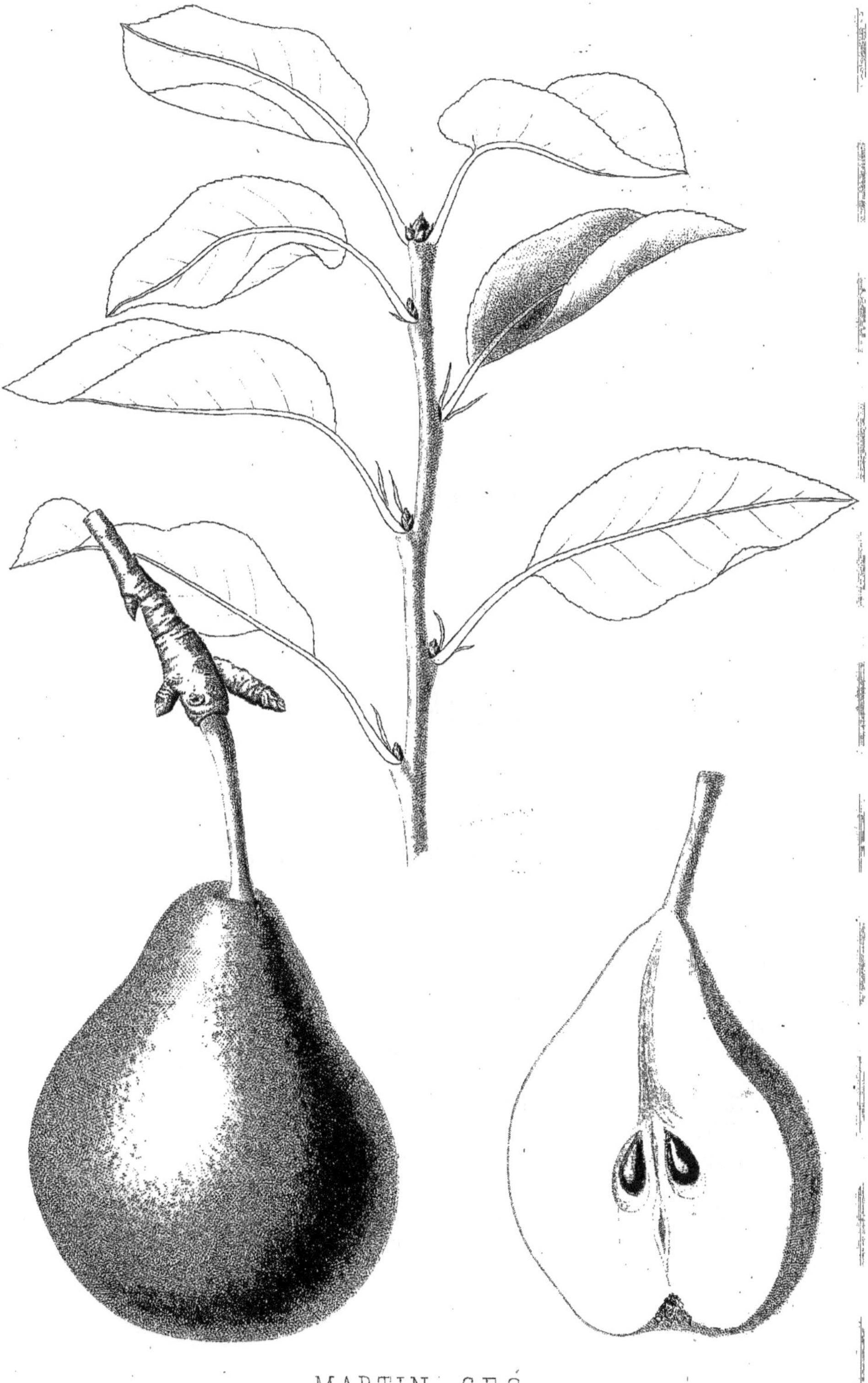

MARTIN SEC

Beau sculp.

Colorié par Mlles Dubois

Imp. Fugère, Lyon

MARTIN SEC.

(103. SAINT-GERMAIN.)

SYNONYMES : *Martin Sec de Champagne.* — *Martin Sec d'Hiver.* — *Martin Sec de Provence.* — *Dry Martin.* — *Poire de Saint-Martin.* — *Rousselet d'Hiver.*

ORIGINE. Très ancienne.

AUTEURS DESCRIPTEURS :

C. Estienne. *Prædium rusticum*, page 177. 1554.
C. Mollet. *Théât. des Jard.*, page 33. 1652.
R. Père Triquet, prieur de Saint-Marc. *Instr. pour la Taille des Arb. Fruit.*, page 232. 1653.
Merlet. *Abrégé des Bons Fruits*, page 104. 1675.
Le Jard. Franç., page 174. 1679.
Laquintinie. *Instr. sur les Jard. Fruit.*, page 317. 1690.
L. Liger. *Cult. Parf. des Jard.*, page 442. 1702.
J. Pitton Tournefort. *Inst. Rei Herb.*, tome I, page 631. 1719.
Duhamel. *Traité des Arb. Fruit.*, tome II, page 152, tab. 14. 1768.
J. Herman Kenoop. *Pomol. des Pays-Bas.*, page 119, tab. 7, fig. 9. 1771.
De La Bretonnerie. *École du Jard. Fruit.*, tome II, page 439. 1784.
Le Bon Jardinier, page 120. 1796.
Miller. *Diction. des Jard.*, tome 6, page 166. 1788.
Pomona Austriaca, tome II, page 7, fig. 137. 1797.
Forsyth. *Traité de la Cult. des Arb. Fruit.*, page 113. 1803.
Poinsot. *L'Ami des Jard.*, tome I, page 181. 1804.
E. Calvel. *Traité des Pép.*, tome II, page 334. 1805.

T. Y. Catros. *Traité rais. des Arb. Fruit.*, page 366. 1810.
Du Mont de Courset. *Le Botan.-Cult.*, tome 5, page 438. 1811.
L. Noisette. *Le Jard. Fruit.*, page 152, tab. 72. 1839.
Couverchel. *Traité des Fruits*, page 485. 1839.
Poiteau. *Pomologie Française*. 1846.
C.-F. Willermoz. *Bulletin de la Société d'Horticulture du Rhône*, page 12. 1849.
Thuillier Aloux. *Bulletin Pomologique de la Société d'Horticulture de la Somme*, page 66. 1855.
J. de Liron d'Airoles. *Liste des Fruits à l'étude*, page 60. 1857.
C. Baltet. *Les Bonnes Poires*, page 33. 1859.
P. de Mortillet. *Les Quarante Poires*, page 81. 1860.
Decaisne. *Jardin Fruitier du Museum*, tome IV.
Robert Hogg. *The Fruit Manual*, 2me édition. 1860.

DESCRIPTION. Arbre d'une vigueur moyenne mais d'une grande fertilité, prospérant médiocrement sur coignassier, beaucoup mieux sur franc, spécialement destiné à la haute-tige pour les vergers.

BRANCHES formant un angle ouvert avec le tronc, faibles, peu droites, sans épines.

RAMEAUX de l'année petits ou moyens, peu longs, très coudés à chaque console vers la base, droits vers le sommet, gris de perle du côté de l'ombre, brun rougeâtre un peu vineux et luisants du côté du soleil, finement parsemés de petites lenticelles arrondies, grises, gercées et saillantes.

ENTRE-FEUILLES inégaux ; les plus longs sont dans le milieu du rameau ; leur longueur varie entre quinze et quarante millimètres.

BOUTONS A FEUILLES petits, coniques, aigus, saillants, sauf à la base, où ils sont déprimés et plus rapprochés du rameau ; leurs écailles, bien appliquées, sont d'un brun roux ombré gris ; le terminal, petit, pyramidal, aigu, est à peu près de la même couleur.

BOUTONS A FRUITS moyens, ovales, pointus, brun marron foncé ombré violet vineux et gris ; portés par des dards fluets, voûtés, articulés et par des bourses minces, cylindriques, peu allongées, légèrement voûtées et courbées dans leur milieu, brun fauve, faiblement ridées à leur base, ponctuées roux.

Feuilles d'un vert tendre, peu épaisses, délicatement fibrées, oblongues ou ovales-oblongues, acuminées, crénelées très peu profondément et finement dentées, plus ou moins arrondies à leur base, pliées en gouttière ou en tuile. Leur longueur est de sept à huit centimètres environ et leur largeur de trois à quatre. Les florales, ovales ou ovales arrondies, mucronées, à bords plus grossièrement dentés, sont plus grandes et d'un vert plus intense; les secondaires sont petites, obovales, portées sur de longs pétioles très minces.

Pétioles moyens, jaune herbacé, teintés rose à leur base, canaliculés, droits ou faiblement arqués, longs de vingt à trente millimètres.

Stipules filiformes, courtes, aiguës, vert tendre, déjetées de côté.

Fruit petit ou moyen, rarement solitaire, très bien attaché à l'arbre, inodore, à surface légèrement bosselée, affectant tantôt la forme de *Calebasse*, tantôt celle de *Saint-Germain*, un peu rétréci du côté du pédicelle; sa hauteur moyenne est de huit centimètres et son diamètre de six.

Œil moyen, tantôt ouvert et régulier, tantôt irrégulier et clos, placé dans une cavité évasée, peu profonde, bordée de plis et de bosses assez sensibles, souvent à fleur du fruit.

Sépales grands, soudés à leur base, parfois irrégulièrement disposés, le plus souvent étalés sous forme d'étoile, onduleux, aigus, duveteux, brun foncé presque noir.

Pédicelle moyen, droit ou légèrement arqué, renflé à ses extrémités, ligneux dans son milieu, lisse, blond jaunâtre et olivâtre à l'ombre, fauve roux au soleil, faisant souvent corps avec le fruit, parfois à fleur; sa longueur varie entre vingt et trente-cinq millimètres.

Peau fine, sèche, mince, jaune d'or, presque entièrement recouverte de fauve roux ou cannelle, plus ou moins lavée de rouge brun du côté du soleil, finement ponctuée de gris blond et granitée de rouille dans l'ombre.

Chair jaunâtre, fine, serrée, cassante; eau peu abondante, mais sucrée et relevée d'une saveur toute particulière, très agréable.

Cœur moyen, plus rapproché de l'œil que du pédicelle, ovoïde, allongé, entouré de petites granulations.

Pépins assez gros, pointus, éperonnés, assez bien nourris, brun marron ombré noir, placés dans des loges concaves, arrondies, perpendiculaires.

Maturité. Cette petite, mais excellente poire pour compotes et raisiné, mûrit pendant les mois de novembre, décembre, janvier et février sans blettir; toutefois récoltée tard, elle n'atteint pas le milieu de janvier. Elle est très répandue sur tous les points de la France, et approvisionne les marchés de toutes les villes; il s'en fait surtout une très grande consommation à Paris.

Culture. L'arbre, assez délicat sur coignassier, mérite peu d'être cultivé en pyramide ou espalier; sa place la mieux choisie est sans contredit le verger; à cet effet, on le greffe en tête sur sujet franc, fort, droit et vigoureux. On le plante à toutes les expositions éclairées et dans tous les sols sains, profonds et riches en matières azotées. On dit qu'il ne réussit plus sous cette forme dans la Seine-Inférieure, ou du moins dans les environs de Rouen. Les soins que réclame la haute-tige consistent à retrancher, tous les trois ou quatre ans, sur les arbres forts et âgés, une partie des ramifications surabondantes ou mal placées.

Le Secrétaire du Congrès pomologique
et du Comité de rédaction,
C.-F^{né} WILLERMOZ.

PRÉMICES D'ECULLY

PRÉMICES D'ÉCULLY.

(104. COLMAR.)

Variété nouvelle.

ORIGINE. Obtenue, en 1847, par M. Luizet père, alors pépiniériste à Écully (Rhône), d'un semis de pépins mélangés de *Duchesse d'Angoulême*, de *Bon-Chrétien Willam's*, de *Colmar d'Arenberg* et de *Beurré d'Hardenpont*. Le premier rapport a eu lieu en 1855. Le fruit récolté provenait d'un arbre greffé sur coignassier à l'automne de l'année du semis.

DESCRIPTION. Arbre d'une vigueur moyenne sur coignassier, fertile et d'un port gracieux, s'érigeant naturellement sous la forme pyramidale, ayant un peu le facies du poirier *Fondante des Bois*.

BRANCHES formant un angle ouvert avec le tronc, assez nombreuses mais régulièrement espacées, droites et sans épines.

RAMEAUX de l'année assez gros, longs, droits ou à peine arqués et coudés, légèrement renflés à leur sommet, où ils sont d'un brun violet brillant; l'épiderme, rouge violacé du côté du soleil, plus pâle du côté de l'ombre, abondamment ombré gris cendré, est parsemé de lenticelles gris blanc, saillantes, particulièrement vers la partie supérieure.

ENTRE-FEUILLES inégaux; leur longueur varie entre deux et quatre centimètres.

BOUTONS A FEUILLES moyens et gros, ovales, coniques, pointus, légèrement apprimés à leur base, écartés du rameau par leur sommet, couverts d'écailles brun foncé presque noir, ombré rouge et gris argenté; le terminal est gros, allongé, conique, obtus; ses écailles rousses et duveteuses, sont mal appliquées.

BOUTONS A FRUITS moyens, ovales, ventrus, pointus, à écailles marron clair ombré brun et gris, portés par des dards assez gros et courts, blond fauve, articulés, et par des bourses de même couleur, petites, courtes, renflées dans leur milieu, arrondies à leur sommet, étranglées et ridées à leur base.

FEUILLES d'un vert gai, peu épaisses, fortement fibrées, ovales, lancéolées, aiguës du milieu au sommet du rameau, ovales elliptiques du milieu à la base, régulièrement et finement dentées, les unes droites et horizontales, les autres un peu courbées, planes ou à bords relevés en tuile. Leur longueur est de six à sept centimètres, et leur largeur de trois à trois et demi. Celles qui accompagnent les rameaux fruitiers sont plus grandes, plus ovales, planes ou ondulées, à serrature grossière; les secondaires sont étroites et très lancéolées.

PÉTIOLES minces, droits ou arqués, vert jaunâtre, canaliculés, longs de vingt millimètres.

STIPULES linéaires, de la couleur des pétioles, courtes, aiguës, dressées.

FRUIT assez gros ou gros, le plus souvent solitaire ou par paire, bien attaché à l'arbre, odorant, à surface bosselée, particulièrement vers la tête et sur la partie la plus renflée, plus haut que large, prenant parfois les formes de *Bergamotte* et de *Doyenné*, le plus souvent celle de *Colmar* à tête arrondie. Sa hauteur moyenne est de dix centimètres et son diamètre de huit à neuf.

Œil grand, régulier, ouvert et couronné lorsque le fruit prend sa forme typique, mais clos, irrégulier lorsqu'il est sous celle de *Bergamotte*; placé dans une cavité profonde, infundibuliforme, irrégularisée par des plis et par des bosses.

Sépales petits, soudés à leur base, fauves, courts, obtus et dressés.

Pédicelle gros sans être charnu, renflé à son sommet, courbé, brun roux au soleil, fauve à l'ombre, implanté dans une cavité peu profonde, assez large et évasée, dont les bords sont inégaux.

Peau fine, lisse, onctueuse, mince, jaune herbacé, passant au jaune clair à la maturité, se colorant parfois mais très légèrement de rose du côté du soleil, ponctuée et granitée dans le genre de la *Duchesse d'Angoulême*, mais plus clairement.

Chair blanche, neigeuse, fine, fondante, pourvue d'une eau très abondante, sucrée, agréablement musquée.

Cœur grand, presque central, ovale, renflé dans son milieu, plein d'une chair fine et jaunâtre.

Pépins moyens, allongés, droits, aigus, fortement éperonnés, convexes d'un côté, concaves de l'autre, marron ombré brun foncé, placés dans des loges étroites, allongées, très verticales.

Maturité. Cette variété, encore peu répandue, mûrit vers la fin du mois de septembre; entre-cueillie et portée au fruitier, elle y mûrit parfaitement sans s'altérer; récoltée lorsqu'elle est déjà jaune, elle est moins bonne, mais conserve cependant une partie de ses bonnes qualités; mieux vaut cependant la récolter dès qu'elle commence à changer légèrement de couleur.

Culture. L'arbre se greffe indistinctement sur franc comme sur coignassier, et peut se cultiver sous toutes les formes et à toutes les expositions. On fait avec lui de magnifiques pyramides, dont on allonge un peu la charpente pendant la première jeunesse, et dont on maintient ensuite la fertilité, la santé et la vigueur par une taille courte et des pincements ni trop longs ni trop courts exécutés alternativement et à propos. L'expérience ne s'est pas encore prononcée pour la haute-tige, mais il est à présumer que, sous cette forme, l'arbre rendra les mêmes services que ceux qu'il rend déjà sous les formes moins élevées, telles que le cordon, le fuseau, l'espalier et la pyramide.

Le Secrétaire du Congrès pomologique
et du Comité de rédaction,
C.-F^{né} WILLERMOZ.

HOWEL.

HOWEL.

(105. st-germain.)

Synonymes : Howey Pear.

Origine. Introduite, dit-on, d'Amérique. On ignore le nom du semeur et la date du premier rapport.

Auteurs descripteurs :
C. Baltet. *Les Bonnes Poires*, page 22. 1859.

Description. Arbre pyramidal d'un beau port, très fertile, se greffant sur tous les sujets et se prêtant à toutes les formes avec beaucoup de souplesse.

Branches formant un angle très ouvert avec le tronc, bien espacées, cintrées à leur base et prenant ensuite la direction oblique ascendante, fortes, droites et sans épines.

Rameaux de l'année gros, longs, presque verticaux, coudés à chaque console, un peu renflés et duveteux à leur sommet, finement striés de chaque côté du bouton, lisses, brillants, brun olivâtre à l'ombre, rouge brun vineux du côté du soleil, parsemés de lenticelles blanches et rondes, plus nombreuses et plus apparentes à la base qu'au sommet.

ENTRE-FEUILLES inégaux, les plus longs à la base. Leur longueur est de vingt à trente-cinq millimètres.

BOUTONS A FEUILLES de deux sortes : ceux du milieu à la base sont gros, allongés, coniques pointus et très écartés, presque saillants ; ceux du sommet, plus courts, apprimés, coniques obtus, sont à peine écartés du rameau ; tous sont marron foncé ombré gris argenté portés par des consoles assez renflées, particulièrement celles du bas ; le terminal, assez gros, conique obtus, est recouvert d'écailles brun chamois clair, duveteuses et mal appliquées.

BOUTONS A FRUITS gros, ovales allongés pointus, recouverts d'écailles peu solides, marron clair ombré fauve et gris, portés par des dards inégaux ; les uns courts, les autres longs, renflés, articulés, blond olivâtre, et par des bourses tantôt ovales allongées, minces et voûtées, tantôt très courtes et très renflées, gris verdâtre, finement ridées et relevées de petites macules blanches. Sur les coursons bien constitués, il n'est pas rare de compter trois ou quatre bourses pourvues chacune de deux ou trois boutons à fruits.

FEUILLES d'un beau vert pré, épaisses, bien fibrées ; celles du haut sont lancéolées elliptiques, aiguës ; celles du bas sont ovales, lancéolées, pointues, à bords grossièrement dentés et relevés en tuile. Leur longueur varie entre sept et huit centimètres, et leur largeur entre trois et quatre ; celles des rameaux fruitiers sont d'inégale longueur et largeur; presque toutes sont planes et entières, ou à peine mucronées.

PÉTIOLES moyens, inégaux, arqués ou droits, faiblement canaliculés, vert jaunâtre. Longs de quinze à trente millimètres ; les plus longs sont au sommet.

STIPULES linéaires, aiguës, dressées, de la couleur des pétioles, presque toutes caduques vers la fin d'août.

FRUIT moyen et assez gros, parfois solitaire, souvent par paire et en trochet, assez caduc en approchant de l'époque de la maturité, à surface un peu bosselée vers la partie la plus renflée seulement, plus haut que large, prenant les formes de *Saint-Germain*, de *Bési*, mais plus souvent celle du *Passe-Colmar*. Sa hauteur moyenne est de huit centimètres et demi, et son diamètre de sept et demi.

ŒIL assez grand, peu ouvert, régulier, couronné, placé dans une cavité peu profonde, évasée et régulière.

SÉPALES grands, soudés à leur base qui est renflée et rosée, gris brun à leur surface, tantôt étoilés et aigus, tantôt droits, en gouttière et obtus.

PÉDICELLE assez gros, ligneux, courbé, brun roux au soleil, jaune verdâtre à l'ombre, long de vingt-cinq à trente millimètres, implanté à fleur ou resserré par deux petites gibbosités.

PEAU fine, mince, lisse, brillante, onctueuse, vert très tendre, passant au jaune serin ou au jaune citron à la maturité, relevée de petites granitures brunes et de quelques taches rouille; une frange de même couleur règne autour de l'œil.

CHAIR blanche, mi-fine, fondante, un peu beurrée, pourvue d'une eau abondante, sucrée, relevée d'un acidule agréable.

CŒUR moyen, central, elliptique, allongé, aigu à ses deux bouts, plein d'une substance blanche très fine, entouré de petites concrétions peu abondantes.

PÉPINS moyens, courts, renflés, pointus et arrondis à leur base, ou allongés, éperonnés et aigus, acajou ombré roux, placés dans des loges longues, spacieuses et perpendiculaires.

MATURITÉ. Cette bonne poire, encore peu répandue et peu connue, mûrit de septembre à octobre. C'est un fruit qu'il faut entre-cueillir quinze jours ou trois semaines avant sa maturité, qui commence dans le milieu de la première quinzaine de septembre. Sans cette précaution, il passe très promptement, devient pâteux ou tombe en décomposition. Les personnes encore peu habituées à bien récolter et à saisir les fruits à point, feront rarement l'éloge de l'*Howel* ; cependant c'est une poire de mérite, sans toutefois être de toute première qualité.

CULTURE. L'arbre se greffe sur coignassier et sur franc ; il est très fertile sur le premier sujet, un peu moins sur le second, pendant sa première jeunesse ; on le taille alors un peu long, jusqu'à ce que les fruits se montrent en suffisante quantité. Lorsque la production est acquise, on le traite à peu près comme sur coignassier, c'est-à-dire qu'on réduit la longueur de la taille. Il faut, sur l'un comme sur l'autre de ces sujets, pincer court les rameaux fruitiers qui ont une tendance à s'allonger. Comme ils se surchargent de boutons à fruits dans le genre du *Beurré Burnicq*, il sera prudent, à la taille, d'annuler les plus éloignés de la branche charpentière ; il sera sage aussi de faire tomber une partie des bourses surabondantes qui affaiblissent et épuisent l'arbre en pure perte.

L'arbre n'est pas délicat sur la nature du sol et de l'exposition ; mais si l'on tient à récolter de bons fruits de garde, on le plantera à l'est, au nord-est ou au sud-est, dans les sols légers, frais et substantiels.

*Le Secrétaire du Congrès pomologique
et du Comité de rédaction,*
C.-F^{né} WILLERMOZ.

P. GRASLIN

GRASLIN.

(106. saint-germain.)

Synonyme : La poire Graslin n'a pas de synonymes, et c'est à tort qu'on la confond avec les variétés *Beurré Superfin, Laure De Glymes* et *Dathis*. Si ces trois fruits ont quelque ressemblance de forme avec la Graslin, les qualités des fruits, leur époque de maturité et les arbres n'en ont aucune.

Origine. L'arbre est âgé d'environ cent ans; il est planté près d'une vigne, dans la propriété de Malitourne, commune de Flée, canton de Château-du-Loir (Sarthe), appartenant à la famille de Graslin. Vers 1842, M. le docteur Bretonneau, ayant dégusté le fruit qu'on lui présentait à Malitourne, le reconnut pour inédit et lui donna le nom de *Graslin*.

Auteurs descripteurs :

J. de Liron d'Airoles. *Notice Pomologique*, page 34. 1855, et *Liste Synon.*, page 76. 1857.

Thuillier Aloux. *Bullet. Pomolog. de la Société d'Horticult. de la Somme*, page 39. 1855.

C. Baltet. *Les Bonnes Poires*, page 26. 1859.

Decaisne. *Jardin Fruitier du Museum*, tome IV.

Description. Arbre pyramidal, vigoureux, fertile et d'un beau port gracieux, que l'on greffe sur coignassier et sur franc et que l'on élève sous toutes les formes.

Branches formant un angle très peu ouvert avec le tronc, bien espacées, ascendantes, grises, droites et sans épines.

Rameaux de l'année de moyenne grosseur, assez longs, cintrés en dedans, blond clair du côté de l'ombre, brun olivâtre du côté du soleil, légèrement renflés à leur sommet, parsemés de petites lenticelles grises, oblongues ou arrondies.

Entre-feuilles inégaux; les plus courts sont au sommet. Leur longueur varie entre vingt et trente-cinq millimètres.

Boutons a feuilles gros ou moyens, coniques, un peu écartés du rameau par leur sommet qui est très aigu, cachés par la base du pétiole de la feuille qui est fort renflé, brun acajou ombré marron et gris cendré; le terminal, moyen, pyramidal pointu, est recouvert d'écailles fauves assez mal appliquées.

Boutons a fruits moyens, ovales, allongés, voûtés d'un côté, marron clair ombré fauve et gris, portés par de petits dards courts, renflés, de couleur noisette, et par des bourses assez grosses, bien nourries, ovales, renflées dans leur milieu, blondes à l'ombre, brunâtres et lustrées de gris clair au soleil, ponctuées et ridées fauve.

Feuilles d'un vert tendre et jaunâtre, assez minces, bien fibrées, lancéolées, elliptiques, aiguës, arquées, pendantes, tuilées, régulièrement et finement dentées; celles de la base presque entières. Leur longueur est de huit centimètres et demi et leur largeur de quatre à quatre et demi. Celles des rameaux fruitiers, d'un vert plus foncé, sont ovales, accuminées, presque planes et entières.

Pétioles gros, très renflés à leur base, courbés en dehors, canaliculés, vert tendre, longs de vingt à quarante millimètres; les plus courts sont au sommet.

Stipules à base linéaire et à lame en alène, longues, ondulées, dressées, de la couleur des pétioles.

Fruit gros ou assez gros, généralement solitaire, parfois par paire, rarement en trochet, assez bien attaché à l'arbre, odorant, à surface bosselée, très variable dans sa forme : tantôt il prend celle de *Bési*, tantôt celle de *Doyenné* et de *Saint-Germain*. On rencontre, en effet, des fruits qui ressemblent à des *Beurré gris* ; d'autres, au *Saint-Germain Vauquelin* ou à l'*Urbaniste*. Sa hauteur moyenne est de neuf à dix centimètres, et son diamètre de sept à huit.

Œil tantôt petit, irrégulier et peu ouvert, tantôt assez grand, ouvert et couronné, placé dans une cavité peu profonde, évasée et régulière.

Sépales larges, courts, jaunâtre et charnus à leur base, gris à leur surface, bordés noir, irrégulièrement étalés, les uns couchés, les autres dressés.

Pédicelle gros, charnu à sa base, souvent sur toute sa longueur et alors strié et ridé, courbé, brun à son sommet, jaune verdâtre à sa base, long de vingt à vingt-cinq millimètres, implanté à fleur entre deux ou trois gibbosités séparées, ou réuni au fruit par un prolongement charnu et renflé.

Peau rude mais fine, très épaisse, dure, vert bronzé, passant au jaune clair à la maturité et devenant lisse et onctueuse à cette époque, parsemée de points et de taches fauves parfois très faiblement lavées de rose du côté du soleil ; la cavité de l'œil est souvent recouvertes abondamment de lenticelles brunes.

Chair blanchâtre, mi-fine, très fondante, pourvue d'une eau abondante, sucrée, relevée, parfumée, très agréablement acidulée.

Cœur central, gros, ovale, renflé, plein d'une chair très fine et très blanche, environné d'une zone granuleuse bien prononcée.

Pépins gros, renflés, bien nourris, aigus, à peine éperonnés, acajou ombré noir, placés dans des loges moyennes, longues et perpendiculaires ; souvent plusieurs sont avortés.

Maturité. Cette bien bonne et belle poire, encore peu cultivée dans quelques départements, mûrit ordinairement des premiers jours d'octobre au milieu de novembre, selon la latitude et l'exposition ; on la trouve faite parfois vers la fin de septembre. Entre-cueillie, elle se conserve très bien au fruitier. Ainsi, en 1852, plusieurs fruits, récoltés le 14 septembre, décrits, dessinés et dégustés le 11 octobre, ont été trouvés de premier ordre ; ils étaient d'un goût réellement exquis et bien supérieurs à celui de la *Duchesse d'Angoulême*, avec laquelle plusieur lui trouvent de l'analogie.

CULTURE. L'arbre se greffe sur tous sujets et se cultive sous toutes les formes. D'après les renseignements fournis par quelques Sociétés, il prospère dans tous les sols et à toutes les expositions ; toutefois, le Comité de rédaction recommande et recommandera toujours les expositions éclairées, aérées et même abritées, comme il recommande aussi les sols légers, perméables et riches en matières azotées. Dans ces sols, le fruit prend plus d'eau, plus de sucre, plus de parfum, et sa chair, plus fine, ne conserve que très peu de concrétions pierreuses.

L'arbre réclame une taille courte sur la flèche et les branches supérieures pendant la première jeunesse. Une fois l'équilibre de la charpente bien assurée, on allonge un peu la taille jusqu'à ce que la fertilité soit acquise. Lorsque l'arbre est bien formé et qu'il rapporte, on diminue la longueur de la taille et on équilibre la vigueur totale de l'arbre en supprimant quelques boutons à fruits sur les branches inférieures. On pince sur la troisième ou quatrième feuille les jeunes bourgeons, et on pince avec sévérité les brindilles qui naissent sur les bourses, attendu que, sans cette précaution, elles les épuisent de telle manière qu'elles se transforment en rameaux à bois.

*Le Secrétaire du Congrès pomologique
et du Comité de rédaction,*
C.-F^{nø} WILLERMOZ.

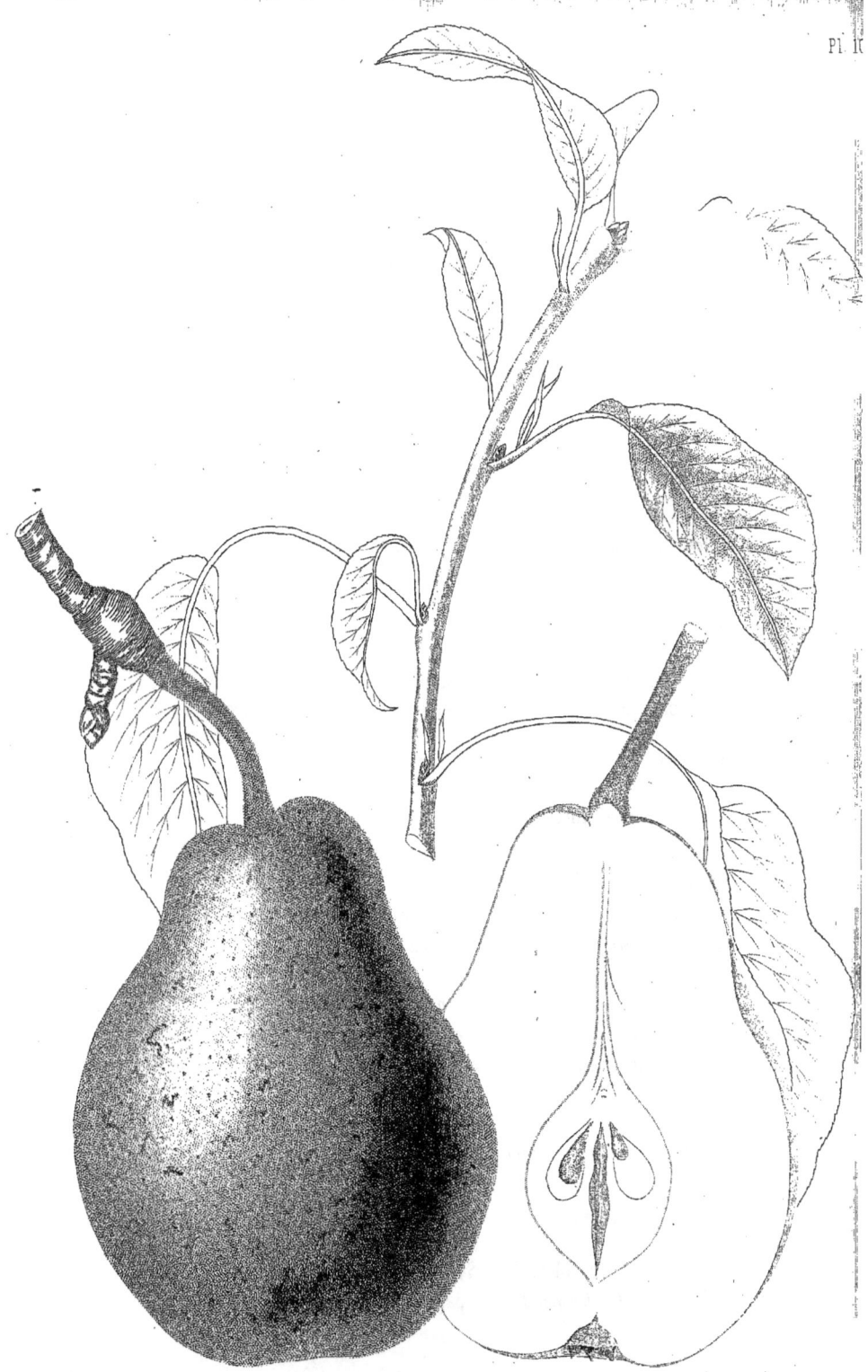

BON CHRÉTIEN DE RANCE

BON CHRÉTIEN DE RANCE.

(107. BON CHRÉTIEN.)

SYNONYMES. — *Bon Chrétien de Rans.* — *Bon Chrétien de Ranz.* — *Beurré de Rance.* — *Beurré de Rans.* — *Beurré de Bon Chrétien.* — *Beurré Épine.* — *Beurré de Pentecôte* (à Amiens). — *Beurré de Flandre.* — *Hardenpont de Printemps.* — *Beurré du Rhin.* — *Beymont.*

ORIGINE. Selon quelques auteurs, cette variété aurait été gagnée par l'abbé Hardenpont; selon d'autres, il n'en serait que le propagateur, et l'aurait trouvée dans la Flandre, à Rance, petit village situé dans les environs de Mons.

AUTEURS DESCRIPTEURS :

J. Turner. *Trans., Hort. Soc. Lond.,* tome V, page 130. 1822.
Revue des Revues. 1830.
Annales de la Soc. Hort. de Paris, tome VIII, page 46. 1831.
Poiteau. *Annales de la Soc. Hort. de Paris,* tome XV, page 375. 1834.
Prévost. *Pomologie de la Seine-Inférieure,* page 60. 1850.
L. Noisette. *Jardin fruitier,* page 130, tab. LVI. 1839.
C.-F. Willermoz. *Bulletin de la Société d'Horticulture du Rhône,* page 179. 1848.
A. Bivort. *Album Pomologique,* tome II, page 37.
A. Royer. *Annales Pomologiques Belges,* tome III, page 45.
Société Van Mons, page 32. 1855.
Thuillier-Alloux. *Bulletin de la Soc. Hort. de la Pomme,* page 7. 1855.
J. de Liron d'Airoles. *Liste Synonymique,* page 47. 1857.
Ch. Baltet. *Les bonnes Poires,* page 38. 1859.

Robert Hogg. *The fruit manual*, 2me édition. Lond., 1860.
Decaisne. *Jardin fruitier du Muséum*, tome III.

Description. Arbre assez vigoureux, devenant fertile en vieillissant, peu propre à la forme pyramidale régulière.

Branches formant des angles inégaux avec le tronc, divergentes, inégalement espacées, peu droites, sans épines.

Rameaux de l'année gros, assez longs, les uns droits, les autres divariqués, sinueux ou arqués, à écorce lisse, brillante, brun verdâtre du côté de l'ombre, brun fauve du côté opposé, parsemée de lenticelles abondantes, rondes et ovales, saillantes, grises et rousses.

Entre-Feuilles assez réguliers et rapprochés; leur longueur est de quinze à vingt millimètres.

Boutons a feuilles petits et coniques ou ovales pointus, recouverts d'écailles brun marron ombré roux et gris; la pointe des coniques s'écarte du rameau, tandis que celle des ovales l'effleure et le regarde; le terminal, dont les écailles sont plus foncées, est tantôt court, conique et obtus, tantôt ovale, allongé et pointu.

Boutons a fruits gros, courts, coniques pointus, recouverts d'écailles acajou marron ombré roux et gris, supportés par des dards courts, étranglés à leur base, renflés à leur sommet, jaune verdâtre, et par des bourses moyennes, un peu cylindriques, olivâtres dans l'ombre, brun bronzé du côté du soleil, très finement ridées et parsemées de petites lenticelles grises.

Feuilles d'un vert foncé et brillant, épaisses, coriaces, finement et régulièrement fibrées; celles de la base sont grandes, larges, ovales elliptiques, aiguës, planes, ondulées et crénelées sur leurs bords, longuement pétiolées; celles du sommet, beaucoup plus petites, sont lancéolées, aiguës, courtement pétiolées, à bords très finement dentés et légèrement relevés en tuile; leur longueur varie entre sept et dix centimètres, et leur largeur entre trois et six.

Pétioles gros, d'inégale longueur, ondulés, tordus ou cordés, blanc verdâtre, faiblement canaliculés, longs de deux à cinq centimètres.

Stipules linéaires, lancéolées, inégales; les courtes sont arquées et embrassent le rameau; les longues sont ondulées, denticulées et dressées contre le rameau.

Fruit très rarement en trochet et par paire, le plus souvent solitaire, assez mal attaché à l'arbre, inodore, à surface bosselée et parfois côtée, particulièrement vers la tête; étranglé au tiers de sa hauteur, assez inconstant dans sa forme, affectant généralement celle de Bon Chrétien, plus haut que large : sa hauteur moyenne est de neuf à onze centimètres, et son diamètre de sept à neuf, selon les formes de *Doyenné*, de *Saint-Germain* et de *Calebasse*, sous lesquelles on le rencontre souvent.

Œil petit ou moyen, tantôt clos et irrégulier, tantôt ouvert et couronné, placé parfois à fleur du fruit, le plus souvent dans une cavité peu profonde et évasée.

Sépales larges et soudés à leur base, courts, raides, obtus, brun noirâtre, duveteux.

Pédicelle moyen, ligneux, droit ou arqué, brun noirâtre, implanté obliquement dans une cavité peu profonde, irrégularisée par de petites bosses.

Peau rude, épaisse, vert bronzé, passant au vert jaunâtre à la maturité, ponctuée et marbrée de fauve grisâtre, pointillée et tachée de rouille autour de l'œil et du pédicelle, parfois lavée de rouge brun ou rouge clair du côté du soleil.

Chair blanche au centre, verdâtre à la circonférence; tantôt grossière, granuleuse, ferme ou mi-fondante, tantôt au contraire fine, fondante ou beurrée, selon le sol et l'exposition; eau abondante, sucrée, acidulée, astringente, douée d'un parfum tout particulier qu'on rencontre rarement dans les poires.

Cœur plus rapproché de l'œil que du pédicelle, grand, ovale, entouré de concrétions pierreuses, grosses, nombreuses, qui s'étendent jusqu'à la naissance du pédicelle.

Pépins moyens, aigus, peu ou pas éperonnés, souvent difformes ou avortés, brun noirâtre, placés dans des loges assez grandes, légèrement obliques.

Maturité. Cette poire mûrit ordinairement, dans le centre de la

France, pendant les mois de janvier, février et mars; dans le nord, elle se conserve jusqu'en avril et mai, tandis que dans le midi on la mange pendant les mois de novembre et décembre. On doit la récolter tard; si l'on récolte trop tôt, le fruit se ride, se flétrit, se dessèche et n'est plus bon que cuit. Une fois rangé au fruitier, on ne doit plus le déranger de place, car il craint les pressions trop fortes et trop fréquentes, qui occasionnent des taches noires et rendent la chair amère.

CULTURE. L'arbre se greffe sur coignassier et sur franc selon le sol et la latitude ; dans le sud et le sud-ouest, la Gironde, par exemple, on le cultive sous toutes formes, et il réussit en haute-tige; dans l'est, on recommande la greffe sur franc, la culture en espalier et en contre-espalier, les sols sains et légers, l'exposition du levant et du midi. Dans la Belgique, il prospère mieux sur franc que sur coignassier, et se plaît particulièrement dans les sols légers, aux expositions chaudes. Aux environs de Rouen, on le multiplie sur tous sujets, avec recours à la greffe intermédiaire pour le coignassier. On le cultive sous toutes les formes, dans tous les sols et à toutes les expositions. C'est par exception, car dans les pays voisins, tels que la Manche, l'Orne, l'Oise et les environs de Paris, on le cultive en espalier, dans les terres légères et à l'exposition de l'est et du sud. Dans presque tous les autres départements, on le cultive de même. Le Congrès recommande la culture en espalier, parce que l'arbre se plaît mieux sous cette forme que sous toute autre, qu'il est plus facile à conduire, et que ses fruits sont moins caducs, plus beaux, plus sains, plus colorés et infiniment meilleurs.

On taille un peu long pendant la première jeunesse de l'arbre pour ne pas retarder sa mise à fruit, et l'on arrive progressivement à une taille plus courte avec l'âge. Les pincements exigent une grande prudence; on les pratiquera de bonne heure sur la quatrième feuille des rameaux uniques ; les rameaux accompagnés à leur base de dards et de boutons à fruits en formation, seront pincés longs et tardivement.

Le Secrétaire du Congrès pomologique
et du Comité de rédaction,
C.-F^{né} WILLERMOZ.

P. BOUTOC

P. BOUTOC.

(108.)

SYNONYMES : *Notre-Dame.*

ORIGINE. Cette variété est très anciennement cultivée dans la Gironde, surtout dans les environs de Lauzon et de Sauternes; non loin de cette dernière localité, au village de Boutoc, on trouve plusieurs arbres séculaires, de très grande dimension, qui paraissent être les pieds-mères de la variété. Sur les marchés de Bordeaux on la nomme *Poire Notre-Dame*, à cause de son époque de maturité, vers le 15 août.

AUTEURS DESCRIPTEURS :
Société d'Horticulture de la Gironde.
Decaisne. *Jardin Fruitier du Museum*, tome V.

DESCRIPTION. Arbre vigoureux, très fertile, prenant de grandes dimensions, à port irrégulier et diffus.

BRANCHES formant un angle très ouvert avec le tronc, irrégulièrement espacées, sans épines.

Rameaux de l'année de moyenne force, longs, divergents, un peu arqués en dedans, ascendants, légèrement duveteux à l'extrémité, très renflés à leur sommet, brun rougeâtre, parsemés de lenticelles rondes et ovales, verticales, d'un brun aurore avec une auréole cendrée.

Entre-feuilles longs de vingt à vingt-cinq millimètres.

Boutons a feuilles moyens, allongés, très pointus, à base un peu étranglée, s'écartant beaucoup du rameau, brun rouge panaché de gris cendré, reposant sur un renflement bien prononcé; le terminal est gros, conique, mou, à écailles peu serrées et noirâtre.

Boutons a fruits moyens, coniques, pointus, rougeâtre ombré de noir, supportés par des dards courts et des bourses petites, peu allongées, lisses, gris vert cendré, légèrement striées à la base.

Feuilles d'un vert foncé terne, épaisses, allongées, assez fortement pliées en gouttière, arquées en dessous, terminées en pointe aiguë, bordées de dents larges, obtuses, peu profondes et irrégulières; leur longueur est de sept centimètres et leur largeur de quatre à quatre et demi. Celles qui accompagnent les productions fruitières sont longues, étroites, en gouttière, à dents grandes et peu marquées.

Pétioles forts, raides, un peu arqués en dessous, longs de deux centimètres, d'un jaune verdâtre clair.

Stipules linéaires, minces, effilées, en partie caduques.

Fruit rarement solitaire, presque toujours par groupes de deux, trois ou cinq, dégageant à la maturité un léger parfum musqué très agréable; surface unie dans le fruit parfait, mais quelquefois parsemée de cavités irrégulières au fond desquelles il y a des taches noires et rugueuses. Sa grosseur est moyenne dans l'état normal; sa forme est allongée, diminuant régulièrement vers le pédicelle où il est brusquement tronqué; il s'aplatit beaucoup vers l'œil, qui est placé au centre d'une légère dépression : dans cet état il mesure environ sept ou huit centimètres de hauteur sur six de largeur, et il a tout-à-fait l'aspect de la *Verte-Longue*. D'autrefois il est plus petit, affectant la forme d'un *Doyenné Blanc*, et d'autres fois encore il s'allonge et se bosselle comme un *Saint-Germain*. C'est surtout sur les hautes tiges que l'on rencontre une grande variation de formes.

Œil large, saillant et placé au centre d'une légère dépression.

Sépales grands, un peu en gouttière, roux marron, très duveteux, étalés en étoile sur le fruit.

Pédicelle mince, ligneux, renflé vers sa base, arqué, d'un roux noisette, brillant, parsemé de petites lenticelles saillantes, blanchâtres, nombreuses, quelquefois panaché d'un peu de vert clair, et implanté dans une cavité bien marquée, entourée de deux ou trois ondulations mamelonnées.

Peau lisse, luisante, vert clair, parsemée de gros points plus verts, passant au jaune blanc mat à la maturité, prenant quelquefois un peu de rouge terne au soleil; à la base du pédicelle règne constamment une tache d'un roux clair, frangée, se fondant sur le fruit en stries irrégulières et longitudinales.

Chair d'un blanc verdâtre, surtout près de la peau, demi-fine, fondante, pourvue d'une eau abondante, douce, sans parfum particulier, excellente; elle blettit au centre avec rapidité.

Cœur renflé, rapproché de l'œil, verdâtre, entouré de quelques concrétions pierreuses.

Pépins marron noir, longs, très bombés d'un côté, faiblement éperonnés, souvent avortés.

Maturité. Cette très bonne poire mûrit dans tout le courant du mois d'août; elle est fort estimée sur les marchés de Bordeaux où on la porte en quantité très considérable.

CULTURE. Le franc et le coignassier lui conviennent également ; son port diffus ne permet guère de l'élever sous la forme pyramidale ; c'est d'ailleurs un fruit de grande culture qu'il vaut mieux élever en haute-tige. Il lui faut une terre sèche et une exposition chaude, sinon le fruit est fade et sans eau. L'arbre a tout-à-fait le port du *Beurré Gris*, cependant son bois est un peu moins rougeâtre.

La Société d'horticulture de la Gironde est l'auteur de cette description.

*Le Secrétaire du Congrès pomologique
et du Comité de rédaction,*
C.-F^{aé} WILLERMOZ.

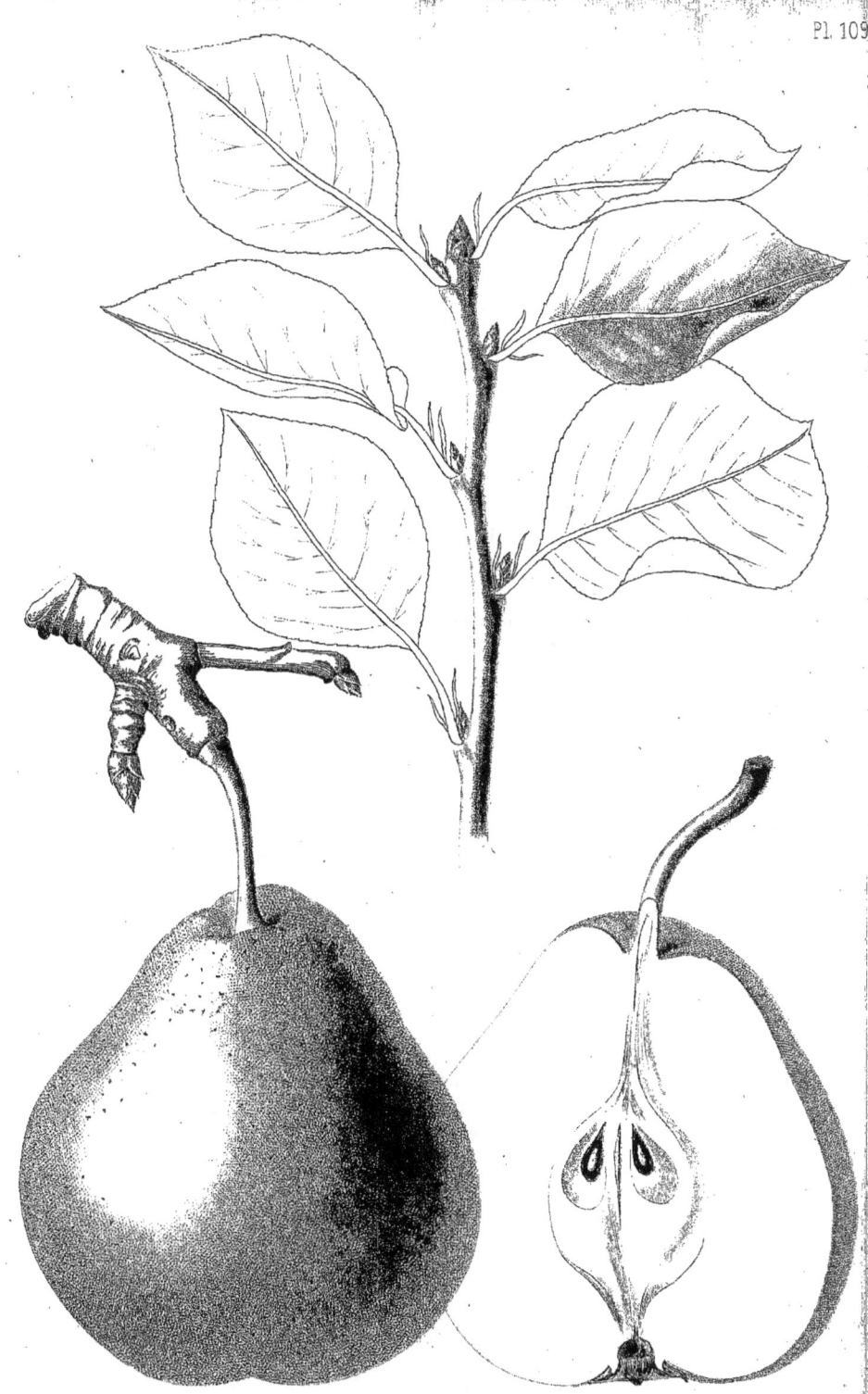

SUCRÉ DE MONTLUÇON.

SUCRÉE DE MONTLUÇON.

(109. COLMAR.)

SYNONYMES : *Sucrée Verte*. — *Sucrin Vert*.

ORIGINE. Trouvée, il y a cinquante-deux ans, dans la haie d'un jardin attenant au collége de Montluçon, par le nommé Rochet, encore vivant, et qui, à cette époque, était le jardinier du collége. Depuis cette découverte, le poirier a été introduit dans les jardins de la ville et s'est répandu dans les départements voisins, où il jouit d'une grande réputation.

AUTEURS DESCRIPTEURS :

Congrès Pomologique de France. Session de 1861.
Decaisne. *Jardin Fruitier du Museum*, tome VI.

DESCRIPTION. Arbre pyramidal, d'un beau port, très vigoureux et d'une grande fertilité, quel que soient le sujet sur lequel il est greffé et la forme sous laquelle il est dirigé.

BRANCHES formant avec le tronc un angle ouvert, bien espacées, étalées, droites et sans épines.

RAMEAUX de l'année gros, forts, longs, un peu arqués en dedans, obliques, ascendants, lisses, faiblement striés de chaque côté des consoles, brun ombré abondamment de gris cendré à l'ombre, brun rougeâtre ombré par places du même gris, parsemés de lenticelles rondes et ovales, gris brun, grosses et saillantes à la partie supérieure, un peu plus petites et effacées dans le milieu et à la base du rameau.

Entre-feuilles inégaux, plus courts au sommet qu'à la base ; leur longueur varie entre quinze, dix-huit et quarante millimètres.

Boutons a feuilles moyens et assez gros, ovales, coniques, allongés, aigus et écartés; ceux de la base sont petits, apprimés, courts, aigus et appliqués, marron violacé ombré gris cendré ; le terminal, court, conique, pointu, de même couleur, est le plus souvent à fruit, même sur les arbres vigoureux.

Boutons a fruits gros, ovales, renflés, allongés, étranglés à leur base, pointus, marron ombré rouge et gris cendré, portés par des dards courts, articulés, brun fauve, et par des bourses courtes, renflées, brun olivâtre, parsemées de lenticelles rousses, finement ridées à leur base; elles ne grossissent que la troisième année de leur formation.

Feuilles d'un beau vert brillant, minces, finement fibrées, orbiculaires, acuminées, planes ou en cuilleron, horizontales pour la plupart, à dents très courtes, très fines, mais très espacées entre elles. Leur longueur est de cinquante-cinq millimètres et leur largeur de quarante-cinq. Celles qui accompagnent les rameaux fruitiers sont un peu plus foncées, plus grandes, mais à peu près de même forme.

Pétioles moyens, arqués, canaliculés, vert très tendre, assez égaux sur les deux tiers de la longueur du rameau, plus minces et longs à la base; leur longueur est de dix à quarante-cinq millimètres.

Stipules linéaires, très fines et très déliées, ondulées, de la couleur des pétioles.

Fruit moyen, gros et très gros, rarement solitaire, presque toujours par paire ou en trochet, bien attaché à l'arbre, peu odorant, à surface bosselée ou unie, selon la forme, qui est tantôt celle de *Bergamotte*, tantôt celle de *Bon-Chrétien*, le plus souvent celle de *Colmar* (sur vingt fruits, trois avaient la forme d'une *Belle sans pépins*, deux celle du *Bon-Chrétien Willam's*, et les quinze autres celle du

Colmar). Sa hauteur moyenne égale son diamètre : elle est de huit centimètres.

Œil grand, régulier, ouvert ou demi-ouvert, couronné, placé tantôt dans une très faible dépression, évasée et régulière, tantôt dans une cavité profonde, infundibuliforme, irrégulière et très évasée, le plus souvent à fleur ou presque à fleur.

Sépales gros, soudés et charnus à leur base, en gouttière, obtus, dressés, jaunâtres sur leur face. Lorsque l'œil est placé dans une cavité profonde, il est fermé, et les sépales, très déliés et très aigus, s'inclinent en tous sens.

Pédicelle mince, ligneux, courbé, vert tendre à sa base, brun fauve à son sommet qui est légèrement renflé, long de trente-cinq à quarante millimètres, implanté dans une cavité étroite, peu profonde, régulière ou irrégularisée par des bosses dont une plus saillante le pousse de côté ; cette cavité, ainsi que celle de l'œil, est couverte d'une tache concentrique, la première est grise, celle de l'œil est ferrugineuse.

Peau fine, épaisse, dure, onctueuse, brillante, vert bronzé, passant au jaune herbacé à la maturité, couverte de petites lenticelles brunes, rondes, clairement parsemées ; relevée de quelques taches de même couleur, parfois teintée de rouge obscur du côté du soleil ; cette teinte est souvent à peine sensible, quelquefois au contraire très intense ; dans cette circonstance, le rouge est clairement ponctué de lenticelles gris blanc.

Chair blanchâtre, assez fine, très fondante, pourvue d'une eau très abondante, comme la *Poire Madame Treyve*, sucrée, légèrement parfumée, mais rafraîchissante.

Cœur moyen, elliptique, aigu à ses deux bouts, central, confondu avec la chair, qui, de ce côté, est plus pourvue de concrétions que du côté de la peau.

Pépins longs, étroits, larmiformes, bosselés, aigus, arrondis à leur base, marron foncé, placés dans des loges moyennes et perpendiculaires, généralement avortés.

MATURITÉ. Cette belle et bonne poire, peu connue ailleurs qu'à Montluçon et dans les départements de l'Allier, de la Nièvre et du Puy-de-Dôme, qui déjà a fructifié dans le Lyonnais, mûrit de la fin d'octobre au commencement de janvier. Récoltée de bonne heure, elle se conserve bien au fruitier; mais récoltée tardivement, elle blettit vers le cœur et ne passe pas trop le milieu de novembre. Il faut donc la cueillir de bonne heure, comme l'*Épine du Mas*, le *Clairgeau*, le *Bon-Chrétien Napoléon*, la *Duchesse d'Angoulême* et toutes les poires qui mûrissent d'octobre à décembre, et la soigner au fruitier, où on ne la dérangera que pour la manger.

CULTURE. L'arbre, d'une fertilité prodigieuse, se cultive sous toutes les formes, et réussit à toutes les expositions et dans tous les sols propres au poirier. Tailler un peu long pour former la charpente; tailler plus court ensuite, et enfin très court pour maintenir la vigueur et la fertilité annuelle de l'arbre; annuler une certaine quantité de boutons à fruits; raccourcir les coursons; pincer sur la deuxième ou troisième feuille les jeunes bourgeons à mesure qu'ils se développent; casser les anticipés aoûtés : tels sont les soins à donner à cette variété, appelée à rendre de grands services dans les vergers du nord de la France.

Le Comité de rédaction tient les renseignements sur l'origine de cette variété et sur son mode de culture d'une source certaine.

Le Secrétaire du Congrès pomologique
et du Comité de rédaction,
C.-F^{né} WILLERMOZ.

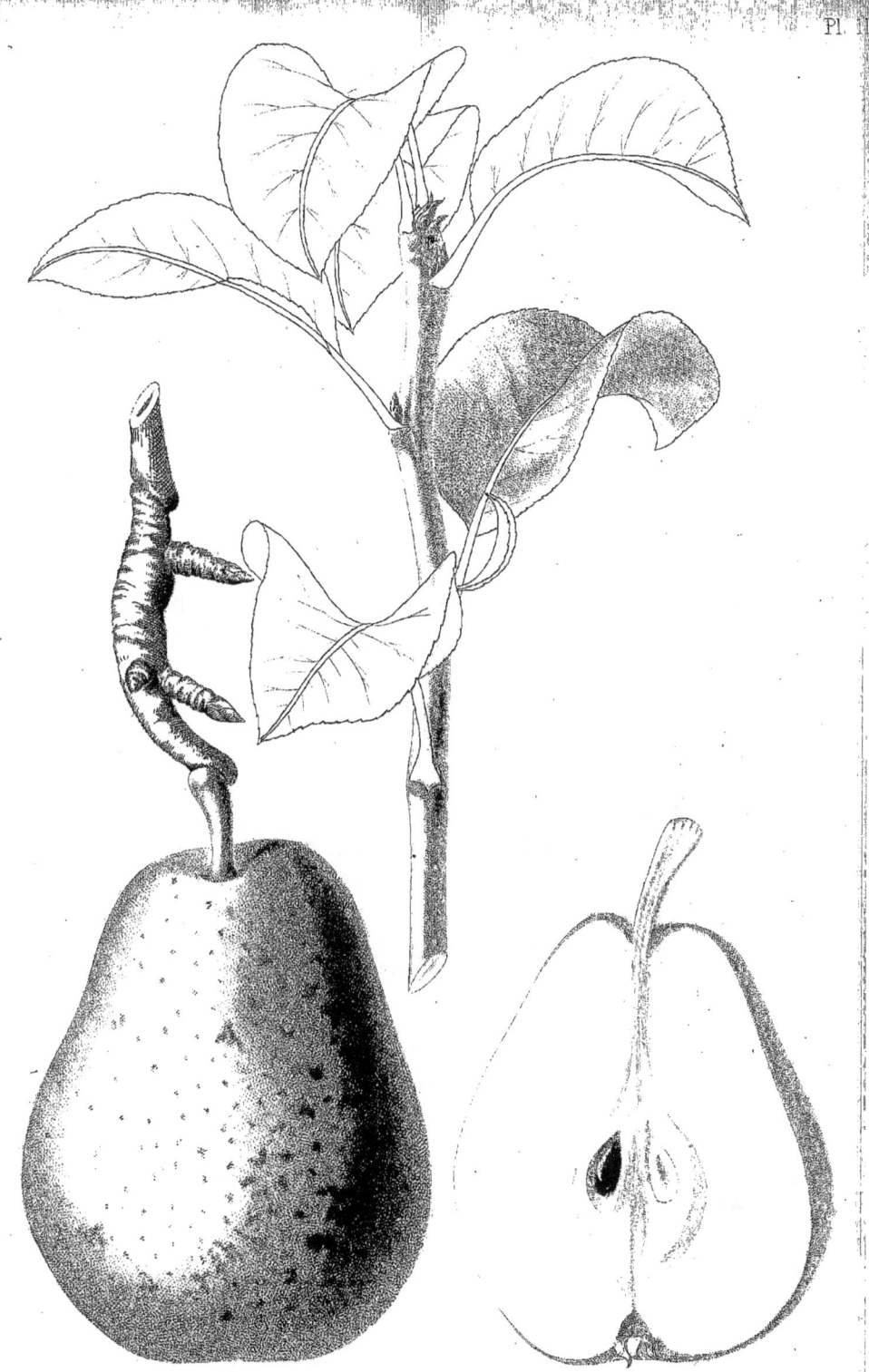

ANNA AUDUSSON

ANNA AUDUSSON.

(110. BON-CHRÉTIEN.)

Variété nouvelle.

ORIGINE. Cette variété provient d'un semis de pépins mélangés fait, vers 1828 ou 1830, par le père Audusson, pépiniériste à Angers (Maine-et-Loire). Le père Audusson étant mort avant le premier rapport qui a eu lieu en 1848, c'est son fils Alexis, qui lui a succédé, qui l'a présentée au Comice de Maine-et-Loire; celui-ci, après l'avoir reconnue bonne, en a fait la description.

AUTEURS DESCRIPTEURS :

Le *Comice horticole de Maine-et-Loire*.

Citée par J. de Liron d'Airoles dans sa *Liste des Fruits à l'étude*, page 26. 1857.

DESCRIPTION. Arbre pyramidal, très vigoureux et très fertile sur coignassier comme sur franc, qu'on peut conduire sous toutes les formes.

BRANCHES formant avec le tronc des angles inégaux, suffisamment espacées, les unes droites, les autres un peu divergentes, parfois encore munies d'épines rudimentaires.

RAMEAUX de l'année assez gros, longs, peu cintrés, striés dessous et de chaque côté des consoles, légèrement renflés à leur sommet, brun violacé, ombrés de gris comme ceux du *Beurré d'Hardenpont,* parsemés de lenticelles gris fauve, rondes et ovales, gercées, plus grosses, plus nombreuses et plus saillantes sur le renflement.

Entre-feuilles d'inégale longueur ; celle-ci varie entre vingt et trente-cinq millimètres ; les plus courts se trouvent à la partie supérieure.

Boutons a feuilles moyens, coniques, un peu allongés, pointus et écartés du rameau, sauf ceux de la base qui sont apprimés, anguleux, obtus et rapprochés ; leurs écailles, serrées et bien appliquées, sont d'un brun noir ombré de gris cendré; le terminal, moyen, conique, renflé à sa base, obtus, a ses écailles de même couleur.

Boutons a fruits assez gros, coniques, obtus, roux ombré gris, portés par des dards courts, brun fauve, ridés, articulés, et par des bourses irrégulières, assez grosses et assez longues, cylindriques ou bombées et bosselées, brun olivâtre, très abondamment parsemées de lenticelles fauves, rousses et de poussière de même couleur, profondément ridées sur la moitié de leur longueur.

Feuilles d'un vert foncé, très épaisses, à fibres bien apparentes, ovales lancéolées, pointues, à bords relevés en tuile et finement dentés; quelques-unes le sont à peine. Leur longueur est de soixante-cinq à soixante-quinze millimètres, et large de trente-cinq à quarante-cinq ; celles du bas des rameaux et des productions fruitières sont ovales et cordiformes, planes, brusquement acuminées, mucronées, plus larges mais de même longueur. Les secondaires, courtes, ovales, arrondies, cuilleronnées ou étroites et lancéolées, très minces, sont portées sur des pétioles grêles, jaunâtres, teintés de rouge carmin à leur base.

Pétioles gros, inégaux, jaunâtres, teintés de rose; cette teinte s'étend sur la nervure médiane ; droits, longs de quinze à trente millimètres.

Stipules linéaires, courtes, dressées, arquées, très aiguës, de la couleur des pétioles.

Fruit moyen et assez gros, parfois gros, solitaire ou par paire, rarement en trochet, bien attaché à l'arbre, inodore, à surface bosselée, obtus des deux bouts qui sont ou arrondis ou tronqués, renflé vers la tête, prenant souvent la forme d'un *Doyenné*, mais plus souvent encore celle d'un *Bon-Chrétien*, étranglé d'un côté, voûté de l'autre ou celle du *Bon-Chrétien-Napoléon*. Sa hauteur moyenne est de neuf centimètres, et son diamètre de sept à huit.

Œil moyen et assez grand, ouvert, irrégulier, placé dans une cavité peu profonde et étroite, irrégularisée par des plis et de petites gibbosités, parfois régulière et évasée.

Sépales grands, longs, étroits, aigus, étoilés ou divergents, duveteux, gris cendré; quelques-uns sont courts, obtus et canaliculés.

Pédicelle assez gros, ligneux, courbé ou seulement oblique, renflé à son sommet lorsqu'il est court, sans renflement lorsqu'il est plus long et courbé, brun chamois foncé au soleil, blond verdâtre à l'ombre, ponctué gris, long de quinze à vingt-cinq millimètres, implanté dans une cavité étroite, assez profonde, irrégularisée par trois ou quatre plis qui se prolongent en bosses saillantes.

Peau rude, épaisse, vert tendre, passant au jaune verdâtre, chagrinée et marbrée de fauve clair vers le pédicelle, granitée partout ailleurs de même couleur, chargée de quelques grosses taches rouille vers la tête, parfois légèrement flagellée de rouge clair du côté du soleil, relevée sur cette teinte de petits points verts, ronds et réguliers.

Chair blanche citrine, fine, fondante, beurrée, pourvue d'une eau assez abondante, sucrée, légèrement relevée et parfumée.

Cœur petit, presque central, ovoïde, aigu du côté du pédicelle, arrondi du côté de l'œil, environné de concrétions assez grosses et assez abondantes.

Pépins moyens, obtus, arrondis à leur base, droits, bien nourris, fauve chamois, ombré roux, placés dans des loges peu spacieuses et abondantes.

MATURITÉ. Cette belle et bonne poire, très peu répandue, mûrit du milieu de décembre à la fin de février. Récoltée à propos, elle se conserve saine et acquiert toutes ses qualités ; mais récoltée trop tôt, elle se déchèche et ne mûrit pas. Il importe de la cueillir vers le commencement d'octobre par un temps sec, de la porter au fruitier lorsqu'elle est ressuyée, et de ne plus la déranger de place.

CULTURE. L'arbre se greffe indistinctement sur coignassier et sur franc et se laisse conduire sous toutes les formes dans le midi et une partie du centre de la France; mais il est fort douteux que dans le nord, le nord-est et le nord-ouest il en soit de même. Bien que la variété soit peu répandue, elle a déjà fait ses preuves dans ces régions plus froides; là, elle se comporte assez mal à l'air libre et elle est très délicate sur la nature du sol et sur l'exposition. Il est donc très important, d'après l'expérience acquise et les renseignements reçus, de choisir les sols légers, chauds, riches et les expositions bien éclairées et bien aérées. On agira prudemment et sagement d'essayer la culture en espalier lorsqu'on ne peut pas disposer d'une grande étendue de terrain pour cultiver sous les autres formes.

Tailler court l'arbre greffé sur coignassier; pincer les jeunes bourgeons au dessus de la troisième feuille, mieux au dessus de la seconde que de la quatrième; pincer de même sur franc; mais tailler plus long; casser progressivement, à mesure de l'aoûtage, et raccourcir les rameaux fruitiers qui parfois s'allongent un peu trop.

Le Secrétaire du Congrès pomologique
et du Comité de rédaction,
C.-F^{né} WILLERMOZ.

LISTE

Des Poires décrites dans le 2me Volume.

61. P. de Duvergnies.
62. Bergamotte d'Angleterre.
63. Mme Treyve.
64. P. Seckle.
65. St-Germain Vauquelin.
66. St-Germain d'Hiver.
67. Bési de Saint-Waast.
68. Beurré Gris.
69. Délices d'Hardenpont.
70. Orpheline d'Enghien.
71. Doyenné de Juillet.
72. Bergamotte Crassanne.
73. Doyenné Gris.
74. Doyenné Blanc.
75. Doyenné Goubault.
76. Duc de Nemours.
77. Beurré Curtet.
78. Catillac.
79. Beurré Goubault.
80. Suzette de Bavay.
81. Beurré Burnicq.
82. Passe Crassanne.
83. Rousselet d'Août.
84. P. Pêche.
85. Epargne.

86. Doyenné de Mérode.
87. P. Monsallard.
88. Figue d'Alençon.
89. Rousselet de Reims.
90. Beurré Millet.
91. Calebasse Tougard.
92. Fondante du Parisel.
93. Fondante du Comice.
94. Messire Jean.
95. Frédéric de Wurtemberg.
96. Beurré Boisbunel.
97. Professeur Dubreuil.
98. P. Dix.
99. Léon Leclerc de Laval.
100. Beurré Dumortier.
101. Citron des Carmes.
102. Zéphirin Grégoire.
103. Martin Sec.
104. Prémices d'Ecully.
105. Howel.
106. Graslin.
107. Bon-Chrétien de Rance.
108. P. Boutoc.
109. Sucrée de Montluçon.
110. Anna Audusson.

www.ingramcontent.com/pod-product-compliance
Lightning Source LLC
Chambersburg PA
CBHW072012150426
43194CB00008B/1078